U0142865

餐飲會計與內控

洪　締　程　著

五南圖書出版公司 印行

目錄

推薦序

　　於內控管理與帳務處理流程上，餐飲業與買賣流通業與製造業有所截然不同之特性，若無法深入了解此行業之特性，財務資訊就無法公允的表達此行業之經營績效，此書對餐飲業之特性作詳盡之剖析，從宏觀面說明此產業之營業週期極短，季節性之差異，景氣之影響，進而微觀的說明存貨之可稽性問題及成本如何不易計算等。

　　作者由此軸心進而對此行業較其他行業之優劣分析，以利讀者能深入了解此行業之特性。再而作者說明餐飲業實務操作性，許多憑證之取得與一般教科書，所說的內部控制差異性極大之處，並進而說明稅務於此行業之成本認定等相關規定。據此作者再依一般會計制度之規定說明此行業之會計制度與內部控制相關事宜。

　　此書結合餐飲業之實務特性與一般管理與會計處理理論，對餐飲入門者而言，確實是一本值得參考的書籍。

推薦人

馬嘉應

東吳大學會計系所主任兼所長

於 2005 年 4 月 5 日

推薦序

本人服務於稅務界三十六年，從未見過成本可查的餐飲業，營利事業所得稅的查審前輩們，也都把餐飲業成本逕決，當作不二法則。會計師、記帳業、學者專家、甚至餐飲業界的各階層管理者，也從來沒有人懷疑過餐飲成本是可查的。

然而，多年前本書作者洪締程先生即認為，餐飲業無論是超耗、標準成本或者進銷存、原料、直接人工、生產費用等等，都與製造業或買賣業截然不同，應有一套專屬於餐飲業的會計程序、內控模式、成本查核方式，讓餐飲業界從此走上正途，能和其他業者，平起平坐，在作者契而不捨的追求探索下，本書終於誕生了。

這本書結合了會計理論與實務經驗，把會計理念與內控觀點，和管理理論，應用到頗具規模的餐飲界，並促使它成為國內第一家股票上櫃的餐飲公司—新天地，由此可見其功力之深，確可嘉惠所有有心成功的讀者，滿足他們追求卓越的心。

《餐飲會計與內控》一書，是作著洪締程先生，花了幾年的時間，蒐集了無數的資料，反復討論、驗證的心血結晶，它一舉解決餐飲業界多年來「無賺錢（虧損）亦要繳所得稅」的困擾；提供國稅局稅務人員正確的查核方向，提高查帳品質，不再把「餐飲成本逕決」掛在嘴上，也無須再受到無謂的誤解，提升稅務同仁的形象；對於會計師、記帳業來說，接受餐飲業的稅務簽證、財務簽證和記帳業務，將更能得心應手；對審計和內部控制以及各階層管理人員而言，更提供一套激底防弊、增進效率、降低成本，且可增強競爭力的良方。

　　本書對餐飲業與製造業和買賣業間的差異，有詳盡的剖析，並提出各種觀點，以增強閱讀者思考的機會，讓您心領神會。惟有正確的問題，才有正確的答案，知道它的特性，才能說服自己，也才能說服別人。後附的表單、程序、辦法與對策，都是制度上不可或缺的，以制度管人，把人管好就等於管好了一切，熟讀它，運用它，您也將踏上成功之路。

　　最後，恭喜他成功了，講了幾年，終於看到成果。也恭喜看到這本書的每一位讀者，當有人還說：餐飲業的成本祇有逕決，並不可查時，顯然，講這句話的人落伍了，並不了解「知識經濟」的力量，因為，這是一本具有理論和實務經驗不可多得的好書，它將造福餐飲業界一段長久的時間，改變社會各界對餐飲業內控的觀感與認知，是稅務界、教授、學者和業界，不可多得的智慧結晶，慢慢的品嘗罷，有緣人。

　　從幾年來一再的討論，到出書，作者確實用心良苦。研讀本書，就如同對企業內部重新作了一番檢驗。因此，很樂意把他推薦給大家，作好內控，讓餐飲成本可查，也算是功德一件，立足台灣、胸懷大陸、放眼天下，確可期待，可不是嗎？

推薦人

林興富

財政部台北市國稅局　前稽核

於 2004 年 9 月 28 日

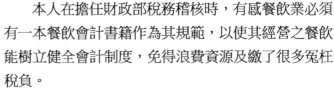

推 薦序

本人在擔任財政部稅務稽核時，有感餐飲業必須有一本餐飲會計書籍作為其規範，以使其經營之餐飲能樹立健全會計制度，免得浪費資源及繳了很多冤枉稅負。

本人現執業會計師業務，時常與餐飲業經營者及會計人員探討會計帳務處理問題，得知餐飲業界在進項憑證之取得及銷項發票之開立，常有問題，為尋求解決方式，他們頗須一本餐飲會計書籍作為其範本。

本書作者洪締程先生，學識、經驗甚豐，且參與餐飲管理頗有成就，其累計經驗彙編成《餐飲會計與內控》一書，足以供餐飲業決策者及會計人員之良好參考書籍。

本人就兩岸餐飲會計書籍詳加研讀，洪先生此本大作，最足以代表中華餐飲業會計之典範，亦為台灣餐飲業最豐富之著作。

推薦人

陳榮東

前財政部稽核組稽核
前台灣省會計師公會監事
現任陳榮東會計師事務所執業會計師
於 2004 年 10 月 5 日

推薦序

　　從有記憶開始，我就整日與湯湯水水為伍，身為家中的老大，自然而然地想著如何幫爸媽把家中賴以維生的小吃店顧好，如此才能讓弟弟妹妹有書可讀，將來方能有一份安穩的工作好好過生活。

　　六十年了！不算短的時間，回首當時的我，就只有這個小小的「想法」，在那個貧困時代，我的想法就是大家的想法。誰也料想不到六十年後的今天，新天地不但不只是四張桌子的店，更擴充為台中地區三家大型的餐廳以及包含台北台中共六家中小型店的餐廳。然而，更幸運的是我們通過層層審核，成為國內首家股票上櫃的獨立餐廳，這對我們兄弟姊妹而言，不啻是送給父母親一份最大的安慰禮，雖然其中的辛酸不足為外人道，但是我們終於能將「湯湯水水」端上企業競爭的舞台上了！這是一份鼓勵；這更是企業永續經營的開始！

　　新天地餐廳能有今天，我必須感謝所有一路走來始終相挺到底的朋友，其中最是感謝所有陪新天地長大的工作伙伴，沒有他們就沒有今天的新天地！洪經理是我們公司財會部門的經理，對於新天地從一個普通餐廳轉型成為國內首家股票上櫃的餐飲集團，其中的財務規劃與內部控制知之甚深，公忙之餘仍不忘將此寶貴的經驗記錄下來並集結成書，精神可佩，希望此份經驗能分享給所有產官學三界認識與不認識新天地的朋友們！

推薦人

歐敏卿

新天地餐飲集團總裁

於 2005 年 3 月 15 日

自序

　　筆者自大學會計系畢業後，即投入會計工作迄今，多年來兢兢業業，守法守分，建立公司完善的會計制度，並受老闆讚賞、器重，頗感欣慰。

　　七年前有幸應聘進入餐廳任職，面臨新的挑戰，近幾年來學校之餐飲科系陸續增設，餐飲業隨著時代之變遷投入者亦漸多，國人重視之程度也逐漸提高，但餐飲業本身之會計管理作業或制度，仍停留在懵懂期，未見提昇，且有鑒於餐飲業在各方面之劣勢，感慨萬千。雖說繳稅是國民應盡之義務，但相信大家會認為有盈益要繳稅那是應該的，而若是虧損亦要繳所得稅，那就很不合理了……。萬般的感觸成為吾編著此書的動機。近年來，深覺智慧要珍惜但不珍藏；經驗要歷練更要傳承，加上多位好友的鼓舞，匯成吾著手編撰的一股勇氣。

　　本書的問世讓筆者欣為的是：經驗能與朋友分享，嘉惠讀者。在此衷心的感恩各位的鼓勵與支持，並感謝您的愛用與指教。

全 書簡介

　　民以「食」為天，「食」為民生之首要，餐飲業在社會環境快速變遷下已逐漸蓬勃發達，學校之餐飲科系亦陸續設立，且餐飲業的經營管理、營運狀況、財務狀況、損益情形更使管理者、投資者、消費者、甚至課稅單位之關切，因此健全制度、做好內控，實為永續經營之必備條件。

前言

　　歡迎您使用《餐飲會計與內控》一書。從全國及世界各地經濟發展程度觀之，餐飲業之營運模式隨著社會的繁榮進步、同業間競爭的激烈、大眾消費水準的提高、大眾消費文化的轉變及公共安全的重視之情形下而有所改變；整個餐飲市場由原本單純的供食，進而講求用餐氣氛，各餐飲店不斷更新最現代化的餐飲設備，重新設計裝潢，重視菜餚的特色與食譜設計，並注重服務品質；且在政府嚴格要求環保及公共安全下，亦促使餐飲業者配合政府法令，改善消防設施及重視安全衛生等措施。

　　由於社會環境快速變遷，家庭結構亦產生變化，如今小家庭普及，單身人口成長及職業婦女增加，加上人們對生活品質、飲食文化的訴求大幅提昇，使得外食人口迅速增多，餐飲業界、市場更加活絡，規模亦逐年擴展，且亦多採行連鎖型態之經營。

　　而如何在維護飲食相當品質狀況下，能增加營業收入、降低營運成本、提高利潤、合法節稅是業者所關心的。然而國稅局對餐飲業營利事業所得稅之查核，通常是營業成本逕行裁決，形成所得稅負擔吃重，使得部分業者為避免繳過多之稅捐，而儘量想辦法規避，誤觸法條。因此如何導正徵納雙方之觀念，使得查核課徵及繳納雙方皆有辦法可循，而不失公允，乃當務之急。

　　本書的範圍和內容非敘述一般的簿計程序，係介紹餐飲業會計實務之運用，餐飲業者要如何正確表達其營運狀況、損益情形、財務狀況及做好內部控制，而查核課徵單位應如何查核才不失其合理性，勿枉勿縱，為本書之介紹重點。期盼能結合您的知識領域基礎靈活利用，得心應手，裨益良多。

餐飲業之特性

1-1 進料生產至銷售期間甚短

　　餐飲業從進料、領料、烹調到銷售至消費者，其期間很短，甚至於不到 24 小時，與一般製造業之生產方式或期間有極大之不同。

 ## 1-2 無製成品存貨可稽，實際材料成本計算及審核不易

　　大部分餐飲業所供應之餐飲，每道菜雖有預計之耗用量，但實際烹調時無法隨時秤斤秤兩，耗料率不易掌控，又所實際烹調出之料理客人已食用，無存貨可供查核，故材料成本之計算及審核非常不易。

 ## 1-3 每日尖峰、離峰時間明顯

　　餐飲業在三餐供應時間客人非常多，此段時刻一過則客人減少，形成明顯之尖峰、離峰之區別。

 ## 1-4 有明顯之淡旺季

　　大部分餐飲業在週六、週日之營業收入較平常日為佳，每年 12 月、1 月份適逢年終尾牙、農曆春節及結婚旺季，喜宴聚餐增加，此為餐飲業之旺季。另在農曆 7 月（民間俗稱鬼月）一般人不喜歡在此月份辦嫁娶或遷新居，形成為以宴喜為主之餐飲業之淡季。

 ## 1-5 開設地點之重視

　　餐廳之座落地點是否交通便捷、容易辨識、人潮聚集且停放車輛方便,將會影響其銷售量。

 ## 1-6 材料保存期限短暫

　　餐飲業主要食材除了乾雜貨外,其包括生鮮魚肉、蔬菜及水果,無論是生食或熟食,為保持材料之新鮮度,均不得儲存過久或烹調好之料理未食用留置隔日出售。

 ## 1-7 受到景氣盛衰影響較大

　　當景氣繁榮時,國人之飲食消費能力或意願較高,而景氣衰退時,國人之飲食消費能力或意願亦會減弱。

2-1 競爭優勢

(1) 餐飲業不會有「夕陽工業」之情事：有些行業會因時勢變遷、科技提升、產品日新月異及產業外移之影響，產生該行業無法繼續經營生存，造成「夕陽工業」。

(2) 餐飲業之銷售對象為不特定之社會大眾，不像有些行業會有主要銷售對象或族群，除非餐飲業者本身之料理不佳，無法讓消費者接受，否則不會有被主要銷售對象控制或影響營業收入。

(3) 餐飲業之使用食材非常廣泛，替代性高，不會因缺乏某種材料而影響營業收入，不像有些行業會因主要材料缺乏而影響其生產或營業收入。

(4) 餐飲業之供應商來源較多，材料之供應不會受制於某家供應商，而影響營運。

(5) 餐飲業大都為內需產業，較不會受到外界競爭（含國外競爭）而必須將產業外移才能生存。

2-2 競爭劣勢

一、勞工成本上升，造成餐飲業經營之困難

餐飲業為勞力密集之行業，這幾年國內勞工意識之抬頭，及餐館、飯店等服務業，已於八十八年元月正式納入勞動基準法，對勞工權益提供相當之保障，造成餐飲業營運成本增加。

二、人員流失與專業人才培養不易

由於餐飲人員辛勞，加上常需要於例假日提供服務，故人員招募不易且流動率偏高。又為了滿足消費大眾之口味，對料理製作之專業能力要求提高，因此其專業人才非經過長期之培養與訓練，無法淋漓盡致表現出食物之美味，所以專業人才之培養較其他行業困難。

三、大型餐飲業者投入市場，競爭對手增加

近年來大型餐飲業者紛紛投入，競爭激烈且越來越走向削價競爭之趨勢。

四、無法享受獎勵投資之租稅優惠

過去幾年來，政府或投資者皆重視高科技之發展，傳統產業一味地被忽視，然而最不受獎勵且被管理最嚴格、課稅最重的卻是民生食、衣、住、行為首的－－餐飲業。

何以餐飲業最不受獎勵？今經濟部工業局實施投資抵減及頒佈產業升級條例，對於自動化設備或防治污染等等皆有投資抵減之獎勵辦法。但是工業局認為餐飲業非工業，無工廠登記證，並不是其管轄，無法享受投資抵減之獎勵。觀光旅遊局謂餐飲業不是觀光業，亦不是他們所管轄，觀光飯店雖附有餐廳，也不過是附帶而已，其主要還是客房部。然而觀光旅遊局對於觀光業也有獎勵投資之辦法。

究竟餐飲業是屬何機關所管轄？經濟部商業司是也，可是商業司雖有推行獎勵投資之辦法，但不包含餐飲業。

據經濟部之解釋：

(1) 按「批發業零售業及技術服務業購置設備或技術適用投資抵減辦法」第一條規定：「本辦法依促進產業升級條例第六條第四項規定訂定之。」

(2) 查中華民國九十一年一月三十日修正公佈之促進產業升級條例第六條第四項：「第一項及第二項投資抵減之適用範圍、核定機關、申請期限、申請程序、施行期限、抵減率及其他相關事項，由行政院定之。」；同條第五項：「投資抵減適用範圍，應考慮各產業實際能力水準。」；另促進產業升級條例施行細則第十一條：「各業別適用本條例第六條第一項第一款所定自動化設備，第二款資源回收、防治污染設備或技術，……之硬體、軟體及技術之投資抵減，其適用範圍、核定機關、申請期限、申請程序、施行期限、抵減率及其他相關事項，由各中央目的事業主管機關會同財政部擬定實施辦法，報請行政院定之。」

由上述，可知餐飲業尚未納入獎勵投資之範圍內，難道餐飲業就不用自動化、防治污染嗎？其所投入之自動化、防治污染及廢水處理之設備就不值得獎勵了嗎？

五、餐飲業被管理最嚴格

何以餐飲業被管理最嚴格？民以食為天，飲食與人們之生活息息相關，飲食之

衛生影響人們之健康，飲食之環境影響人們之安全。因而被管轄之單位較多，例如建管課、衛生局、消防局、環保局、稅務局、商業司等。其對餐飲業之要求嚴謹，比方說餐飲業須座落合乎分區使用規定，且大型之餐廳要設在商業區內，否則受到使用面積之限制。又對建物之裝潢建材要求防火、對排放出廢水要合乎規定、對飲用水要合乎標準、對消防之設施要合乎規定、對安全衛生要合乎標準不得疏失等等。

六、餐飲業課稅最重

何以餐飲業課稅最重？餐飲業前述既不屬於觀光旅遊業，亦不屬於製造業（因不隸屬工業局管轄），但其在年度營利事業所得稅申報後之國稅局稅務員查帳，常被視為「製造業」之模式來查核。由於餐飲業之進項憑證之取得，較其他行業來得困難（容後詳述），造成查核單位之查帳不易，會以帳冊憑證不齊全，且無法提供查核單位所要求之表單（直接原料耗用表、單位成本分析表、製成品產銷存明細表等），而以營業成本逕行裁決方式來查核，如此所繳之營利事業所得稅，定超過其合理應繳之稅額，比其他行業所課之稅更為嚴重。

餐飲業會計較容易出現之問題：

(1) 進料發票取得較困難。

(2) 進貨憑證之品名、數量或單價與實際進貨不符。

(3) 進貨憑證之供應商與實際供應商名稱不同（即供應商跳開發票）。

(4) 進貨憑證之數量為「批」，不書明進貨明細。

(5) 進貨貨品單位常有不一致之現象，例如公斤、斤。

(6) 採購向供應商購買時議價條件不同，進貨驗收時其價格到底是含稅或未含稅，會計人員有時會入錯帳。

(7) 有時候供應商本身有二、三家公司行號，進貨驗收與送發票來請款時之公司行號名稱不一致，造成應付帳款無法沖銷。

(8) 生鮮蔬果常會有過時或品質敗壞等現象，若要報廢則必須向主管機關申請報備核准，金額雖少亦必須申請，否則不符合稅法之規定，查帳必遭剔除，造成困擾。

(9) 業者僱用臨時人員或工讀生較多，而薪資報繳資料之取得較不齊全。

(10)目前餐飲業之營業場所租賃較多，但出租者常會規避所得稅而不讓業者申報租金支出。或者出租者常會節省所得稅而讓業負擔該租金所得稅，造成營運成本之增加。

(11)部分從業人員及工讀生之薪資，歸屬製造費用或銷管費用或歸屬分配比例，較不易劃分。

(12)有些廚房與餐廳共通性費用劃分比例不易，例如水費、電費、租金支出、房屋稅、地價稅、消耗品、清潔費、折舊等。

(13)部分應收帳款收回不足數，未有「銷貨退回進貨退出或折讓證明單」。

(14)有些客人會要求更換發票，造成困擾。

(15)喜宴（婚宴、壽宴）之統一發票能否開立三聯式。

(16)餐飲業者免費招待廠商、媒體、親友、員工用餐，應否開立統一發票。

(17)餐飲業者出售餐券如何開立統一發票。

(18)餐飲業者贈送免費餐券，須否開立統一發票。

(19)餐飲業者贈送用餐折價券，須否開立統一發票。

(20)客人取得餐飲業之統一發票，其進項稅額為何在申報營業稅時通常不能扣抵。

 ## 3-1 進料發票取得較困難

餐飲業之進貨來源大致有下列方式：
(1) 向市場零售攤販購買。
(2) 向果菜批發市場購買。
(3) 向漁貨批發市場購買。
(4) 向魚、肉、果菜中盤商購買。
(5) 向乾雜貨、酒水飲料中盤商購買。
(6) 向進口貿易商購買。
(7) 直接向國外廠商進口。
(8) 直接至產地或集散地購買。

以上各方式除直接進口有國外之進口報單等憑證外，其他各方式發票、收據之取得，多少皆有些困難，如何因應，分述如下。

3-1.1 向市場零售攤販購買時

一、困難點

在零售攤販市場販售者，大多數無設立行號及辦理登記，有的有店名卻無辦理登記，有些具有農漁民身份，非農漁民身份者亦不少，因此很難取得合法之發票或收據。

二、因應方式

除非緊急補零星之貨，否則盡量少在零售攤販市場購買，其貨品價格不但貴且收據不易取得。若販售者無法提供收據時，先以「肩挑負販收據」讓其填寫姓名、住址、身分證統一編號、品名、數量、單價、金額、日期及簽章。若販售者再無法配合時，只好以「無法取得憑證證明單」由公司經手人簽名，經主管簽核後予以驗收入帳。

此種「無法取得憑證證明單」若取得太多，雖然有進貨事實但在營利事業所得稅查核準則第45條第二項第三款規定「……其因無法取得收據或出貨單者，當年度

該項進貨進料價格，應按當地同一貨品最低價格核定」，及所得稅法第 27 條之規定「營利事業之進貨未取得進貨憑證或未將進貨憑證存根保存者，稽核機關得按當年度當地該項貨品之最低價格核定其進貨成本」。

▦表 3-1

肩挑負販收據

年　　月　　日

購貨商號名稱		地址	
統 一 編 號			

品　　　名	數 量	單 價	金　　額	備　　註
合計新台幣（中文大寫）　　　拾　　　萬　　　仟　　　佰　　　拾　　　元整				

姓名：　　　　　　　　　　　住址：
蓋章：　　　　　　　　　　　身分證統一編號：

▦表 3-2

無法取得憑證證明單

年　　月　　日

品 名 或 事 由			
數 量 及 單 價			
實 付 金 額			
賣物人或受款人			
核　准	單　位 主　管	經　手　人 證明或驗收人	

3-1.2 向果菜、漁貨批發市場購買時

一、困難點

在果菜批發市場或漁貨批發市場販售者，除少數外大都無自行設立登記之行號，若要取得統一發票，必須向該批發市場之管理處索取，手續繁雜且要手續費，又必須事先向該批發市場之管理處申請在該批發市場之購買資格，且押有保證金。

二、因應方式

若使用量較大且自有運輸工具者，為使降低材料成本，經效益分析有利益空間後，可以考慮在果菜、漁貨批發市場購買，花費些管理手續費，以便取得批發市場管理處所開出之統一發票。

若非透過批發市場管理處，而直接向販售者購買，無法取得收據時，可以「肩挑負販收據」讓其填寫姓名、住址、身分證統一編號、品名、數量、單價、金額、日期及簽章。

3-1.3 向魚肉、果菜中盤商購買時

一、困難點

部分之中盤商有設立公司行號，部分是以農漁民身份經營中盤生意，但少數亦有以非農漁民身份經營中盤生意者。

在有設立公司行號之中盤商，也有少數會因其前手之發票取得有困難，造成其應開出之發票也有問題（品名、數量、單價與實際進貨不符或甚至於無法給予）。

有些中盤商會因若要給予發票，則售價會調高些，造成營業成本增加。

二、因應方式

使用量不多，且為節省自行購買之時間及人力者，可向魚肉、果菜中盤商購買，若中盤商無設立公司行號，而有農漁民身份時，請其填寫「農（漁）民出售農（漁）產物收據」，載明姓名、住址、身分證統一編號、品名、數量、單價、金額、日期及簽章。

若非農漁民身份，則依營利事業所得稅查核準則第 45 條第二項第七款規定「向應依法辦理營利事業登記而未辦理者進貨或進料，應取得書有品名、數量、單價、總價、日期、出售人姓名或名稱、住址、身分證統一編號及蓋章之收據及其通報歸戶清單（申報書）存根」方式處理。

▥表 3-3

申報單位	統一編號	
	名　稱	
	地　址	
	負責人姓名	

個人一時貿易資料申報表

銷售人姓名		身分證統一編號	
銷售人地址			

買受原因		買受日期	年　月　日

買受貨物名稱	單　價	數　量	金　額

合計新台幣（中文大寫）	拾	萬	仟	佰	拾	元整

檔案編號（稽徵機關編填）	備　　　　註

　　　　　此　致

財政部　　　區國稅局　　　分　局　　　申報單位（蓋章）：
　　　　　　　　稽徵所　　　負責人（蓋章）：

＊本表僅限於營利事業向依法免辦營業登記，且非經常買賣商品之個人買賣商品者使用。
＊本表一式四聯：第一聯：報核聯　供申報人申報交稽徵機關據以登錄歸戶。
　　　　　　　　第二聯：通報聯　供營業稅主管稽徵機關查核運用。
　　　　　　　　第三聯：申報聯　供銷售人申報綜合所得稅。
　　　　　　　　第四聯：收據聯　供申報人作為記帳憑證。

▦表 3-4

申報單位	統一編號	
	名　稱	
	地　址	
	負責人姓名	

個人一時貿易資料申報書

本單位＿＿＿年＿＿＿月份給付一時貿易資料申報明細如下：

買受原因	件　數	起訖編號	金　額
進　貨			
其　他			
合　計			

本申報書所送一時貿易資料申報表所得資料均屬實在。此　致

財政部　　區國稅局　　分　局
稽徵所

申報單位（蓋章）：

負　責　人（蓋章）：　　　　　　　　　聯絡電話：

＊本表須於每月 15 日前申報上月份資料。

＊本表一式二聯：第一聯：回執

　　　　　　　　第二聯：稽徵機關存查

▦表 3-5

農（漁）民出售農（漁）產物收據

中華民國　　年　月　　日

購貨商號名稱		地　址	
統　一　編　號			

品　　　名	數　量	單　價	金　額	備　註

合計新台幣（中文大寫）	拾	萬	仟	佰	拾	元整

姓名：　　　　　　　　　　住址：

蓋章：　　　　　　　　　　身分證統一編號：

3-1.4 向乾雜貨、酒水飲料中盤商購買時

一、困難點

乾雜貨、酒水飲料之中盤商大都有設立公司行號，取得進貨收據大致無問題，只是仍有少數之中盤商，會因其前手之發票取得有困難，造成其應開出之發票也有問題（品名、數量、單價與實際進貨不符或甚至於無法給予）。

二、因應方式

非不得已，儘量向有辦理登記之營利事業購買，且勿取得品名、數量、單價與實際進貨不符之收據，不符之部分改用「無法取得憑證證明單」，由經手人證明，作為原始憑證。

3-1.5 向進口貿易商購買時

一、困難點

進口貿易商皆有設立公司行號，取得進貨收據大致無問題，只是可能會有少數之進口貿易商，因考慮其進銷價差問題，或所進口貨品之數量，由於其部分購買者不索取發票導致帳上庫存太多，而會轉多開給發票需求者，以消化其帳上庫存（總進貨金額不變，但數量增加，單價減低了），此會造成進貨憑證之數量、單價與實際進貨不符。且會造成進貨者之帳上虛增存貨及虛增利益。

二、因應方式

注意所取得進貨發票之內容與實際進貨是否相符，否則退回發票要求重開。假使進口貿易商堅持要增開數量減低單價，則只能接受品名、總金額一定要相符，而數量改以「一批」，不列單價。（此發票仍有瑕疵）

3-1.6 直接至產地或集散地購買時

一、困難點

在產地或集散地販售者，大都為農漁民，未設立公司行號，無法取得普通收據或統一發票。

二、因應方式

應取得農漁民直接生產者，書立載有姓名、住址、身分證統一編號、品名、數量、單價、金額及日期，並經簽名蓋章之「農（漁）民出售農（漁）產物收據」，或商用標準表單之出貨單作為原始憑證。

 ## 3-2 進貨憑證之品名、數量或單價與實際進貨不符

一、困難點

有時供應商會因其所供應之貨品之來源有問題，而無法依照實際供貨如數開出發票或收據，造成會計人員入帳之困擾。

二、因應方式

會計人員必須與採購單位人員於採購前溝通強調，所購買之料品名、數量、單價、總金額等，必須與所取得之進貨憑證相符，勿為了給供應商方便，而造成自己之不便。

3-3 進貨憑證之供應商與實際供應商名稱不同

一、困難點

　　除書寫錯誤外，會發生此情形有三種，一為供應商跳開發票，供應商應開給購買者之發票不開，其本身應取得貨品來源之發票不取得，而請其貨品來源之廠商直接開給購買者。第二種情形為該供應商申請了數家公司或行號，在訂貨、交貨驗收時以甲公司名義，但在開發票申請貨款時，供應商之開立發票人員誤開為乙公司之發票來申請貨款。第三種情形為該供應商申請了數家公司或行號，在訂貨、交貨驗收時以甲公司名義，但在開發票申請貨款時，供應商之開立發票人員為調節所屬各公司行號開出發票金額，而開立非甲公司之發票來申請貨款。

二、因應方式

　　遇到上述情況時，必須將發票退回給供應商，請其重開正確之發票以符合實情。但在第三種情形，該供應商因故無法重新開立發票時，在視其所開立發票公司之負責人與甲公司之負責人是否同為一人，若同為一人則宜修改進貨驗收單之供應商名義，以利付貨款時應付帳之沖銷。

　　請採購人員在洽購供應商時，向供應商講明進貨憑證必須與進貨驗收單之供應商名義相符。

 ## 3-4 進貨憑證之數量表達不清楚

一、困難點

　　有時供應商本身帳務處理不佳，存貨庫存量不切實際，無法於出貨發票上書明進貨明細，而以「批」方式填寫，造成會計人員入帳之困擾。

二、因應方式

　　若無法要求供應商於出貨發票上書明進貨明細時，只好影印進貨驗收單明細，

將其貼在進貨發票背面，會計人員憑其及進貨驗收單入帳。

3-5 進貨貨品單位常有不一致之現象

一、困難點

有部分材料在內部使用之重量單位以「斤」計算，而對外採購驗收之單位以「公斤」計算，或數量以「瓶」、「罐」計算，而對外採購驗收之單位以「打」、「箱」計算，造成驗收入庫或生產領用之重量混淆錯誤。

二、因應方式

要求廚務部門與採購部門對於材料名稱及單位要統一，而且材料之驗收及領用要以最小之單位。

3-6 進貨驗收時其價格到底是含稅或未含稅，會計人員有時會入錯帳

一、困難點

採購人員向供應商購買時議價條件不同，於進貨驗收時本屬含稅而疏忽誤填記為不含稅，或採購人員原先認為供應商會以統一發票請款，故在進貨驗收單上填記為含稅，但是在請款時供應商是以農漁民收據請款，免進項稅額，形成應付帳款不符。

二、因應方式

要求採購人員在進貨驗收單填記之含稅或不含稅要確實，或為一致性對外採購皆以含稅或皆以不含稅購買。且事先與供應商談妥，了解其所提供進項憑證之種類，以確知是否含進項稅額，避免入帳錯誤。

3-7 材料過時或品質敗壞之報廢

一、困難點

　　生鮮蔬果常會有過時或品質敗壞等現象，若要報廢則必須向該主管稽徵機關申請派員勘查監毀，由於生鮮蔬果品質敗壞時會有腐臭現象且易招蚊蠅，置放不易，影響環境衛生，金額雖少亦必須申請，否則不符合稅法之規定，查帳必遭剔除，造成困擾。

二、因應方式

　　目前依財政部稅法釋令（財政部 91.11.13 台財稅字第 0910457208 號）及營利事業所得稅查核準則第 101 條之 1 第二款規定，只有上市、上櫃公司之固定資產及商品報廢損失，可依會計師查核簽證報告核實認定。

　　未上市、上櫃之業者應按月檢附經會計師簽證之報廢清單，送請該主管稽徵機關備查，核實認定其報廢損失，免依規定報經該主管稽徵機關或事業主管機關監毀。未經會計師簽證之營利事業仍須依稅法之規定申報核准且派員監毀，雖有不方便及不合乎常情之處，由於礙於稅法之規定必須配合。但業者若對於存貨採永續盤存制，且會計制度健全，待年終經實地盤點結果，其存貨盤損率在百分之一以下時，得被稽徵機關認定。

 ## 3-8 餐飲業使用臨時人員或工讀生較多，而薪資報繳資料之取得較不齊全

一、困難點

　　一般餐飲業之營業時段及淡旺月之因素，正職人員會較少，而使用臨時人員或工讀生較多，由於其較具臨時性及迫切性，發放臨時薪資時，常缺具領人之印章或身分證資料，造成薪資報繳資料不齊全。

二、因應方式

在首次雇用臨時人員或工讀生時,即要求他們帶身分證來報到且即刻建檔,若報到時未帶身分證,則請其在領薪資時連同印章一併帶來,若未帶印章者,只好請其蓋手印。

3-9 營業場所租賃之租金扣繳申報

一、困難點

目前餐飲業之營業場所以租賃方式較多,但是出租者常會規避所得稅而不讓業者申報租金支出,或只能讓業者申報少許,或者出租者常會節省所得稅而讓業者負擔該租金所得稅,造成營運成本之增加。

二、因應方式

若業者本身欲正常之會計作業,在承租前須與出租者溝通租金扣繳申報之問題,非不得已才自行負擔租金所得稅。

3-10 共通性費用之劃分

一、困難點

有些廚房與餐廳共通性費用,歸屬製造費用或銷管費用或歸屬分配比例,較不易劃分,例如部分從業人員及工讀生之薪資、水費、電費、租金支出、房屋稅、地價稅、消耗品、清潔費、折舊等。若劃分比例不公平,會造成費用歸屬營業成本或營業費用不確實,影響報表之分析。

二、因應方式

對於不同餐別或各餐別之製造費用或銷管費用之劃分及分配比例,要與相關部門商討擬妥,提供給會計單位以利會計作業。劃分及分配可參考下表:

▦表 3-6

會計科目	廚務（製）		餐務（銷）		管理	分攤依據
	××	××	××	××		
租金支出—房地	v	v	v	v	v	依使用面積
租金支出—招牌			v	v		依設定營業額
水電瓦斯費—水費	v	v	v	v		依實際營業額
水電瓦斯費—電費	v	v	v	v		依實際營業額
水電瓦斯費—瓦斯費	v	v				依實際營業額
保險費—產險（火險）	v	v	v	v	v	依使用面積
保險費—產險（公共意外）			v	v		依設定營業額
保險費—團險	v	v	v	v	v	依實際人數
稅捐（地價稅、房屋稅）	v	v	v	v	v	依使用面積
折舊（共用財產之折舊）	v	v	v	v	v	依使用面積
廣告費（銷售廣告）			v	v		依設定營業額
清潔費（垃圾清運）	v	v	v	v		依使用面積及營業額
清潔費（地板清洗打臘）			v	v		依使用面積

3-11 部分應收帳款收回不足數，未有「營業人銷貨退回進貨退出或折讓證明單」

一、困難點

有些簽帳客戶在付款時會折掉尾數，且又不給「營業人銷貨退回進貨退出或折讓證明單」，造成沖帳之麻煩。

二、因應方式

無法取得「營業人銷貨退回進貨退出或折讓證明單」時，不能因此而不將帳款沖銷，致使應收帳款餘額久留帳上。雖無法做為營業收入之減項，也無法當「呆帳」處理，但應可將無法收回之應收帳款尾款直接沖銷「備抵呆帳」。

 ## 3-12 有些客人會要求更換發票，造成困擾

一、困難點

已開出二聯式發票給客人後，有時客人會在數日或數月後，送回要求換開三聯式發票，或已開出單張發票給客人，日後客人送回要改開分成數張發票，或客人要求更換發票之日期為請款月份（一般請款月份為消費月份之次月）。

二、因應方式

由於餐飲業面對眾多的消費群，客人用餐消費所要開立的統一發票抬頭，業者無法判定其抬頭是否屬實，所以客人要求二聯式統一發票改換三聯式統一發票，或單張統一發票改換為數張統一發票時，最好在當期營業稅申報期間內將原給予之統一發票退回作廢重開，否則過了申報期間，須以專案方式向稅捐稽徵機關申請作廢重開。又經辦者須填寫「重開發票申請單」，經權限主管核准後，交給開立發票者憑以處理。

▦表 3-7

×××股份有限公司

重開發票申請單

年　　月　　日

重　開　原　因			客　人　簽　名	
原開發票日期 No.	二聯式		原發票金額	
	三聯式			
預計發票分成金額				
發　票　抬　頭				
客　戶　統　一　編　號				
實　際　重　開 發　票　情　形				

核准：　　　　出納：　　　　主管：　　　　申請者：

3-13 喜宴（婚宴、壽宴）之統一發票能否開立三聯式之問題

一、困難點

餐飲業之消費對象為不特定之社會大眾，其亦是一種服務業，消費者索取三聯式統一發票時，只要消費金額無誤，業者無法確知其所欲開立統一發票抬頭之公司、行號或機關是否真實（即消費者代表該公司、行號或機關，亦即該公司、行號或機關有付款消費）。此與服務業之加油站雷同，加油員會問該加油發票是否打上統一編號，客戶只要告訴其統一編號即可，加油員無法確知其真實性。

然而某些稅務單位會認為喜宴應該屬於自然人之行為，不應該開立給公司、行號或機關，但是實際上也有某些公司老闆為親朋好友舉辦壽宴慶祝，或者是為其公司內某位優秀高級幹部，在其已在家鄉地舉行婚宴後，另擇期在上班所在地舉辦婚宴，宴請該公司員工，或者是老闆之子女結婚，舉辦婚宴，宴請該公司員工。（以交際費由公司出帳）

此時櫃檯人員在開立統一發票時又如何確知？若依客人需求開立三聯式統一發票，而遭稅務單位認為其給予不實之發票而被處行為罰，實屬不通情理，其理應針對所開給客人之公司或機關統一發票，在其報帳、申報營利事業所得稅時，稅務查帳人員應查核該發票之合理性、適法性，應否認定該筆費用或剔除，而不宜直接認定發票開立者開立不實發票之違章。

二、因應方式

雖然喜宴之對象為自然人，但是也有法人出資舉辦之例外情形。若稅務單位仍然認為統一發票不應該開立給公司、行號或機關時，業者為求安全保障起見，宜請客人開立「聲明書」。

表 3-8

聲　明　書

　　具聲明人＿＿＿＿＿＿＿公司，對於在民國＿＿年＿＿月＿＿日×××餐廳所辦之　府宴席，因業務需要由本公司負擔付款無誤，特此聲明。

　此致

×××餐廳

　　　　　　　聲明人：

　　　　　　　　公司名稱：

　　　　　　　　負責人：

　　　　　　　　公司統編：

中　　　　華　　　　民　　　　國　　　　年　　　　月　　　　日

3-14 餐飲業者免費招待廠商、媒體、親友、員工用餐，應否開立統一發票之問題

一、困難點

　　一般客戶用餐若給予現金折扣，統一發票只開實收金額（實際交易金額），給予之折扣金額免開予統一發票，但若給客戶全數免收時，是否全數免開立統一發票？依稅法之規定是不能全數免開立統一發票的，那又該如何處理呢？既未向客戶收取分文，怎麼可以給予統一發票，因此統一發票只有開給業者本身，統一發票金額又不能開「0」，那統一發票須開多少金額？依原售價金額開立或依成本金額開立？

二、因應方式

　　依稅法之規定是要照其成本金額開立統一發票的，而統一發票之抬頭為業者本身，但是在營業中櫃檯結帳開立統一發票時，是無法立即確知其用餐成本是多少，必須開立多少金額之統一發票。因此為了方便結帳作業，以餐飲之營業售價金額開立統一發票，待至年度終了營利事業所得稅申報時，再將其金額從已入之「餐飲收入」及「推廣費」（或交際費）各自減除，而將其「餐飲成本」（經結算得知）算

出，轉入「推廣費」（或交際費）。

會計帳務之處理如下：

1. **開立統一發票自用時**

一方面入「收入」一方面入「費用」。

借：推廣費　×××

　　進項稅額　××

　　貸：餐飲收入　×××

　　　　銷項稅額　　××

2. **結算申報時調整**

將原入之「餐飲收入」與「推廣費」沖回，再將「推廣費」自「餐飲成本」轉出。

借：餐飲收入　×××

　　貸：推廣費　×××

借：推廣費　×××

　　貸：餐飲成本　×××

（註：開給本身自用之統一發票視為進項憑證，且依招待之性質定會計科目，若純屬交際用則入「交際費」科目，但一般餐飲業大都會以推廣其菜色而招待有關單位、媒體、或客人試吃等以招徠生意，此時可作為「推廣費」，如此其進項稅額就可扣抵）

 ## 3-15 餐飲業者出售餐券應如何開立統一發票

因應方式

餐飲業者出售餐券時，應該開立統一發票，先以「預收餐券款」入帳（借：現金。貸：預收餐券款、銷項稅額），待客人來店用餐消費時，再沖轉為「餐飲收入」（借：預收餐券款。貸：餐飲收入），不用再給予統一發票。若其用餐金額超出餐券之金額時，再開立差額之統一發票，並向其收取差額款項。

 ## 3-16 餐飲業者贈送出免費餐券，須否開立統一發票之問題

因應方式

餐飲業者在贈送出免費餐券時，暫不用開出統一發票，待客人來店用餐消費時，再開立統一發票（統一發票抬頭為餐飲業者本身，不用給客人帶走）。若其用餐金額超出免費用餐之金額時，另再開立差額之統一發票予客人，並收取差額之款項。

 ## 3-17 餐飲業者贈送出用餐折價券，須否開立統一發票之問題

因應方式

餐飲業者贈送出用餐折價券時，不用開出統一發票，待客人來店用餐消費時，再開立統一發票（折價後之金額）予客人。

 ## 3-18 客人取得餐飲業之統一發票，其進項稅額在申報營業稅時通常不能扣抵之問題

目前稅捐稽徵單位認為，取得餐飲業之統一發票被視為「交際費」，其進項稅額依法不得提出扣抵，為何交際費之進項稅額就不得扣抵？交際費之發生是否會與該公司之營業無關？又取得餐飲業之統一發票就會被認為是交際費？現今許多餐飲業已多樣化經營，餐廳已不完全是填飽肚子之場所，不少社團之開會授證、工商界之聯誼會、公司之業績發表會、廠商產品之說明會、幼稚園之畢業典禮等，亦會在餐廳舉辦，其性質並非交際活動行為，因此開出之統一發票若被視為交際費，而其

進項稅額不得扣抵，豈非常不合理？

因應方式

　　消費者取得餐飲業之餐飲發票若非屬營業稅法第 19 條規定之項目，則其進項稅額依法仍可扣抵。

稅務查帳單位對餐飲業營業成本認定問題

4-1 財政部所公布營利事業之餐飲業其所得額標準及同業利潤標準

▓表 4-1

中業別	標準代號	小業別	所得額標準%	同業利潤標準		
				毛利率	費用率	淨利率
餐館業	5110 — 11	中式餐館	12	45	27	18
	5110 — 12	中式速食店	11	46	31	15
	5110 — 14	食堂・麵店・小吃店	7	25	15	10
	5110 — 15	西式餐館	13	45	26	19
	5110 — 16	西式速食店	12	46	30	16
	5110 — 17	牛排館	13	45	26	19
	5110 — 18	日式餐館	13	45	26	19
	5110 — 19	日式速食店	11	46	31	15
	5110 — 20	海味餐廳	12	45	27	18
	5110 — 21	有娛樂節目餐廳	24	70	39	31
	5110 — 99	其他餐館	12	45	27	18
飲料店業	5120 — 11	冰果店・冷飲店	12	37	20	17
	5120 — 12	咖啡館	24	58	30	28
	5120 — 13	茶藝館	11	35	20	15
其他餐飲業	5191 — 11	飲酒店・啤酒屋	23	58	25	33
	5199 — 11	飲食攤、小吃攤	6	24	16	8

　　上表之標準為財政部在數年前所估訂，來作為餐飲業營利事業所得稅查核之依據，其似乎已不符合時宜，而現今的餐飲業不像早期之單樣化，已融合各國之料理及各國之用餐方式、用餐環境，比方說同樣中餐，其用餐方式不同（簡餐、套餐、合菜、自助餐等）其營業成本應不會相同，且營業規模之大小不同，其營業成本亦不會相同，稅務查帳單位依據上表作為查核標準，是否合理仍須深入探討。

 4-2 餐飲業之材料耗料標準訂定不易

多少原材料可生產出多少成品，在一般生產業大都容易計算出，因可由留存之成品，依重量、材積、零組件個數等要素，考慮其損耗率，則易推算出原材料使用量，如此可以計算出直接材料成本，進而計算出製成品成本（加上直接人工及製造費用）。

而餐飲所生產（烹調）出之成品（料理、食物），可否以上述之方式來推算出原材料之使用量呢？

餐飲料理是一種手工藝術，為滿足消費者，用料及盤飾定常會作變化，非一般機器可製造出，無法有標準的產能及成本，雖然料理可以將其用料情形填列出其食譜，但只是作為參考管理用，實際烹調時定會有差異，比如：

(1) 食材之替代性大，副料之調配常會預計擬用之材料不足而以其他材料代替，所代替之材料之單價與原擬用材料之單價也未然相同。

(2) 烹調時無法將每一食材秤斤秤兩後才下鍋，故不同時點所產出之同樣菜色其重量也不會相同。

(3) 每道料理以條、隻為單位之魚、雞、鴨等，其進貨時單位重量未必一樣重。

(4) 「生魚片料理」使用一條魚之魚身部位，其材料成本是否要負擔所剩之頭尾部位，若須負擔，其「生魚片」成本是要以「重量」計或以「片」計？以「重量」計時，其一條魚之重量遠大於所切出之生魚片重量，多少重之一條魚能切出多少重之生魚片，無法有標準之比率（因其仍要考慮該條魚之大小、新鮮度及廚師之切割手法等）。

(5) 上述生魚片若以「片」計，一條多少重的魚能切出多少片的生魚片，亦無法訂出標準之比率。且剩下之頭尾部位，若因消費者需求煮成湯品出售時，其成本率又該如何計算。

(6) 上述「生魚片料理」若不須負擔頭尾部位之成本時，其頭尾部位之成本又該如何分配，若以重量平均分配則有失公平，因頭尾部位所售出之價格不比「生魚片」高，而須與「生魚片」負擔相同之單位成本。

業者為求競爭，料理定會常做變化，因此若每樣料理皆訂用料標準，則必須常做修改。如此要訂定每樣菜色、料理之材料標準耗料率確實有困難。

餐飲料理無法像製造業訂單生產，將成品事先製造完成，放置倉庫，屆時再出

售。因此料理無法有製成品存貨，就算有，為求新鮮，次日即視同廢品倒掉（餿水），不能供客人食用。

假使餐廳訂有直接材料標準率，若是廚師切菜時多用了些，或是某種食材因替代某時點之某料理時，加上其本身所須耗用在某料理之數量，形成其耗用量大於標準用量時（謂之超耗）而遭國稅局查核之剔除補稅，其合理公允否？

假使餐廳訂有直接材料標準、直接人工標準、製造費用分攤標準之標準成本時，若是為了銷售競爭所做之促銷折扣活動，或是所購之材料漲價時，其成本率必超過標準成本率，若將超過之比率視為超耗，而遭國稅局查核之剔除補稅，其合理公允否？

又由於營業之特性，其材料耗用對餐飲收入之比率也很難核定，例如：

⑴ 不同客人每桌相同金額之菜色組合必然不盡相同，因而所用之材料也必然不同，所以其材料成本對餐飲收入之比率也無法相同。

⑵ 若一道牛排所採用之牛肉預計為 300 公克，但烹調完成至消費者享用時，該牛排到底是 280 公克或是 320 公克，或是非常準確之 300 公克，無法查證。又如通常該牛排使用之牛肉為 300 公克，而申報營利事業所得稅時之耗用標準為 320 公克，稅務查帳單位又如何查證判定是否超耗（因為該牛排無公訂或制式之標準用量，或同業標準用量）。

 ## 4-3 稅捐稽徵機關查帳人員對餐飲業之查核

餐飲業之成本表不若買賣業可編製「商品（存貨）進銷存明細表」，或則是像製造業容易編製「直接材料耗用表」、「單位成本分析表」及「製成品產銷明細表」。餐飲業不像製造業容易分辨出「變動成本」或是「固定成本」，製造業之機器設備容易計算出產能，而餐飲業則不易計算出產能。

但大多數查帳人員查帳時，會要求被查核之餐飲業者提出「直接材料耗用表」、「單位成本分析表」及「製成品產銷明細表」（此乃製造業營利事業所得稅申報必備之申報資料，但是餐飲業並非製造業），而被查核之業者若無法提供，則其營業成本必遭依同業利潤標準「逕行裁決」，若被查核之業者不服而有意見時，查帳人員會以被查核之業者無法提供其所要求（如前述）之報表，而無法查核。

若被查核之業者用盡辦法編出了上述報表，請問查核人員對於該表之合理性如何判定？又沒有實體之成品可供查對（因料理銷售出，並已入消費者的口腹中，查

帳時無保留實品可核對其真正之材料用量）。

想必在徵納雙方會產生相當棘手之問題，但事實上大多數的餐飲業皆提供不出上述之表單，而營業成本遭「逕行裁決」，可是有些經營不善之餐廳已虧損累累，還須遭補稅之命運，此是否合乎情理，值得探討。

 ## 4-4 餐飲業之申報與查核

綜合上述之各種情形，到底會計人員應如何記帳申報及充分表達損益情形、財務狀況，且查帳會計師及稅捐稽徵機關之查帳人員該如何查核，筆者認為：

(1) 會計人員應秉持誠實記帳申報。

(2) 不漏開發票，不漏取得進貨憑證。

(3) 材料之請購、訂購、驗收、入庫、領用、退庫等流程須完備。

(4) 帳冊表單齊全。

(5) 能充分表達損益情形及財務狀況。

(6) 健全會計制度。

(7) 落實內部控制。

(8) 簽證會計師能盡到查核責任。

如此稅捐稽徵機關查帳人員，應不致於將其營業成本以「逕行裁決」方式來處理。

5

餐飲業會計制度

5-1 餐飲業會計制度概述

5-1.1 設立目的

可作為餐飲業者會計事務處理的準繩、經營管理的重要工具、經營分析、績政檢討,並提供經營決策者了解財務狀況與經營結果,以作為未來經營方向之參考。

本制度是依政府頒布之公司法、商業會計法、所得稅法、營業稅法,證券發行公司財務報告編製準則及一般公認會計原則等相關法令,再配合業者本身之相關辦法以適合業者實際需要來作業。

5-1.2 實施之範圍

凡餐飲業者所屬單位之會計事務,均作一致性的規定辦理。各單位對其經營業務、財務凡涉及債權、債務之發生、處理、清償,現金財務之保管、轉帳、收付及業務收支處理,均依本會計制度辦理。

5-1.3 內容要點

1. **帳簿組織**
   (1) 本制度之帳簿組織依事實需要,以一套總分類帳合併處理俾便簡化以利統馭。
   (2) 設有日記帳、明細分類帳達到序時帳功能與明細交易內容之登錄,以便接受分類帳之統馭。
   (3) 成本帳戶與普通帳戶之聯繫係在總分類帳內設置進料統馭科目,以統馭倉儲之成本帳戶。
2. **會計科目**
   (1) 總帳科目係依照實際業務需求,適合餐飲業組織及帳務作業分有:①資產類 ②負債類 ③股東權益類 ④營業收入類 ⑤營業成本類 ⑥銷售管理費用類 ⑦營業外收入類 ⑧營業外支出類 ⑨所得稅類,按分類科目賦予編號。
   (2) 營業成本分為:① 餐飲成本 ②商品成本。

其中餐飲成本分為：①直接材料　②直接人工　③製造費用（含各會計科目子目）　④酒水飲料。

3. **會計憑証**

會計憑證除外來憑證外，其形式內容悉依業者之各項辦法之規定編製。

4. **會計簿籍**

(1) 會計簿籍之格式與內容基於便利報表之產生及依業者實際需要來訂定。

(2) 設有日記帳，在序時帳簿的日記帳記錄各筆交易事項。

(3) 成本帳之記錄，按成本責任中心分別列帳，計算成本帳上實際發生之①直接材料 ②直接人工 ③製造費用（含各項會計子目）　④酒水飲料。

5. **會計報告**

(1) 本公司按月舉行結算一次，並編製各會計報告。

(2) 每月之會計報告包括：資產負債表、損益表、經營結果分析報告。

(3) 依照經營管理需要得設各類報表。

6. **事務處理之準則及程序**

會計事務處理之準則及程序明白表示實施會計制度之準則與方法，再分為普通會計事務處理準則與成本會計事務處理準則，使作業有所依循，以允當表達公司經營結果，並作為經營分析、績效考核之參考。

 ## 5-2 財務及會計人員之任免

5-2.1 財務及會計人員之任用資格

餐飲業財務及會計人員之任用資格，除依業者之人事規定辦理外，其資格條件如下表：

▦表 5-1

職　位		資　格	備　註
財務	主管	大專相關科系畢業（含）以上或十年以上相關經驗或於該餐飲業服務滿三年以上且品行端正，足可信賴。	
	幹部	高中職相關科系畢業（含）以上或二年以上相關工作經驗。	
	承辦	高中職相關科系畢業（含）以上。	
會計	主管	大專相關科系畢業（含）以上或十年以上相關工作經驗或於該餐飲業服務三年以上且品行端正，足可信賴。	
	幹部	高中職畢業（含）以上或二年以上相關科系、總帳工作經驗。	
	承辦	高中職畢業（含）以上。	

5-2.2 財務及會計人員之任免

餐飲業財務及會計人員之任免程序除依業者之人事規定辦理外，應依下列規定辦理。

(1) 高階主管之任用應經董事會通過。

(2) 中階主管之任用應經總經理核定呈報董事長。

(3) 一般財務及會計人員之任免應依業者之人事規定辦理。

5-2.3 財務及會計人員之交接及代理

一、財務及會計人員之交接

(1) 財務及會計人員職務變更或經解除時，應辦理交接。

(2) 財務及會計人員之交接，除依照公司有關移交手續之規定辦理，應同時由稽核人員辦理監交。

(3) 財務及會計人員之交接，繼任人員接收各項帳目，如有疑問及不明瞭之處，應由前任人員詳加說明。有關移交前財務及帳簿之內容，仍應由前任人員負責。

二、財務及會計人員之代理

財務及會計人員之代理依公司規定之職務授權及休假代理之規定實施。

5-3 帳簿組織

餐飲業帳簿組織及簡單流程如下：

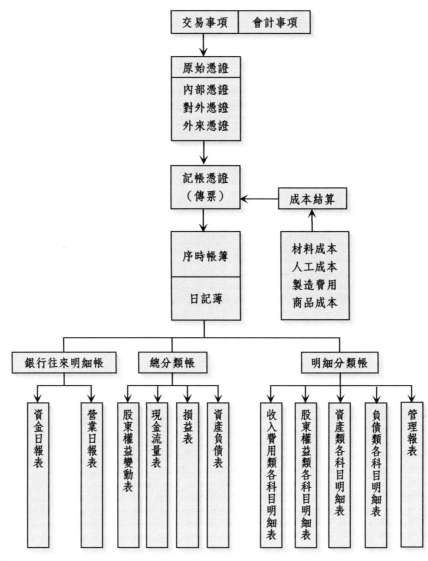

◉圖 5-1

44

5-4 會計科目

一、會計科目設置原則

會計科目依構成內容性質分為資產、負債、股東權益（淨值）、營業收入、營業成本、銷售管理費用、營業外收入、營業外支出、所得稅。

二、會計科目之分類與編號

會計科目之分類：

1. **資　產**

　公司所有的財產和權利，例如現金、銀行存款、有價證券、應收票據、應收帳款、存貨、預付款項、固定資產、存出保證金、質押定期存款等屬之。

2. **負　債**

　凡公司對外所欠之一切債務，需負償還之義務，不論財務、勞務屬之，如銀行借款、應付票據、應付帳款、應付費用、預收款項、存入保證金等。

3. **股東權益（淨值）**

　資產減去負債之餘額（即股本、資本公積、法定公積、累積盈餘、本期稅後損益之和）。

4. **營業收入**

　公司因營業活動所產生之收入，如餐點買賣及商品買賣等屬之。

5. **營業外收入**

　凡不屬公司本業所產生之收入屬之，如利息收入、短期投資收益、兌換盈益、其他收入等。

6. **營業成本**

　公司因應營業收入所須支付之代價屬之，分為餐飲成本及商品成本。

7. **銷售管理費用**

　凡公司經營上所須支付之管理或銷售費用屬之，如薪資、郵電費、保險費、租金支出等。

8. **營業外費用**

　凡不屬公司營業上所須支付之費用，如因理財活動所須支付之財務費用

（利息支出）及因進出口貨物兌換貨幣產生匯兌之損失（兌換損失）、短期投資損失、其他損失等。

9. 非常損失

係指性質特殊且非經常發生之項目，如重大災害損失及因賠償或法令變更引起重大損益事項應於損益表中單獨列示，其所得稅影響數亦比照辦理。

三、會計科目說明

編　號	會計科目名稱	說　　　　明
1	資產	係指一企業由於過去之交易或其他事項所獲得或控制之資源，預期未來能提供經濟效益者。
11	流動資產	係指在正常營運過程中於一年內可變為現金，或在不影響業務之原則下，隨時可變為現金或耗用之資產皆屬之。但營業週期長於一年者，應以一個營業週期作為劃分流動及非流動之標準。
110	現金及約當現金	凡庫存現金、銀行、郵局及公庫之存款，在途現金以及撥供各部門使用之零用金或週轉金等屬之。特定用途所撥存之現金屬於基金性質者，不屬現金科目。
1101	庫存現金	庫存之貨幣，原則上當日收入之現款，應於當日送存銀行，於結帳日不及送存銀行者，暫懸列科目，於次日轉存銀行沖銷。
1102	零用金	為方便集中有效管制公司零星小額支出。
1103	銀行存款	凡存放銀行或郵局及其他金融機構之各項支票存款、活期存款、定期存款及外匯存款等皆屬之。
110301	銀行存款－××××	
110302	銀行存款－×××××	
110303	銀行存款－×××××	
110304	銀行存款－×××××	
110309	銀行存款－定期存款	凡存放於銀行或其他金融機構有一定期限之存款均屬之。
111	短期投資	凡購入隨時可變現之政府債券、公司債、商業本票、可轉讓定期存單及公開發行上市公司股票等均屬之。
1111	有價證券－股票	凡因財務上以短期投資為目的，購入有市價資料且可隨時出售變現之股票屬之。
1112	有價證券－短期票券	凡因財務上以短期投資為目的，購入有市價資料且可隨時出售變現之一年內到期之國庫券、銀行承兌匯票及商業本票等短期票券屬之。
1114	有價證券－債券基金	凡因財務上以短期投資為目的，購入且可隨時贖回之債券型基金屬之。

編　　號	會計科目名稱	說　　　　明
1118	其他短期投資	凡不屬於上列各項之短期投資皆屬之。
1119	備抵短期投資跌價損失	凡短期投資因按「成本與市價熟低法」評價而發生之未實現損失皆屬之。
112	應收票據	凡因營業而發生之一年或一個營業週期內到期應收票據皆屬之。
1121	應收票據	凡因營業而發生之已收但尚未屆付款日期之應收一年或一個營業週期內到期票據屬之。
1122	其他應收票據	凡非營業行為所產生之應收一年或一個營業週期內到期票據屬之，應按票據現值評價。
1123	應收票據貼現	凡取得並已持向金融機構貼現之應收票據屬之。
1129	備抵呆帳－應收票據	凡提列應收票據之備抵呆帳皆屬之。
114	應收帳款	凡因營業而發生之一年或一個營業週期內到期應收款項皆屬之。
1142	應收信用卡	凡應向客戶收取以信用卡方式簽帳款項均屬之。
114201	應收信用卡－中信	
114202	應收信用卡－運通	
114203	應收信用卡－花旗	
114204	應收信用卡－大來	
114205	應收信用卡－匯豐	
114206	應收信用卡－聯合	
114207	應收信用卡－聯邦	
1143	應收帳款	凡因出售產品、商品或提供勞務等營業收入所發生而應收取之一年或一個營業週期內到期帳款屬之。
1149	備抵呆帳－應收帳款	凡提列應收帳款之備抵呆帳皆屬之。
116	其他應收款	凡因非營業活動而發生之應收款項屬之。
1164	應收退稅款	凡已繳納而應退回之各項稅款及合於營業稅法規定正申請退回之溢繳營業稅款皆屬之。
1176	應收收益	凡應收本期因非營業活動而發生之收益屬之。
1178	其他應收款	凡由非營業行為所產生之不屬於上列各項應收一年或一個營業週期內到期款項皆屬之。
1179	備抵呆帳－其他應收款	凡因非營業活動發生之各項債權所提列之備抵呆帳皆屬之。
121	存貨	
1210	商品	凡直接向外界購入，可供銷售之貨品皆屬之。例如食品禮盒、紀念品等。
121001	商品價差	凡店別間之商品調撥，而調入者對於調撥之單價與該店本來進

編　　號	會計科目名稱	說　　　　　明
		價之差異均屬之。
1211	製成品	凡製造完成供銷售之各項產品皆屬之。
1213	半成品	凡於某生產階段完成並繳庫之產品，可供出售或繼續供本公司其他生產階段使用之產品皆屬之。
121301	半成品價差	凡店別間之半成品調撥，而調入者對於調撥之單價與該店本來進價差異均屬之。
1215	材料	凡現存供直接產製各餐點之材料皆屬之。
121501	材料價差	凡店別間之材料調撥，而調入者對於調撥之單價與該店本來進價之差異均屬之。
1216	飲品	凡直接向外界購入之各種酒類、飲品供消費者用餐時飲用。
121601	飲品價差	凡店別間之酒水飲料調撥，而調入者對於調撥之單價與該店本來進價之差異均屬之。
1219	備抵存貨跌價及呆滯損失	凡存貨按「成本與市價孰低法」評價而發生之備抵損失及提列過時陳舊存貨之備抵損失皆屬之。
125	預付費用	
1251	預付薪資	凡公司預先支付予員工之薪津及獎金等屬之。
1252	預付租金	凡公司預先支付各項租金而尚未攤銷者屬之。
1255	預付保險費	凡公司預先支付各項保險費用而尚未攤銷者屬之。
1256	用品盤存	凡現存備供辦公使用或營運庶務性用品、員工制服、文具印刷品、廚務、餐務之消耗用品因一次量購庫存，再依領料單由各單位領用之品名屬之，購入時以資產庫存入帳，領用時才轉列各項費用處理。
1257	預付所得稅	凡預為支付或暫繳之所得稅捐皆屬之。各類所得如利息收入、租賃收入等，經扣繳義務人之所得稅，或暫繳之所得稅等，應先記入本科目，俟結算申報時抵付所得稅。
1258	其他預付費用	凡不屬上列各項之預付費用皆屬之。
126	預付款項	
1261	預付貨款	凡為訂購商品及材料而預付之款項皆屬之。
1264	進項稅額	凡營業人購買貨物或勞務時，應由購買人支付而由銷售人代收之營業稅屬之。
1265	留抵稅額	凡營業人以當期銷項稅額扣抵進項稅額時，進項稅額大於銷項稅額之溢付稅額，作為留抵以後各期之營業稅款者。
1268	其他預付款	凡不屬於上列各項之預付款項皆屬之。
128	其他流動資產	

編　號	會計科目名稱	說　　明
1281	暫付款	凡因性質未確定而預付之款項皆屬之。
1282	代付款	凡代為支付且於一年內可收回之款項屬之。
1283	員工借支	員工向公司預支之款項屬之。
14	基金及長期投資	凡各類特種基金及基於營業目的或獲取控制權所為之長期投資皆屬之。
141	基金	凡特定用途所提存之資產皆屬之。
1411	償債基金	凡提存備充償還債務用之基金皆屬之。
1412	改良及擴充基金	凡提存備供主要資產之擴充及改良用之基金皆屬之。
1418	其他基金	凡不屬於上列各項之基金皆屬之。
142	長期投資	為營業目的或獲取控制權所為之投資，及因理財目的所購入債券、股票等期限超過一年以上屬之。
1421	長期股權投資	凡投資其他企業之股票，具有下列情形之一者皆屬之： (1)被投資公司股票未在公開市場交易或無明確市價者。 (2)意圖控制被投資公司或與其建立密切業務關係者。 (3)有積極意圖及能力長期持有者。
1422	長期債券投資	凡擬長期持有而購買之長期債券皆屬之。其溢折價應按合理而有系統之方法攤銷。
1423	不動產投資	凡擬長期持有而購買之不動產屬之。
1428	其他長期投資	凡不屬於上列各項之長期投資皆屬之。
1429	備抵長期投資損失	凡長期投資因按「成本與市價孰低法」評價而發生之未實現損失皆屬之。
15	固定資產	凡供營業上長期使用，非以出售為目的之有形資產及已供營業上使用之未完工程與款項等皆屬之。其非為營業使用者，應按其性質列為長期投資或其他資產。已無使用價值之固定資產應按其淨變現價值或帳面價值較低者，轉列其他資產。
150	土地	
1501	土地	凡土地之取得成本屬之。
1508	土地－重估增值	凡土地依照土地法及平均地權條例辦理重估增值，其上漲之數屬之。
151	土地改良物	
1511	土地改良物	凡在自有土地上從事非永久性整理改良工程之成本皆屬之。
1518	土地改良物－重估增值	凡土地改良物按照固定資產重估價辦法辦理重估價之增值屬之。
1519	累計折舊－土地改良物	凡提列土地改良物之累計折舊皆屬之。
152	房屋及建築	

編　號	會計科目名稱	說　　　　明
1521	房屋及建築	凡自有之房屋建築及其他附屬設備之取得成本，及購入後所有能延長資產耐用年限或增加服務潛能之資本化支出皆屬之。
1528	房屋及建築－重估增值	凡房屋建築及其附屬設備按照固定資產重估價辦法辦理重估價之增值屬之。
1529	累計折舊－房屋及建築	凡提列房屋及建築之累計折舊皆屬之。
153	廚房設備	
1531	廚房設備	供廚房上使用體積大、不易移動之設備皆屬之。
1539	累計折舊－廚房設備	廚房設備按耐用年限提列折舊費用之累積數。
154	水電消防設備	
1541	水電消防設備	係指附著於建築物內之照明、動力、微電、飲用水、污水、排水及消防器具設施皆屬之。
1549	累計折舊－水電消防設備	水電消防設備按耐用年限提列折舊費用之累積數。
155	運輸設備	
1551	運輸設備	供營業上使用之車輛皆屬之。
1559	累計折舊－運輸設備	運輸設備按耐用年限提列折舊費用之累積數。
156	辦公設備	
1561	辦公設備	凡在公司之辦公場所、會議場所使用之設施品名均屬之。（例如：辦公桌椅、會議桌椅、辦公櫥櫃、影印機等）。
1569	累計折舊－辦公設備	辦公設備按耐用年限提列折舊費用之累積數。
157	餐廳設備	
1571	餐廳設備	供營業場所使用之設備皆屬之。
1579	累計折舊－餐廳設備	餐廳設備按耐用年限提列折舊費用之累積數。
158	電腦通訊設備	
1581	電腦通訊設備	供營業上使用之電腦設備含周邊設備（印表機、數據機、數位板等）其硬體和購入隨機所附的軟體一律列為此科目，電話機、行動電話機…等亦屬此項。
1589	累計折舊－電腦通訊設備	電腦通訊設備按耐用年限提列折舊費用之累積數。
159	空調設備	
1591	空調設備	係指附著於建築物內之中央系統冷暖氣設施或單一購置的冷暖氣機皆屬之。
1599	累計折舊－空調設備	空調設備按耐用年限提列折舊費用之累積數。
163	租賃改良	
1631	租賃改良	在租賃上建築物改良之取得成本，及購入後所有能延長資產耐

編　號	會計科目名稱	說　　明
		用年限或增加服務潛能之資本化支出皆屬之。
1639	累計折舊－租賃改良	租賃改良按其耐用年限或租賃期間提列折舊費用之累積數。
167	未完工程及預付設備款	
1671	未完工程	凡正在購建或裝置供營業上使用之工程。
1672	預付設備款	凡預付購置供營業使用之各種設備款皆屬之。
1673	預付土地款	凡預付購置供營業使用之土地屬之。
168	其他設備	
1681	其他設備	凡不屬於上列各項之設備皆屬之。
1689	累計折舊－其他設備	其他設備按其耐用年限或租賃期間提列折舊費用之累積數。
17	無形資產	凡無實體存在而供營業上使用，且能對企業產生長期經濟效益者皆屬之。
171	商標權	
1711	商標權	凡商標之設計費、登記費或收購費等成本皆屬之。
176	商譽	
1761	商譽	凡出價取得之商譽皆屬之。
177	遞延退休金成本	
1771	遞延退休金成本	帳上應計退休金負債小於財務會計準則公報第 18 號所規定之最低退休金負債加預付退休金合計數的部分，應借記遞延退休金成本，補提列退休金負債，以承認前期未認列之服務成本，過渡性淨資產或淨給付義務。
18	其他資產	凡不屬上列各項之資產且收回或變現期限在一年或一個營業週期以上者皆屬之。
181	閒置資產	凡未供營業上使用之各項閒置未用資產，應將其成本、重估增值及累計折舊等相關科目轉列此項目下。
1811	閒置資產	凡未供營業上使用之各項閒置未用資產之取得成本，及購入後所有能延長資產耐用年限或增加服務潛能之資本化支出皆屬之。
1818	閒置資產－重估增值	凡閒置資產曾按照固定資產重估價辦法辦理重估價之增值屬之。
1819	累計折舊－閒置資產	凡提列閒置資產之累計折舊皆屬之。
182	存出保證金	
1821	存出保證金	凡存出作保證用之現金或其他資產皆屬之。
1822	定期存款－質押	凡質押出之定期存款皆屬之。
183	遞延費用	凡已發生之費用應由以後各期負擔或攤銷者屬之。
1831	開辦費	凡公司於創業期間因公司設立所發生之所有必要支出，應由以後各期攤銷者皆屬之。

編　　號	會計科目名稱	說　　　　　明
1834	遞延費用－廚房用品	凡供廚房使用之用品應以 3 年攤提列入當月之成本。
1835	遞延費用－餐廳用品	凡供餐廳使用之用品應以 3 年攤提列入當月之費用。
1836	遞延費用－其他（製）	凡不屬於上列遞延費用－廚房用品皆屬之。
1837	遞延費用－其他（銷）	凡不屬於上列遞延費用－餐廳用品皆屬之。
188	其他資產－其他	
1886	陳列飾品	凡陳列公司之古董、字畫屬之。
189	應收內部往來	
1891	應收內部往來－總公司	凡總機構與分支機構間之往來皆屬之。年度決算彙編報表時，總分支機構之借貸雙方餘額應予軋平。
1892	應收內部往來－××店	
1893	應收內部往來－××店	
1894	應收內部往來－××店	
19	信託代理及保證資產	
190	信託代理及保證資產（備忘科目）	凡保管品、承銷品、應收保證票據、存出保證票據等或有資產皆屬之。
1931	應收保證票據（備忘科目）	凡辦理放款、分期收款方式銷貨或保證背書等業務而自他人收受票據作業擔保者皆屬之。
1941	存出保證票據（備忘科目）	凡為保證用存出之票據等皆屬之。
2	負債	係指一公司由於過去之交易或其他事項所產生之經濟義務，需於未來移轉資產或提供勞務因而犧牲未來經濟效益者。
21	流動負債	凡在正常營運過程中需於一年內或一個營業週期內以流動資產或其他流動負債償付之負債，或依債權人之要求，隨時應予償付之負債皆屬之。
210	短期借款	凡向銀行或他人借及透支之款項等，其償還期限在一年或一個營業週期內者屬之。
2101	銀行透支	凡向銀行短期透支其償還期限或借款合約為一年以內者之款項皆屬之。
2102	銀行借款	凡向銀行舉借不屬透支部分之款項，其償還期限在一年或一個營業週期內者皆屬之。
2108	其他短期借款	凡不屬上列各項之借款，其償還期限在一年或一個營業週期以內者皆屬之。
211	應付短期票券	
2111	應付短期票券	凡因業務需要發行之交易性或融資性商業本票及銀行承兌匯票

編　號	會計科目名稱	說　　　明
		等短期票券，其期限在 360 天以內者皆屬之。
2119	應付短期票券折價	凡因業務需要發行短期票券，所收現金不及本票面額之差額，應由後期攤銷者皆屬之。（本科目係「2111-應付短期票券」之減項科目）
212	應付票據	凡應付各種之票據皆屬之。
2121	應付票據	凡因營業活動而產生之應付票據，其付款期限在一年或一個營業週期以內者屬之。
2122	其他應付票據	凡因非營業活動而發生之應付票據皆屬之。
214	應付帳款	凡因營業活動而產生之帳款皆屬之。
2143	應付帳款	凡因營業活動所需購進商品或材料，應付之價款及運費等皆屬之。
2144	暫估應付帳款	凡因營業活動所需購進商品或材料，業經交貨驗收，但其應付價款（包括買價及運雜費等）尚未確定，而暫為估計之數屬之。
216	應付所得稅	
2161	應付所得稅	凡應付未付之營利事業所得稅皆屬之。
217	應付費用	凡已發生而尚未支付之各項應付費用，包括應付薪資、租金、保險費、會計師及律師費、權利金、佣金、利息等皆屬之。
2171	應付薪資	凡已發生而尚未支付之應付員工薪津及獎金等皆屬之。
2172	應付租金	凡已發生而尚未支付之應付各項租金費用屬之。
2173	應付利息	凡已發生而尚未支付之應付利息費用屬之。
2178	其他應付費用	凡不屬於上列各項之其他應付費用皆屬之。
221	其他應付款項	凡應付因非營業活動而產生之款項及費用皆屬之。
2214	銷項稅額	凡營業人銷售貨物時向買受人收取之營業稅屬之。
2215	應付營業稅	凡營業人每月銷項稅額扣除進項稅額後之餘額為當期應納營業稅額。
2216	應付股利	凡經股東會決議發放，但尚未支付之股利屬之。
2219	應付員工紅利	凡已發生而尚未支付之員工紅利屬之。
2221	應付董監事酬勞	凡已發生而尚未支付之董監事酬勞屬之。
2223	應付土地房屋款	購置房地產尚未付款之部分屬之。
2228	其他應付款－其他	凡因非營業活動而發生之其他應付款項皆屬之。
226	預收款項	凡預為收納之各種款項皆屬之。
2264	預收訂金	凡預收顧客訂桌之訂金或部分餐費皆屬之。
2265	預收寄桌	凡顧客訂桌而未實際開桌，餘桌為保留消費（需轉為寄桌）即

編　號	會計科目名稱	說　　　　明
		屬之。
2266	臨時存欠	
2267	預收餐券款	凡售出餐券預先收入之款項屬之。
2268	其他預收款	凡不屬於上列各項之預收款項皆屬之。
227	一年內到期長期負債	凡長期負債將於一年或一個營業週期內到期者，應轉列流動負債。但如長期負債以償債基金償還者或將再融資者，則不必轉列為流動負債。
2272	一年內到期長期借款	凡長期借款其到期日於一年或一個營業週期內者，應轉列此科目。
228	其他流動負債	凡不屬於上列各項之流動負債皆屬之。
2281	暫收款	凡收入之數項，因其性質尚未判明者皆屬之。
2282	代收款	凡代收或代表保管之款項皆屬之。
228201	代收所得稅	凡先行代收之所得稅再代付屬之。
228202	代收勞保費	凡先行代收之勞保費再代付屬之。
228203	代收健保費	凡先行代收之健保費再代付屬之。
228204	代收福利金	凡先行代收之福利金再代付屬之。
228208	代收其他款	凡不屬上列各項之代收款項皆屬之。
24	長期負債	凡到期日在一年或一週營業週期以上（以較長者為準）之債務，如發行債券及長期借款等具有長期性質之負債皆屬之。
242	長期借款	
2421	銀行長期借款	凡向銀行借入之款項，其償還期一年或一個營業週期以上者皆屬之。
25	各項準備	
251	土地增值稅準備	
2511	土地增值稅準備	凡擁有之土地，經按公告現值重估之增值部分，依法應計之土地增值稅皆屬之。
261	退休金準備	
2611	退休金準備	凡依照規定為員工退休所提列之準備。
28	其他負債	凡不屬於上列各項之負債皆屬之。
281	應計退休金負債	
2811	應計退休金負債	凡依照規定為員工退休所提列之準備或僱主提撥之退休基金低於淨退休金成本之差額部分。
282	存入保證金	

編　號	會計科目名稱	說　　　明
2821	存入保證金	凡收到客戶存入供保證用之款項皆屬之。
285	股東往來	
2851	股東往來	凡股東代公司暫為支付之款項皆屬之。
289	應付內部往來	
2891	應付內部往來－總公司	凡總機構與分支機構間之往來皆屬之。年度決算彙編報表時，總分支機構之借貸雙方餘額應予軋平。
2892	應付內部往來－××店	
2893	應付內部往來－××店	
2894	應付內部往來－××店	
29	信託代理及保證負債	
290	信託代理及保證負債（備忘科目）	凡應付保管品、受託承銷品、存入保證票據、應付保證票據等皆屬之。
2931	存入保證票據（備忘科目）	凡因行使背書、保證、或辦理分期收款方式銷貨等而持有他人存入之票據皆屬之。
2941	應付保證票據（備忘科目）	凡開發作為保證用之票據及提貨單皆屬之。
3	股東權益	為全部資產減除全部負債後之餘額。
31	股本	凡股本及預收股本皆屬之。
311	普通股股本	
3111	普通股股本	凡公司因發行普通股票而實收之股票面額部分屬之。
314	預收股本	
3141	預收股本	凡公司創立或增資時，尚未申請登記或變更登記前，預收之股本皆屬之。
32	資本公積	凡股票溢價、受領贈與等屬之。
321	資本公積－發行溢價	
3211	資本公積－普通股股票溢價	凡公司以高於普通股面額之價格發行股票，其所超收部分之金額皆屬之。
323	資本公積－資產重估增值準備	
3231	資本公積－資產重估增值準備	凡固定資產辦理重估增值之數皆屬之。
33	保留盈餘	凡由經營結果所產生之盈餘，未以股息及紅利或分派盈餘方式分配於股東，而保留於公司者皆屬之。
331	法定盈餘公積	

編　　號	會計科目名稱	說　　　　　　明
3311	法定盈餘公積	依公司法規定自盈餘中提撥者屬之。
335	未提撥保留盈餘	凡未經提撥或分派之盈餘皆屬之。
3351	累積盈虧	凡未經提撥之盈餘或未經彌補之虧損皆屬之。
335101	累積盈虧－86 年以前	
335102	累積盈虧－87 年有扣	
335103	累積盈虧－87 年未扣	
3352	前期損益調整	前期損益項目之錯誤於該期報表發布後始發現而應為調整者。本科目供結算期初保留盈餘之用。
3353	本期損益	本科目供結算本期損益之用。
3354	前期損益	本科目供結算期初保留盈餘之用。
4	營業收入	凡本期因經常營業活動而銷售商品或提供勞務等所獲得之收入者皆屬之。
44	餐飲服務收入	
441	餐飲服務收入	
4412	餐飲收入－中餐	凡中餐部門因銷售食物或飲料所得之價款收入皆屬之。
4413	餐飲收入－西餐	凡西餐部門因銷售食物或飲料所得之價款收入皆屬之。
4414	餐飲收入－自助餐	凡自助餐部門因提供食物或飲料所得之收入皆屬之。
4415	餐飲收入－××餐	
4416	服務收入	凡因提供場地、冷氣設備、開瓶服務供客戶使用，所得之價款皆屬之。
4417	商品收入	凡出售商品所得之價款屬之。
4418	餐飲服務收入退回	凡餐飲服務收入因某種原因，而將款項退還予客戶皆屬之。
4419	餐飲服務收入折讓	凡因餐飲服務收入所給予客戶之折讓價而未能獲致之價款皆屬之。
5	營業成本	凡本期因經常營業活動而銷售商品或提供勞務等所應負擔之營業成本皆屬之。
54	餐飲服務成本	
541	餐飲服務成本	
5412	餐飲成本	凡銷售食物或飲料之原始成本皆屬之。
5415	商品成本	凡銷售商品之原始成本皆屬之。
544	進貨	
5441	進貨	凡本期購入之材料、飲品、商品統稱之。
5442	進貨退出	凡已購入之材料、飲品、商品，因某種原因，而退還供應商均

編　號	會計科目名稱	說　　　　明
		屬之。
5443	進貨折讓	凡進貨由供應商給予折讓，（如帳款尾數予以讓免或材料不符而予以減價）均屬之。
545	半成品成本	
5451	半成品成本	凡材料經加工後之成本均屬之。
546	直接人工	
546101	直接人工－薪資支出	凡廚房部門人員薪資均屬之。
546102	直接人工－獎金	凡廚房部門人員獎金均屬之。
546103	直接人工－加班費	凡廚房部門人員加班費均屬之。
546104	直接人工－退休金	凡廚房部門人員退休金均屬之。
548	製造費用	凡廚房部門費用均屬之。
54810	製－薪資支出	凡廚房部門臨時性人員薪資均屬之。
54811	製－租金支出	
548111	製－租金支出－土地	凡租用供廚房部門所使用之土地租金費均屬之。（以實際坪數分攤計算）
548113	製－租金支出－房屋	凡租用供廚房部門所使用之房屋租金費用均屬之。（以實際坪數分攤計算）
548114	製－租金支出－冷凍庫	凡租用供廚房部門所使用之冷凍庫租金費用均屬之。
548118	製－租金支出－其他	凡不屬上列租金之費用均屬之。
54812	製－文具印刷	凡供廚房部門使用之文具用品、印刷用品、影印紙等費用均屬之。
54813	製－旅費	凡廚房部門因工作上需求配合出差及在外過夜所發生之費用均屬之。（含車資、住宿、膳食、加油費用、雜費等費用）
54814	製－運費	凡購入材料應負擔各項運費均屬之。
54816	製－修繕費	凡廚房部門之設備維修或更換零件均屬之。
54818	製－水電瓦斯費	
548181	製－水電瓦斯費－水費	凡廚房部門之用水均屬之。
548182	製－水電瓦斯費－電費	凡廚房部門之用電均屬之。
548183	製－水電瓦斯費－瓦斯費	凡廚房部門之瓦斯等均屬之。
54819	製－保險費	
548191	製－保險費－勞保費	凡廚房部門所發生之勞保費均屬之。
548192	製－保險費－健保費	凡廚房部門所發生之健保費均屬之。
548193	製－保險費－產物	凡廚房部門所發生之產物保險、火險均屬之。

編　號	會計科目名稱	說　　　　明
548198	製－保險費－其他	凡不屬上列保險費均屬之。
54820	製－交際費	凡廚房部門所支付之交際應酬或贈送禮品費均屬之。
54822	製－稅捐	凡廚房部門之房屋稅、地價稅均屬之。（以實際坪數計算）
54824	製－折舊	凡廚房部門有形之固定資產按稅法規定之折舊年限，按期提列折舊費用。
54825	製－各項攤提	凡廚房部門之遞延費用每期所攤提之金額屬之。
54827	製－伙食費	凡廚房部門之伙食由公司供應，以實際耗用之主副食均屬之。
54828	製－職工福利	凡廚房部門員工醫療、員工文康活動、聚餐及依法提撥之職工福利金均屬之。
54829	製－研究費	凡廚房部門研發新餐、飲品所發生之費用均屬之。
54831	製－訓練費	凡廚房部門人員派與參加企管顧問講習或購買訓練教材費用均屬之。
54833	製－消耗品	凡廚房部門所消耗之洗碗精、漂白水、抹布等均屬之。
54834	製－清潔費	凡廚房部門所支付垃圾清潔費均屬之。
54835	製－進口費用	凡由本公司直接進口材料，所發生之進口費用均屬之。
54837	製－雜項購置	凡供廚房部門所使用之器具，金額不大但耐用年限超過兩年以上，列為費用支出之品名屬之。
54838	製－交通費	凡廚房部門人員因公務外出所發生之車資、加油費、過路費、寄車費均屬之。
54839	製－書報雜誌	凡廚房部門訂閱有關餐飲之書報、雜誌、期刊等均屬之。
54840	製－燃料費	凡廚務部門之燃料耗用均屬之。
54888	製－雜費	凡不屬上列各項費用均屬之。
59	營業毛利（毛損）	
591	營業毛利（毛損）	係本期因營業活動所產生之毛利（損）。
5911	餐飲毛利（毛損）	係本期因餐飲銷售所產生之毛利（損）。
5912	商品毛利（毛損）	係本期因商品買賣所產生之毛利（損）。
6	營業費用	
61	銷售費用	
611	銷售費用	凡餐飲部門發生之費用均屬之。
6110	銷－薪資支出	
611001	銷－薪資支出－薪資	凡餐飲部門人員薪資均屬之。
611002	銷－薪資支出－獎金	凡餐飲部門人員獎金均屬之。
611003	銷－薪資支出－加班費	凡餐飲部門人員加班費均屬之。

編　號	會計科目名稱	說　　　　明
611004	銷－薪資支出－退休金	凡餐飲部門人員退休金均屬之。
6111	銷－租金支出	
611101	銷－租金支出－土地	凡租用供餐飲部門所使用之土地租金費用均屬之。（以實際坪數分攤計算）
611102	銷－租金支出－停車場	凡租用供餐飲部門所使用之停車場租金費用均屬之。
611103	銷－租金支出－房屋	凡租用供餐飲部門所使用之房屋租金費用均屬之。（以實際坪數分攤計算）
611108	銷－租金支出－其他	凡不屬上列租金之費用均屬之。
6112	銷－文具印刷	凡供餐飲部門所使用之文具用品、印刷用品、影印紙等費用均屬之。
6113	銷－旅費	凡餐飲部門因業務需求配合出差及在外過夜所發生之費用均屬之。（含車資、住宿、膳食、加油費、雜費等費用）
6114	銷－運費	凡餐飲部門所發生之運費均屬之。
6115	銷－郵電費	凡餐飲部門所發生之電話費、傳真費、網路費、快遞費、郵資費等均屬之。
6116	銷－修繕費	凡餐飲部門之設備所發生之修繕費用及更新零件費用均屬之。
6117	銷－廣告費	凡餐飲部門所發生之報章雜誌廣告、廣播、電視廣告，製作宣傳品及紀念品等費用均屬之。
6118	銷－水電瓦斯費	
611801	銷－水電瓦斯費－水費	凡餐飲部門之用水均屬之。
611802	銷－水電瓦斯費－電費	凡餐飲部門之用電均屬之。
6119	銷－保險費	
611901	銷－保險費－勞保費	凡餐飲部門所發生之勞保費均屬之。
611902	銷－保險費－健保費	凡飲部門所發生之健保費均屬之。
611903	銷－保險費－產物	凡餐飲部門所發生之產物保險、公共意外險、火險均屬之。
611908	銷－保險費－其他	凡不屬上列之保險費均屬之。
6120	銷－交際費	凡餐飲部門接待客戶之餐費、宿費、年節送禮、婚喪賀禮奠儀等均屬之。
6121	銷－捐贈	凡餐飲部門捐助國防建設、慰勞軍隊、政府捐獻或對公益、慈善、文化、教育等機關團體、政黨、公職選舉候選人以及經財政部專案核准之捐贈款項均屬之。
6122	銷－稅捐	凡餐飲部門所發生之房屋稅、地價稅均屬之。（以實際坪數分攤）
6124	銷－折舊	凡餐飲部門之有形固定資產按稅法規定之折舊年限，按期提列

編　號	會計科目名稱	說　　　　明
		折舊費用。
6125	銷－各項攤提	凡餐飲部門之遞延費用每期所攤提之金額均屬之。
6127	銷－伙食費	凡餐飲部門之伙食由公司供應，以實際耗用之主副食均屬之。
6128	銷－職工福利	凡餐飲部門員工醫療、員工文康活動、聚餐及依法提撥之職工福利金均屬之。
6129	銷－研究費	凡餐飲部門研究開發新廣告設計及新商品等均屬之。
6131	銷－訓練費	凡提高餐飲部門人員專業素質，指派員工參加訓練所發生之旅費、雜費等均屬之。
6132	銷－出口費用	因辦理貨物出口所發生之費用屬之。
6133	銷－消耗品	因餐飲部門所使用之洗廁劑、衛生紙、火柴、洗手乳等費用均屬之。
6134	銷－清潔費	凡餐飲部門支付清潔公司打掃費用及清潔費用均屬之。
6135	銷－裝飾費	凡餐飲部門裝飾用品均屬之。
6136	銷－手續費	凡信用卡所發生之手續費均屬之。
6137	銷－雜項購置	凡餐飲部門所使用之器具，金額不大但耐用年限超過兩年以上列為費用支出之品名屬之。
6138	銷－交通費	凡餐飲部門人員因公務外出所發生之車資、加油費、過路費、寄車費均屬之。
6139	銷－書報雜誌	凡餐飲部門訂閱期刊、雜誌及書報等均屬之。
6140	銷－推廣費	凡公司為業務推廣之需要所發生之費用，及招待客人試吃用餐或贈送出免費用餐券等均屬之。
6141	銷－包裝費	凡因銷售產品所使用之包裝材料皆屬之。
6142	銷－呆帳損失	凡應收票據及應收帳款等預計無法收回之數，或實際發生損失沖轉備低呆帳後之餘額皆屬之。
6188	銷－雜費	凡不屬上列各項費用均屬之。
62	管理費用	
621	管理費用	凡管理部門費用均屬之。
6210	管－薪資支出	
621001	管－薪資支出－薪資	凡管理部門人員薪資均屬之。
621002	管－薪資支出－獎金	凡管理部門人員獎金均屬之。
621003	管－薪資支出－加班費	凡管理部門人員加班費均屬之。
621004	管－薪資支出－退休金	凡管理部門人員退休金均屬之。
6211	管－租金支出	凡管理部門因租用之土地、辦公場所等所發生之租金皆屬之。

編　號	會計科目名稱	說　　　　　明
		（以實際坪數分攤計算）
6212	管－文具印刷	凡管理部門所耗用之文具用品、印刷品等均屬之。
6213	管－旅費	凡管理部門人員因公出差至國內外各地之差旅費用均屬之。（含住宿、膳食、加油費、交通費、雜費等費用）
6214	管－運費	凡管理部門因搬運物品所支付之海、陸、空運輸費用均屬之。
6215	管－郵電費	凡管理部門所發生之郵資費、電話費、傳真費等均屬之。
6216	管－修繕費	凡管理部門之固定資產所發生之修理費、養護費及更換零件均屬之。
6217	管－廣告費	凡管理部門刊登人事廣告、財務報表公告等發生之費用均屬之。
6219	管－保險費	
621901	管－保險費－勞保費	凡管理部門之勞保費均屬之。
621902	管－保險費－健保費	凡管理部門之健保費均屬之。
621903	管－保險費－產物	凡管理部門之火險、產物險及財務現金險等均屬之。
621908	管－保險費－其他	凡不屬上列保險費均屬之。
6220	管－交際費	凡管理部門接待客戶之餐費、宿費、年節送禮、婚喪賀禮奠儀等均屬之。
6221	管－捐贈	凡管理部門協助國際建設、慰勞軍隊、政府捐獻或對公益、慈善、文化、教育等機關團體、政黨、公職選舉候選人以及經財政部專案核准之捐贈款項均屬之。
6222	管－稅捐	凡管理部門所發生之地價稅、房屋稅等均屬之。（以實際坪數分攤計算）
6224	管－折舊	凡管理部門之有形固定資產按稅法規定之折舊年限，按期提列折舊費用。
6225	管－各項攤提	凡管理部門之遞延費用其攤銷皆屬之。
6227	管－伙食費	凡管理部門之伙食由公司供應，以實際耗用之主副食均屬之。
6228	管－職工福利	凡管理部門員工醫療、員工文康活動、聚餐及依法提撥之職工福利金均屬之。
6230	管－佣金支出	凡支付介紹費均屬之。
6231	管－訓練費	凡管理部門人員參加訓練所發生之旅費、雜費等均屬之。
6237	管－雜項購置	凡管理部門所使用之器具，金額不大但耐用年限超過兩年以上列為費用支出之品名屬之。
6238	管－交通費	凡管理部門人員因公務外出所發生之車資、加油費、過路費、寄車資均屬之。
6239	管－書報雜誌	凡管理部門訂閱書報、雜誌、期刊等均屬之。

編　　號	會計科目名稱	說　　　　明
6240	管－勞務費	凡給付會計師、律師、代書、顧問等費用均屬之。
6241	管－推廣費	凡管理部門為協助業務推廣需要所發生之費用，或贈送出免費餐券等均屬之。
6242	管－研究費	凡管理部門協助研發新餐飲品所發生之費用均屬之。
6288	管－雜費	凡不屬於上列各項費用均屬之。
69	營業淨利（損）	
699	營業淨利（損）	
6991	營業淨利（損）	係本期因營業活動所產生之淨利益（損失），本科目為營業毛利（毛損）減營業費用之差額。
7	營業外收支	凡本期內因非主要營業活動所產生之利得及損失均屬之。
71	營業外收入	凡本期內因非主要營業活動所發生之收入皆屬之。
711	利息收入	
7111	利息收入	凡存放、金融機構、融資貸與他人等所產生之利息收入皆屬之。
712	投資收益	
7121	投資收益	凡非以投資為業之公司，因從事短期及長期投資依成本法取得之股利收入及依權益法按持股比例認列被投資公司本期盈餘等投資收益屬之。
713	處分固定資產利益	凡因處分固定資產所獲得之利益屬之。
7131	處分固定資產利益	凡因處分固定資產所獲得之利益屬之。
715	存貨盤盈	
7151	存貨盤盈	凡盤點存貨所發生之盈餘皆屬之。
716	兌換利益	凡因外幣匯率變動所獲得之利益屬之。
7161	兌換利益	凡因外幣匯率變動所獲得之利益屬之。
748	其他收入	
7481	其他收入	凡不屬以上各項之收入均屬之。
75	營業外支出	凡本期內因非主要營業活動所發生支出均屬之。
751	利息費用	
7511	利息費用	凡向銀行或他人借款等所發生之利息費用均屬之。
752	投資損失	
7521	投資損失	凡非以投資為業之公司，因從事短期及長期投資按「成本與市價孰低」法評價所認列之未實現跌價損失或長期投資依權益法按持股比例認列被投資公司本期虧損等投資損失均屬之。
753	處分固定資產損失	

編　號	會計科目名稱	說　　明
7531	處分固定資產損失	凡因固定資產出售、報廢及遺失等所發生之損失均屬之。
755	存貨盤損	
7551	存貨盤損	凡盤點存貨所發生之虧損均屬之。
756	兌換損失	
7561	兌換損失	凡因外幣匯率變動而發生之損失均屬之。
757	存貨跌價及呆滯損失	
7571	存貨跌價及呆滯損失	因存貨毀損或過時，致其淨變現價值低於成本所發生之損失均屬之。
758	其他損失	
7581	其他損失	凡不屬於以上各項損失均屬之。
788	其他支出	
7881	其他支出	因不屬於以上各項均屬之。
79	稅前淨利（淨損）	
799	稅前淨利（淨損）	
7991	稅前淨利（淨損）	係本會計期間繼續營業部門扣除所得稅費用前之盈餘（虧損）。
8	所得稅	
81	所得稅	
811	所得稅	
8111	所得稅	凡當期會計所得按規定稅率預計之所得稅費用均屬之。

5-5 會計帳簿

一、設立會計帳簿的原則

(1) 依法令規定或主管機關設為應設置之帳簿外，再依業者之業務需要酌量設置。

(2) 按標準規則同一性質之帳簿以一套為原則。

(3) 採機器記帳使用活頁式帳簿登錄有關會計記錄憑證，須經主管機關核准。

二、會計帳簿的總類、格式及說明

1. **序時帳簿（日記帳）**

以交易發生之時間順序為主，依原始憑證編製傳票，按會計科目逐筆登錄至日記帳。

2. **分類帳簿**

(1) 總分類帳：資產、負債、股東權益、營業收入、營業外收入、營業成本、銷售管理費用、營業外支出、所得稅、各科目之統馭。

(2) 明細分類帳：應受總分類帳之統制為總分類帳之輔助帳，並適各會計科目之必要性予以設置。

(3) 資金日報表：按每日銷貨日報表、現金、銀行存款、應收票據等，依發生之交易，逐筆登錄資金日報表。

3. **帳簿格式（略）**

 ## 5-6 會計憑證

5-6.1 會計憑證設置原則

(1) 凡會引發公司資產、負債、淨值、收入、成本之增減變化的，稱為交易事項，而會計憑證之設置係為證明交易事項或會計事項發生之經過及處理會計事務人員之責任，為處理會計事務及執行有關收支之依據，除可防止會計相關事務之錯誤，並為稽核人員稽查之依據及會計事務之留存。

(2) 會計憑證依其性質可分為原始憑證及記帳憑證二種。

(3) 原始憑證除外來憑證外，對外或內部憑證，於格式、尺寸、大小應力求一致，以利各單位傳閱、審查、存檔、備查。

(4) 會計憑證應依據事實及法定編製，並依稅法規定之期限存之。

(5) 對外會計事項交易事項，均應取得外來憑證或給予他人憑證。

(6) 會計憑證應依交易事實或會計事項來記載法定必備要求。

5-6.2 原始憑證之種類與說明

原始憑證依其來源性質可分為：

1. **外來憑證**

    來自公司外部，足以證明交易事項發生經過的憑證，稱為外來憑證。

2. **對外憑證**

    業者對外營業，給業者以外之企業或個人憑證者，謂之對外憑證，如訂購單等。

3. **內部憑證**

    凡為經營或內部管理之目的而自行印製，並足以證明會計事項之各類表單等謂之內部憑證，如請購單、驗收單、領料單等。

5-6.3 原始憑證之審核依據

(1) 對外會計事項，其應取得外來憑證者，除依營利事業所得稅查核準則第 12 條所列，得以內部憑證認定者外，均應取得外來憑證。

(2) 舉凡所有會計事項（對內及對外之會計事項）均應依分層負責管理規定中之核決權限人員簽核及辦理。

(3) 各項支出之憑證如有預算編製之規定，則該項支出憑證必須根據所編預算予以審核，倘有超支，必須具正當理由，報經核決權主管核准，方可作業。

(4) 各項憑證原則上必須以正本提出審核，以防重複支出，支出後之憑證，必須在顯著位置蓋上『付訖』印章。

(5) 在審核流程中，內部憑證必須依據業者之規定辦法作業。

5-6.4 原始憑證審核要點

1. **接到外來憑證應就下列事項審核**

    (1) 買受人名稱、統一編號、地址與業者是否符合。

    (2) 外來憑證之開立者是否為訂購單之供應商、統一發票章是否一致。

    (3) 外來憑證開立之品名、數量與業者之請購單、訂購單、驗收單一致。

    (4) 外來憑證開立之單位、單價是否與訂購單之單位、單價相符。

(5) 外來憑證開立之總金額計算是否正確。

(6) 外來憑證開立之大小寫金額是否正確。

(7) 外來憑證若有塗改，於塗改處是否有蓋章。

2. **內部憑證應有下列事項審核**

(1) 內部憑證是否為業者之規定辦法內所訂之格式。

(2) 內部憑證是否依分層負責管理規定之核決權限簽核。

(3) 相關之內部憑證，如請購單、訂購（採購）單、驗收（收料）單於數量金額上是否有合理性。

(4) 內部憑證上所列應支付之金額於數字之計算上是否正確。

(5) 內部憑證於計算各項攤提時，所攤提之百分比、年限是否符合稅法規定。

3. 原始憑證一律以正本送出審核，若發生賣方之統一發票遺失，應請賣方開立切結書，述明該款項確實未收到，並附上統一發票留抵聯影本二份，蓋上原廠商之統一發票章、公司大小章及與正本相符章，並注意有無重複請款。

4. 內部憑證需注意連續編號，以利內部控制及稽核。

5. 各項憑證如有預算應於預算內審核支出，若超出預算，應述明正當理由，並經有權主管授權後，方能支出。

6. 各項憑證若有塗改，於塗改處需有經辦人員簽章。

5-6.5 記帳憑證之種類與說明

(1) 業者之記帳憑證宜為轉帳傳票，凡交易事項發生，不論與現金收入、現金支出是否相關，均應編製轉帳傳票。

(2) 業者宜採複式（借貸均同時記載）之傳票。

5-6.6 記帳憑證編製原則

(1) 記帳憑證之編製，除整理結帳等事由，確實無原始憑證外，均應根據原始憑證為之。

(2) 記帳憑證編製前，須審核所附之原始憑證是否齊全，以及核決權限之主管是否均已簽核，若不符則應退回。

(3) 記帳憑證之編製須依業者之會計科目說明書及業者規定，依照常理及法理選擇適當的會計科目，同樣之會計事項，其會計科目須一致。

(4) 記帳憑證之摘要應簡明扼要說明交易的事項及內容。

(5) 記帳憑證編製後，需審核會計科目與金額是否相符及正確。

(6) 記帳憑證於提列各項攤提時，應註明其計算之內容。

(7) 記帳憑證上有沖轉懸記之會計科目時，應先查出應沖轉科目名稱、金額，不得憑記憶沖轉之。

(8) 記帳傳票上之收款人、付款人、名稱須以全銜記錄，不可以簡稱記之。

(9) 記帳憑證於支出票據時，需註明票據到期日、帳號、付款銀行、票據號碼。

(10)每一傳票應明白顯示總帳科目及明細帳科目（子目）。

(11)記帳傳票應編號且裝訂成冊，設專人保管，保管年限依法令之規定。

(12)應先開立記帳憑證，經核決主簽核後，才能送財務單位開立支票。

(13)非經製票人簽章並押日期及核決權限者簽章之傳票，不生效力，不得入帳。

 ## 5-7 會計報告

一、會計報告的種類

1. 資產負債表

用來表達某一特定日期之財務狀況，屬靜態報表。

2. 損益表

係某一會計期間內營業結果的報告，屬動態報表。

3. 財務狀況變動表

係提供在特定時間內，有關現金流入與流出的動態報表，說明企業在特定期間內的營業、投資與理財等活動對現金之影響。

4. 股東權益變動表

係供投資者在特定期間內有關股東權益變動，盈餘分配事項之動態報告。

5. 財產目錄

用來表達在特定期間內，固定資產增減變化之報表。

6. 盈虧撥補表

用來表達經營成果、盈餘分配或歷年虧損撥補之報表。

二、會計報告編製的原則

(1) 對財務狀況，經營成果必須有真實允當之表達。

(2) 財務與經營情形之表達必須明確，不使利害關係人造成誤判。

(3) 財務報告除預算報表外，均應依據會計事項編製。

(4) 會計報告之科目得依事實之適當分類與歸屬。

(5) 上期科目分類與本期科目分類不一致時，應予以重新分類。

(6) 會計報告及附註應採二期對照方式以便比較。

(7) 資產負債表中所列或有資產及或有負債以附記方式來說明。

(8) 重要的會計政策必須在會計報表中說明。

(9) 會計報告對於結帳日到財務報告提出日間所發生之重大事件，應就屬期後事項加以註解。

三、會計報告編製的期限與格式

▤表 5-2

會計報告	附 屬 報 表	提 出 時 間		
		月	季	年
資產負債表	銀行存款明細表、應收票據（帳款）明細表、預付款項明細表、應付票據（帳款）明細表、銀行借款明細表、預收款項明細表、存貨進出明細表	次月二十日	季結束後次月廿五日	隔年二月底
損益表	存貨進銷耗存成本彙總表、營業收入、營業成本、損益彙總	次月二十日	季結束後次月廿五日	隔年二月底
股東權益變動表			季結束後次月廿五日	隔年二月底
財產目錄			季結束後次月廿五日	隔年二月底
盈虧撥補表				隔年二月底

▥表 5-3

×××股份有限公司
損　益　表(3)

年　　月　　日　～　　年　　月　　日

會計科目	本月金額	百分比	年度累計	百分比
營業收入				
441　　餐飲服務收入				
營業收入淨額				
營業成本				
541　　餐飲服務成本				
546　　直接人工				
548　　製造費用				
淨營業成本				
營業毛利				
營業費用				
611　　銷售費用				
621　　管理費用				
營業總費用				
營業淨利				
營業費用				
748　　其他收入				
營業外總收入				
營業外支出				
756　　兌換損失				
788　　其他支出				
營業外總支出				
本期稅前損益				
本期稅後損益				

負責人：　　　　　　經理人：　　　　　　主辦會計：

■表 5-4

ＸＸＸ 股份有限公司

資產負債表 (3)

年　　月　　日

會計科目		本月金額	百分比	上月金額	會計科目		本月金額	百分比	上月金額
流動資產					***流動負債***				
110	現金及約當現金				210	短期借款			
111	應付短期票券				211	應付短期票券			
112	應收票據				212	應付票據			
114	應收帳款				214	應付帳款			
116	其他應收款				216	應付所得稅			
121	存貨				217	應付費用			
125	預付費用				221	其他應付款項			
126	預付款項				226	預收款項			
128	***其他流動資產***				228	其他流動負債			
小　　計					小　　計				
基金及長期投資					******長期負債***				
					242	長期借款			
固定資產					小　　計				
150	土地								
152	房屋及建築				***各項準備***				
153	廚房設備				261	退休金準備			
154	水電消防設備				小　　計				
155	運輸設備								
156	辦公設備				***其他負債***				
158	電腦通訊設備				281	應計退休金負債			
159	空調設備				282	存入保證金			
163	租賃改良				289	內部往來			
167	未完工程及預付設備款				小　　計				
168	其他設備								
小　　計					***信託代理及保證負債***				
					290	信託代理及保證負債			
無形資產					小　　計				
171	商標權								
176	商譽				***負債總額***				
177	遞延退休金成本				***股本***				
小　　計					311	普通股股本			
					小　　計				
其他資產									
182	存出保證金				***資本公積***				
183	遞延費用				321	資本公積—發行溢價			
188	其他資產—其他				小　　計				
189	內部往來								
小　　計					***保留盈餘***				
					331	法定盈餘公積			
信託代理及保證資產					335	未提撥保留盈餘			
190	信託代理及保證資產				小　　計				
小　　計					***淨值總額***				
資產總額					***負債及淨值總額***				

負責人：　　　　　　　經理人：　　　　　　　　　主辦會計：

▦表 5-5

×××股份有限公司

股東權益變動表

民國××年 1 月 1 日至 12 月 31 日

單位：新台幣仟元

項　　　　　　目	股　　本	資本公積	保留盈餘		合　　計
			法定盈餘公積	未分配盈餘	
××年 1 月 1 日餘額	$	$	$	$	$
××年度盈餘分配：					
提列法定盈餘公積					
分配現金股利					
分配董監酬勞					
分配員工紅利					
盈餘及資本公積轉增資					
現金增資溢價發行					
××年度純益					
××年 12 月 31 日餘額	$	$	$	$	$

負責人：　　　　　　經理人：　　　　　　　主辦會計：

5-8 各種會計事務處理程序

5-8.1 現金收支會計處理程序

一、請訂購付款作業流程圖

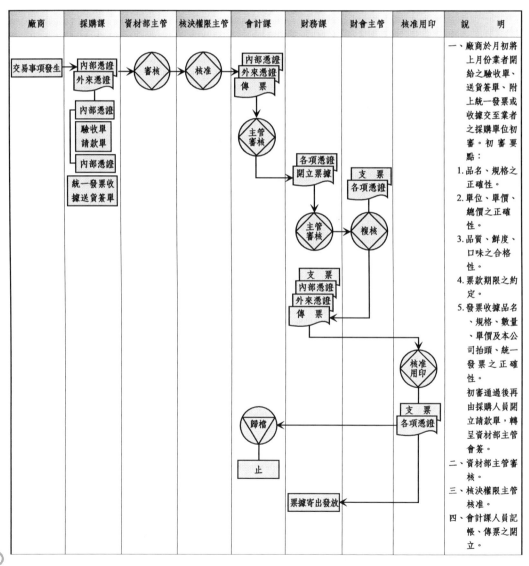

廠商	採購課	資材部主管	核決權限主管	會計課	財務課	財會主管	核准用印	說　　　明
								審核重點： 　1.統一發票、收據之合法性。 　2.供應商名稱。 　3.數量、金額。 五、會計課主管審核。 六、財務課人員依請款單開立票據。 七、財務課主管審核，重點： 　1.票據金額大、小寫。 　2.票據到期日。 　3.票據抬頭。 　4.票據劃線禁止背書轉讓（先確定擬開立票據之付款銀行）。 八、財會部主管審核。 九、財務課人員傳票開立： 　1.輸入確定付款銀行。 　2.輸入票據到期日。 　3.輸入票據號碼。 十、用印。 十一、票據送財務課寄出或發放。 十二、憑證送會計課歸檔。

二、零用金支付報銷作業流程

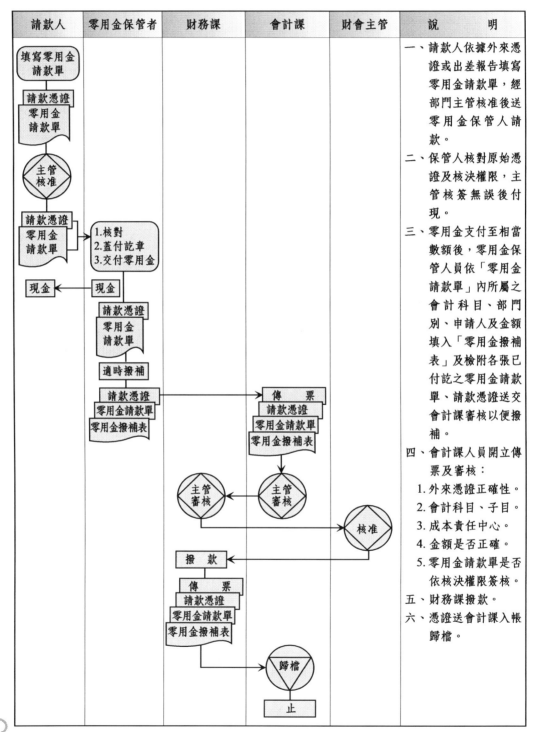

請款人	零用金保管者	財務課	會計課	財會主管	說　　明
填寫零用金請款單					一、請款人依據外來憑證或出差報告填寫零用金請款單,經部門主管核准後送零用金保管人請款。
請款憑證 零用金請款單					二、保管人核對原始憑證及核決權限,主管核簽無誤後付現。
主管核准					三、零用金支付至相當數額後,零用金保管人員依「零用金請款單」內所屬之會計科目、部門別、申請人及金額填入「零用金撥補表」及檢附各張已付訖之零用金請款單、請款憑證送交會計課審核以便撥補。
請款憑證 零用金請款單	1.核對 2.蓋付訖章 3.交付零用金				
現金	現金				
	請款憑證 零用金請款單				
	適時撥補				
	請款憑證 零用金請款單 零用金撥補表	傳票 請款憑證 零用金請款單 零用金撥補表			四、會計課人員開立傳票及審核: 1.外來憑證正確性。 2.會計科目、子目。 3.成本責任中心。 4.金額是否正確。 5.零用金請款單是否依核決權限簽核。
		主管審核	主管審核		
				核准	五、財務課撥款。
		撥款			六、憑證送會計課入帳歸檔。
		傳票 請款憑證 零用金請款單 零用金撥補表			
			歸檔		
			止		

三、收入及應收帳款作業流程

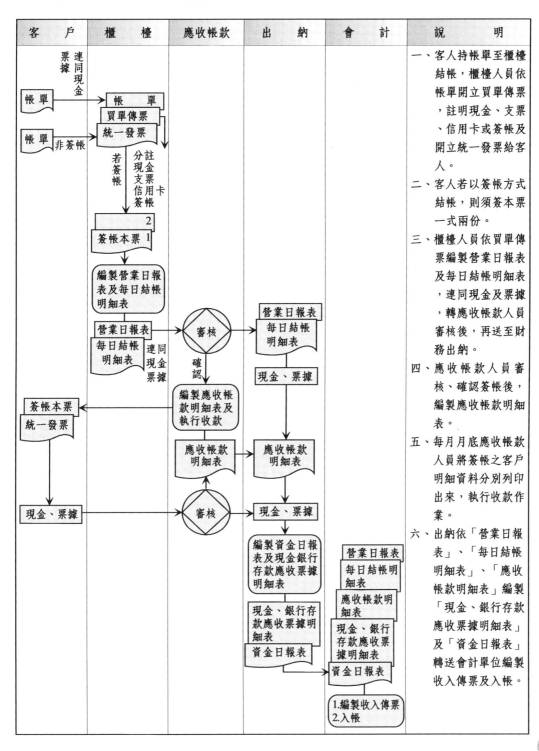

客　戶	櫃　檯	應收帳款	出　納	會　計	說　　明

一、客人持帳單至櫃檯結帳，櫃檯人員依帳單開立買單傳票，註明現金、支票、信用卡或簽帳及開立統一發票給客人。

二、客人若以簽帳方式結帳，則須簽本票一式兩份。

三、櫃檯人員依買單傳票編製營業日報表及每日結帳明細表，連同現金及票據，轉應收帳款人員審核後，再送至財務出納。

四、應收帳款人員審核、確認簽帳後，編製應收帳款明細表。

五、每月月底應收帳款人員將簽帳之客戶明細資料分別列印出來，執行收款作業。

六、出納依「營業日報表」、「每日結帳明細表」、「應收帳款明細表」編製「現金、銀行存款應收票據明細表」及「資金日報表」轉送會計單位編製收入傳票及入帳。

四、現金收支會計處理辦法

1. **總　則**

   (1) 目的：

   ① 為使現金收入、支出、登記、保管及報告等事務處理有所遵循。

   ② 合理保障業者之資金。

   ③ 防止不法弊端、健全內部控制作業。

   ④ 確保適時、明確之帳載記錄，避免錯誤發生。

   (2) 本辦法所稱現金包括下列各項：

   ① 現金：指零用金、週轉金、銀行存款。

   ② 票據：指到期及未到期之各種應收票據。

   ③ 有價證券：指債券基金、公司債券、股票、銀行定期存單等。

   ④ 債務保證：指對外保證及被保證事項。

   (3) 現金之經營，除下列規定外，均應由出納辦理。

   ① 零用金：由零用金保管人管理。

   ② 週轉金：由經核准指定之部門分別管理。

   ③ 有價證券：由財務課經管。

   (4) 收付憑證

   ① 所有支出（零用金除外）一律先開立記帳傳票，並經核准後始能支用。記帳傳票為會計內部作業之工具，製票前應詳細審核原始憑證是否合法，凡不合法及未按核決權限裁決之原始憑證均應退回。

   ② 出納應依據會計編製經核決之收支傳票，辦理現金之收支、登記、保管及移轉。

   (5) 收付時間以上班時間為限。如有緊急情況可視實際需要斟酌，惟應事先報備，事後並補齊有關文件。

   (6) 出納應於辦理收付時在憑證上加蓋出納印戳。

2. **收　款**

   (1) 櫃檯款項收現（含票據），應填每日結帳明細表，收款人員向簽帳客戶收取現金或票據，則填應收帳款明細表，並向出納單位辦理解繳作業；款項解繳、點算及送存金融機構，其間之作業應及時確實並有適當之牽制措施。

   (2) 出納單位應逐日依所收款項類別清點整理後，依資金調度需要，將款項送存各往來金融機構。

(3) 財務單位依據每日結帳明細表及應收帳款明細表編製記帳傳票，經主管核准後轉會計入帳。

(4) 所收款項會計科目之歸屬應適當，帳載記錄與收款作業所產生各單據間應能有效勾稽。

3.　帳款與票據處理

(1) 會計單位依據營業日報表，製作銷售傳票，對於賒銷之欠款，應分別登入應收帳款明細帳。應收帳款與銷售帳及銷售單據間應能合理勾稽。

(2) 結欠之帳款收現時，收款單位應於款項解繳出納後，轉會計單位沖帳。

(3) 出納收到票據時，應確實審查票據法定要件是否完備，抬頭是否正確，背書是否連續，以防遭到退票，對無劃線之票據並應加以劃線，以防遺失而被冒領。

(4) 出納經收之票據（保證票據除外）應立即整理，按本地及外埠之區分，及到期日先後次序加以排列保管，依資金調度需要逐筆登入「銀行託收簿」連同票據送銀行簽收。

(5) 客戶結欠款項以客票支付時，經辦人員應就該客票之合法性加以審查並注意背書之連續性。

(6) 出納單位對所收客票，應依到期日排列保存，注意其保管是否安全合理，並依資金調度需要轉送各金融機構代收。手存票據及送銀行代收者，應盤點調節並與帳載記錄勾稽相符。

(7) 票據更換或延兌時，應依規定程序經權責主管核准後予以辦理。

(8) 因折讓所發生之帳款減少數，應有權責主管之適當核准。

(9) 票據經銀行交換後，如遭退票，出納應於銀行通知退票當日，書明退票通知（註明退票理由）後，送會計入帳。

(10) 發生問題帳款及票據時，應立即進行催收處理，並做成保全措施之作業。呆帳沖銷帳款或票據時，須經權責主管核准，並對該客戶資料結欠情形作成記錄，作為下次往來授信、收款之參考。

4.　支　付

(1) 出納視需要向銀行申領空白票據（具申請書向銀行索取），每本依序編號後使用。

(2) 支付傳票由會計編製，作為支付款項之憑證，並應交由出納核收，不得交由客戶直接遞送。

(3) 支付款項除適用零用金付款，及特殊理由須以現金支付者外，其餘一律開抬頭

劃線和禁止背書轉讓之支票支付。

(4) 開票方式

① 出納應根據傳票於付款（前）日開立票據，並在票據存根註明受款人、金額及開票日期，並於傳票上註明票據付款行別、帳戶及票據號碼。

② 開立票據如需作廢，應剪下該張票據號碼，黏貼在支票申請單上備查。

③ 支付票據正面發票人簽章處應加註「本票據禁止背書轉讓」字樣。

④ 受款人如要求取消「抬頭」、「劃線」或「禁止背書轉讓」字樣者，應由經辦部門主管在傳票簽署證明無誤後，並由受票人簽妥「切結書」聲明：「若有遺失或被盜領均與本公司無涉，受票人自行負完全責任」，始得取消。

(5) 票據用印

① 支付票據應依據傳票印鑑。

② 印鑑保管人應於用印時，在支付傳票或憑證上簽章，以免重複。

(6) 付款

① 出納人員支付貨款時，應先與領款人核對領款金額與支票金額是否相符，並核對受款行號，廠商印章，俟確認無誤後，請對方或代領人簽收後即可付款。

② 廠商附回郵信封並請求以掛號郵寄付款時，出納人員可將所開支票交給收發人員並由其簽收及寄出。

5. 保管及記帳

(1) 日報表之編製

① 櫃檯人員每日應編製營業日報表及每日結帳明細表。

② 應收帳款人員每日應編製應收帳款明細表（附表5-8）。

③ 出納人員每日應編製資金日報表（附表5-7）及現金、銀行存款、應收票據明細表（附表5-9）。

④ 資金日報表應於次兩日內編妥並簽核完畢，於次兩日下班前送交會計課。

(2) 銀行往來對帳

① 銀行調節表應定期（每月）編製。

② 處理現金收支的人員不可編製銀行調節表，因此應指定出納以外的人員負責編製。

③ 編製人應直接向銀行取得對帳單，編製調節表前並應保管好銀行對帳單，以免被更改。

④ 銀行調節表編製完成後應經主管複核。

(3) 資料保管

① 用完之票據存根及銀行對帳單，應按銀行帳戶別之順序裝訂成冊編號保存，資金日報表按月別順序裝訂成冊編號保存。

② 前項資料列入出納人員移交，並依規定期限保存。

(4) 財務保管

① 出納部門應備有保險箱或鐵櫃，並交由出納人員獨立保管各種票據、有價證券或貴重物品，必要時應存放銀行保險箱或投保。

② 出納人員每日下班時，應將當日結存之庫存現金、各種票據、空白票據、出納印戳、有價證券及貴重物品，點收整齊存入保險箱中，上班取出時應注意有無異狀。

③ 非出納保管人員不得任意出入出納場所，並嚴防盜竊。

6. 週轉金

(1) 週轉金之設置與撤銷

① 依部門性質，視實際需要設置部門週轉金。

② 欲領取週轉金時應檢具合法憑證（統一發票或正式收據），經核准後向週轉金經管人洽領。週轉金支用至相當數額（或每月底至少乙次），由經管人檢同「週轉金報銷清單」（格式同零用金報銷清單），及有關憑證呈准後送會計部門報銷，會計部門審核無訛後，加蓋會計科目轉送出納撥還備用。

③ 會計部門並應隨時檢查週轉金使用情形，若有久未使用或報銷者，應提報予以撤銷。

7. 有價證券

(1) 因業務需要投資購買之股票、債券、定期存單，均應交由財務部門統一保管及運用。

(2) 欲購進有價證券時，經辦部門應填寫「買（賣）有價證券申請單」（附表5-6），呈權責主管核准後辦理，並於付款後即辦理過戶手續取得其權益。經辦部門取得憑證時，應註明實際買賣價格，連同證券送交保管部門簽收，再送會計部門入帳。

(3) 保管部門收到各項有價證券時，以存放到銀行保險箱保管為原則，至於銀行保險箱之開啟，應依規定由相關人員會同蓋章（其中至少要有一人為財務主管人員）。

(4) 有價證券到期可領取之本金、利息或股息紅利，保管部門應依規定辦理繳款，如有配發股票者，亦應依上述規定辦理。

⑸ 如需出售有價證券時，由經辦部門填寫「買（賣）有價證券申請單」，送請權責主管核准後出售，其出售之價款應按「本辦法第二章收款」之規定辦理繳款手續。

⑹ 保管部門應設「有價證券明細月報表」（附表 5-10）詳細登記證券名稱、面值、品名、數量、金額、利率、取得成本、市價、起迄日期、號碼等。

8. 保證處理

⑴ 因業務需要存出保證票據、借貸契據保證、有價證券擔保質押者屬之。

⑵ 提供本票保證

因經營活動而必須以本票（委託銀行擔當付款者）保證時，經辦部門應填寫簽呈送請核決者核准後，送會計部門編製傳票並登入備忘簿或會計帳簿，一併送交出納部門開立本票。經辦部門再領回已用印後之本票。

⑶ 有價證券保證

需提供有價證券設定質權保證時，經辦部門應填寫簽呈，函呈權責主管核准後送交會計部門編製傳票，一併送保管部門憑以發交證券。會計於發交證券後登入帳簿或備忘錄。

⑷ 借貸之保證

財務經辦部門應填寫金融機構核准放款通知函，呈權責主管核准後，先經會計部門編製傳票，再由出納部門開出保證票據辦理借貸。

⑸ 保證註銷

① 保證票據註銷：經辦部門於取回保證票據辦理註銷時，應填具註銷單，經呈主管核簽後，連同保證票據送出納部門註銷，並送會計部門切傳票，經辦部門並得在其備忘簿中註銷結案。

② 有價證券質權註銷：經辦部門於取回有價證券辦理質權註銷時，應填註銷單，經主管核簽後，連同有價證券保管部門簽收。並由會計部門切傳票，登入帳簿或備忘簿。

9. 盤　點

會計部門每年十二月三十一日實施盤點，並請會計師會同參與盤點。

10. 附　則

本辦法董事長核決後實施，修改時亦同。

五、零用金管理辦法

1. **目　的**

　　為便於零用金之申請、管理，有所遵循，特制訂此辦法。

2. **適用範圍**

　　本公司全體員工。

3. **辦法內容**

　(1) 本公司採用定額零用金制，由財會部門撥款給保管者，以備各單位之零星支付，撥給設立零用金時，借記「零用金」貸記「銀行存款」。

　(2) 零用金暫定以新台幣＿＿＿萬元為額度，將來視實際情形再行斟酌調整。

　(3) 零用金之支付需由請款人填妥『零用金請款單』（附表 5-13），併同應附之單據憑證，經權責主管核准後，方由零用金保管人員支付。

　(4) 若因向市場攤販購買物品而無法取得正式收據、發票，或乘坐計程車無法取得收據憑證時，經手人可填寫『無法取得憑證證明單』（附表 5-14），經權責主管核准後，由零用金保管人員支付。

　(5) 零用金之借支：經手者可在擬使用金額範圍，填具『零用金借支單』（附表 5-12），註明用途並經其主管核准，向零用金保管人先行借用。

　(6) 經手人借用零用金後，應於一星期內完成公務交易，取得正式發票或收據，填妥零用金請款單，經權責主管核准後，交由零用金保管人沖轉借支。倘若超過一星期尚未辦理沖轉手續時，除特殊情形已經主管核准外，零用金保管人應將該款轉入經手人私人借支（員工借支），並於當月發薪時一次扣還。

　(7) 零用金保管人員支付零用金時，須審核發票或收據上書寫之公司名稱、統一編號、日期、品名、數量、金額是否與實際相同，並編列所屬之部門費用，及有無專屬之核准人員核准簽章始可付款。

　(8) 零用金保管人員將零用金請款單內所屬之會計科目、部門別、申請人及金額填入「零用金撥補表」（附表 5-15）。申請撥補時將請款單（附表 5-11）及撥補單附上每一張已支出的「零用金請款單」及所附之發票收據送至會計部門。

　(9) 會計人員核對明細表、請款單、發票或收據是否相符，並確定會計科目、子目、部門別是否歸屬正確，支付程序是否確實，再由會計部門主管複核後送交財務課。

　(10)財務人員核算金額及確認已有核准人簽章後撥款。

　　其撥款情形有兩種：

① 當月撥款沖轉：借：××費用　×××
　　　　　　　　　貸：庫存現金或銀行存款　×××
② 次月撥款沖轉：當月底 借：××費用　×××
　　　　　　　　　　　　貸：其他應付費用　×××
　於次月撥補零用金時：借：其他應付費用　×××
　　　　　　　　　　　　貸：庫存現金　×××

(11)零用金每筆請款總額以＿＿萬元為限，但特殊情形得經由總經理核准後支付，不受規定限制。

零用金請款核准權限如下：

總經理　　＿＿＿＿＿元以上

擔當主管　＿＿＿＿＿元～＿＿＿＿＿元（店長、副總經理）

部門主管　＿＿＿＿＿元以下（餐飲部、廚務部、資材部、管理部及財會部主管）

(12)零用金應由保管人出具保證收據，存於財會部，如短少概由保管人員負責賠償。

(13)本辦法經總經理核准後實施，修改時亦同。

▦表 5-6

×××股份有限公司
買(賣)有價證券申請單

年　　月　　日　　　　　　　　　　　　　□購入　　□賣出

閒置資金	金　額		資金需求	金　額	
	期　間			期　間	

買（賣）有價證券內容			
項　　目	投資標的物 名稱：	投資標的物 名稱：	投資標的物 名稱：
買（賣）金額			
買（賣）期間			
買（賣）收益利率			
買入支票抬頭			
賣出匯（存）入帳戶			
核准		複核		主管		申請人	

圖表 5-7

ｘｘｘ股份有限公司
資金日報表

年　月　日

科目代號	銀行名稱	戶名	種類	帳號	前日結存	本日存入	本日支出	本日結存	備註
				小　計 (A)					

科目					前日結存	本日增加	本日減少	本日結存	備註
現　金									
銀行存款									
定期存款									
有價證券									
應收信用卡									
應收帳款									
				小　計 (B)					
應收票據: /1-15									
/16-31									
/1-15									
/16-30									
/1-15									
/16-31									
以後									
				小　計 (C)					
				合　計 (B)+(C)					

財會主管：　　　　　　　　　覆核：　　　　　　　　　製表：

圖表 5-8

XXX股份有限公司
應收帳款明細表

日期： 年 月 日

應收帳款本日增加明細			應收帳款本日減少明細			信用卡本日增加明細			信用卡本日減少明細				
傳票編號	客戶名稱	金額	傳票編號	客戶名稱	金額	傳票編號	客戶名稱	金額	傳票編號	銀行別	客戶名稱	手續費	金額
小計			小計			小計			小計				

圖表 5-9

ＸＸＸ股份有限公司
現金、銀行存款、應收票據明細表

日期：　年　月　日

應收票據本日增加明細					應收票據本日減少明細				
傳票號碼	銀行別	到期日	金額	客戶別	傳票號碼	銀行別	到期日	金額	銀行別

本日銀行存入明細					本日銀行支出明細		
銀行別	傳票號碼	內容	金額	客戶別	傳票號碼	內容	金額

現金收支明細表

前日結存	增加內容	金額	減少內容	金額	傳票號碼	期末金額

圖表 5-10

有價證券明細月報表

年＿＿月＿＿

保管方式：1.集保公司
　　　　　2.委託金融機構代管
　　　　　3.本公司之保險箱
　　　　　4.本公司承租銀行保險箱

證券名稱	日期	期初餘額			購入			賣出			賣出成本			期末餘額			賣出利益	保管方式	質押情形
		單位數 (股數)	淨值 (單價)	價值 (總價)	單位數 (股數)	淨值 (單價)	價值 (總價)	單位數 (股數)	淨值 (單價)	價值 (總價)	單位數 (股數)	淨值 (單價)	價值 (總價)	單位數 (股數)	淨值 (單價)	價值 (總價)			

▦表 5-11

×××股份有限公司
請款單

□材料□飲品□其他
□固定資產□用品盤存　　　　　　　　　　　　　　　　　　年　月　日

廠商 名稱		廠商 編號		金 額		預 算		C C N	
說明：						驗收單號碼：			
								共　　張	
						□電匯□現金　月　日前 □票據　年　月　日 □取消『禁止背書轉讓』			
請款 憑證	□發票□收據□農漁民業□一時貿易 □其他＿＿＿張					票據 號碼：			

付　款　單　位				核　准	請　款　單　位		
主　管	財　務	主　管	會　計		審　核	主　管	經　辦

說明：於呈准後與原始憑證一起送會計歸檔。

▦表 5-12

×××股份有限公司
零用金借支單

年　　月　　日　　單位：

需用金額		預計還回日期	年　　月　　日
用途說明：			
備註：			

主管：　　　　　　　　　　借款人：

▥表5-13

×××股份有限公司
零用金請款單

年　月　日

單　位		職　稱		姓　名	
會 計 科 目	摘		要	金	額
進 項 稅 額	5%營業稅				
		合計			
領款人簽章	零用金保管者	核　准	審　核	申　　請	單　　位
				主管	經辦

▥表5-14

×××股份有限公司
無法取得憑證證明單

年　月　日

品　名　或　事　由	
數　量　及　單　價	
實　付　金　額	
販　賣　者　或　受　款　人	
核　　　　准　單　位　主　管	經手人證明 或 驗收人

▦表 5-15

×××股份有限公司
零用金撥補表

頁次：

零用金支出申請單：NO　　　　　　　至 NO　　　　　　製表日期：

部　門	會計科目	日　期	請款單號	摘　　要	金　額	備　註
合　計						

主管：　　　　　　　　會計：　　　　　　　　經辦：

5-8.2 餐飲收入會計處理程序

一、訂席接單作業流程

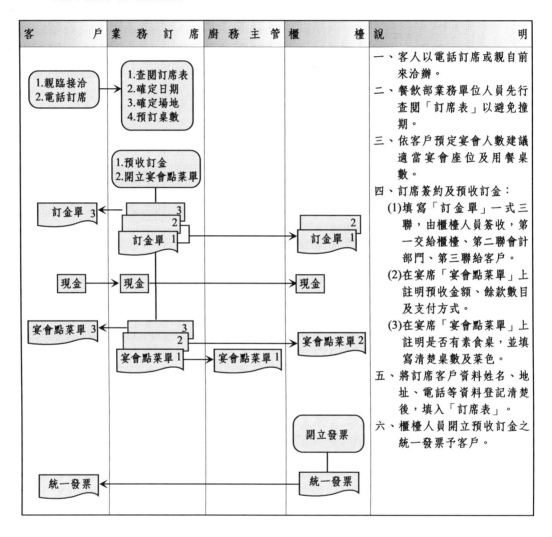

客　　　　戶	業　務　訂　席	廚　務　主　管	櫃　　　　檯	說　　　　　　　明
1.親臨接洽 2.電話訂席	1.查閱訂席表 2.確定日期 3.確定場地 4.預訂桌數			一、客人以電話訂席或親自前來洽辦。 二、餐飲部業務單位人員先行查閱「訂席表」以避免撞期。 三、依客戶預定宴會人數建議適當宴會座位及用餐桌數。 四、訂席簽約及預收訂金： (1)填寫「訂金單」一式三聯，由櫃檯人員簽收，第一交給櫃檯、第二聯會計部門、第三聯給客戶。 (2)在宴席「宴會點菜單」上註明預收金額、餘款數目及支付方式。 (3)在宴席「宴會點菜單」上註明是否有素食桌，並填寫清楚桌數及菜色。 五、將訂席客戶資料姓名、地址、電話等資料登記清楚後，填入「訂席表」。 六、櫃檯人員開立預收訂金之統一發票予客戶。

二、預收訂金、寄桌作業流程

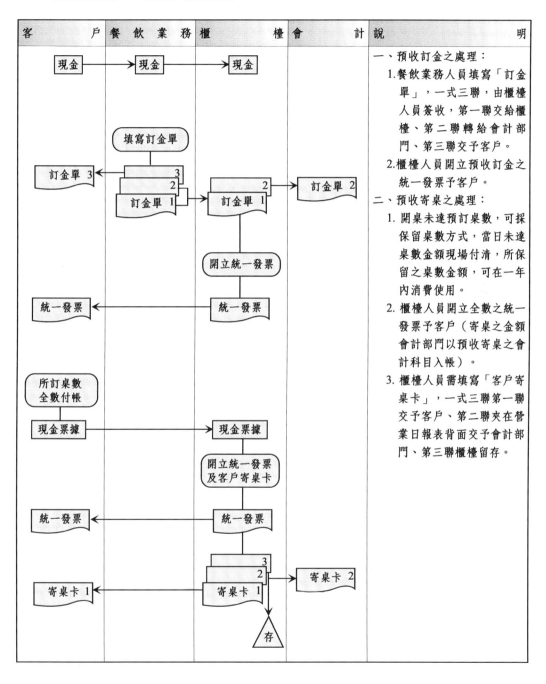

客　　　戶	餐　飲　業　務	櫃　　　　　檯	會　　　計	說　　　　　　明

一、預收訂金之處理：

  1.餐飲業務人員填寫「訂金單」，一式三聯，由櫃檯人員簽收，第一聯交給櫃檯、第二聯轉給會計部門、第三聯交予客戶。

  2.櫃檯人員開立預收訂金之統一發票予客戶。

二、預收寄桌之處理：

  1. 開桌未達預訂桌數，可採保留桌數方式，當日未達桌數金額現場付清，所保留之桌數金額，可在一年內消費使用。

  2. 櫃檯人員開立全數之統一發票予客戶（寄桌之金額會計部門以預收寄桌之會計科目入帳）。

  3. 櫃檯人員需填寫「客戶寄桌卡」，一式三聯第一聯交予客戶、第二聯夾在營業日報表背面交予會計部門、第三聯櫃檯留存。

三、中餐點菜、出菜結帳作業流程

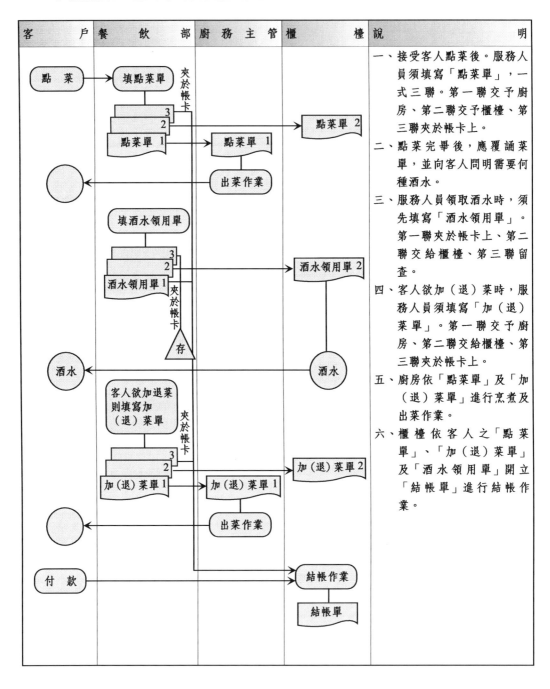

客　　戶	餐　飲　部	廚務主管	櫃　　檯	說　　　　　明
				一、接受客人點菜後。服務人員須填寫「點菜單」，一式三聯。第一聯交予廚房、第二聯交予櫃檯、第三聯夾於帳卡上。
點　菜 → 填點菜單（夾於帳卡）3 2 點菜單1	點菜單1 出菜作業		點菜單2	二、點菜完畢後，應覆誦菜單，並向客人問明需要何種酒水。
	填酒水領用單 3 2 酒水領用單1（夾於帳卡 存）		酒水領用單2 酒水	三、服務人員領取酒水時，須先填寫「酒水領用單」。第一聯夾於帳卡上、第二聯交給櫃檯、第三聯留查。
酒水	客人欲加退菜則填寫加（退）菜單（夾於帳卡）3 2 加（退）菜單1	加（退）菜單1 出菜作業	加（退）菜單2	四、客人欲加（退）菜時，服務人員須填寫「加（退）菜單」。第一聯交予廚房、第二聯交給櫃檯、第三聯夾於帳卡上。
付　款			結帳作業 結帳單	五、廚房依「點菜單」及「加（退）菜單」進行烹煮及出菜作業。
				六、櫃檯依客人之「點菜單」、「加（退）菜單」及「酒水領用單」開立「結帳單」進行結帳作業。

四、自助餐用餐、結帳作業流程

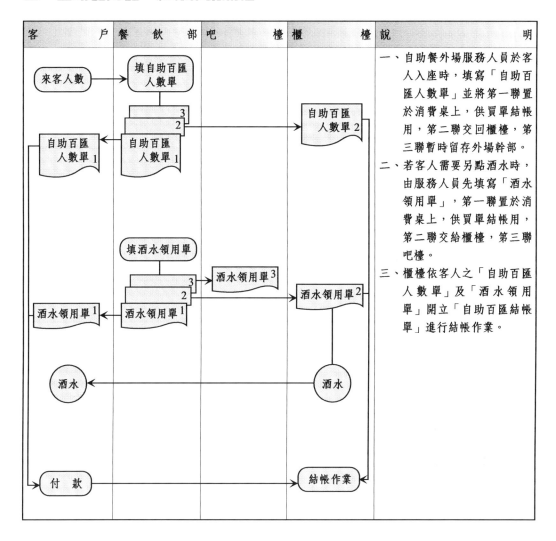

客　　　戶	餐　飲　部	吧　　　檯	櫃　　　檯	說　　　明
				一、自助餐外場服務人員於客人入座時，填寫「自助百匯人數單」並將第一聯置於消費桌上，供買單結帳用，第二聯交回櫃檯，第三聯暫時留存外場幹部。 二、若客人需要另點酒水時，由服務人員先填寫「酒水領用單」，第一聯置於消費桌上，供買單結帳用，第二聯交給櫃檯，第三聯吧檯。 三、櫃檯依客人之「自助百匯人數單」及「酒水領用單」開立「自助百匯結帳單」進行結帳作業。

五、客訴處理作業流程

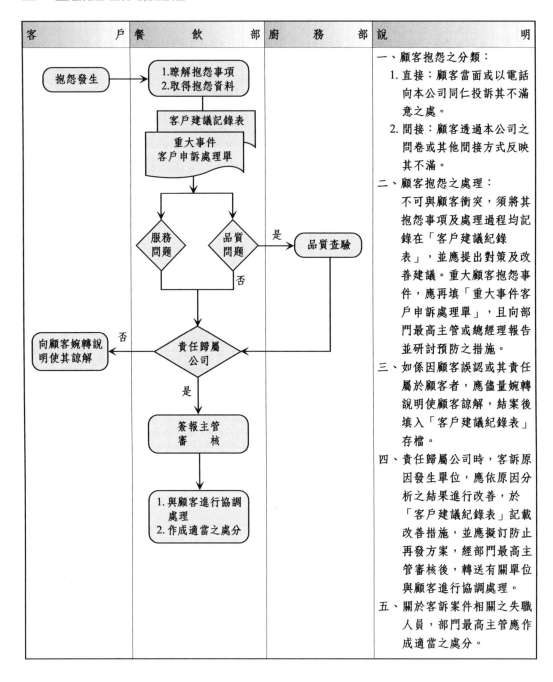

客　　　　　戶	餐　　飲　　部	廚　務　部	說　　　　　明

客戶欄：
抱怨發生

餐飲部欄：
1. 瞭解抱怨事項
2. 取得抱怨資料

客戶建議記錄表

重大事件
客戶申訴處理單

服務問題　　品質問題　　是 → 品質查驗

否

責任歸屬公司

向顧客婉轉說明使其諒解　否

是

簽報主管
審　　核

1. 與顧客進行協調處理
2. 作成適當之處分

說明欄：

一、顧客抱怨之分類：
　　1. 直接：顧客當面或以電話向本公司同仁投訴其不滿意之處。
　　2. 間接：顧客透過本公司之問卷或其他間接方式反映其不滿。

二、顧客抱怨之處理：
　　不可與顧客衝突，須將其抱怨事項及處理過程均記錄在「客戶建議紀錄表」，並應提出對策及改善建議。重大顧客抱怨事件，應再填「重大事件客戶申訴處理單」，且向部門最高主管或總經理報告並研討預防之措施。

三、如係因顧客誤認或其責任屬於顧客者，應儘量婉轉說明使顧客諒解，結案後填入「客戶建議紀錄表」存檔。

四、責任歸屬公司時，客訴原因發生單位，應依原因分析之結果進行改善，於「客戶建議紀錄表」記載改善措施，並應擬訂防止再發方案，經部門最高主管審核後，轉送有關單位與顧客進行協調處理。

五、關於客訴案件相關之失職人員，部門最高主管應作成適當之處分。

六、餐飲銷售管理辦法

1. 目　的

為求達成下列銷售目標，並使本公司之接單、點菜、出菜及開立發票之處理工作合理且統一起見，其事務處理除遵照流程圖有關之規定外，特定本辦法。

(1) 順利安排顧客訂單。

(2) 確保所有餐點均順利出菜。

(3) 確保所有銷售之餐點，均已如期入帳。

2. 接　單

(1) 向客戶報價應依公司規定辦理。

(2) 接受訂席要先查閱訂席表，以避免撞期，且依客戶預定宴會人數建議適當宴會座位及用餐桌數。

(3) 顧客要求較為繁瑣且需特別說明配合事項時，接洽訂席者得使用「宴會同意書」，作為雙方之確認依據。

(4) 中餐業務單位接單後，須轉送廚務備料生產。

(5) 訂單若有改變，應了解客戶更改訂單原因及內容，於「訂席表」及「宴會點菜單」上應更改簽名，並向主管報告，且通知廚務備料單位有關訂單改變情形。

3. 預收訂金及寄桌

(1) 須向客戶預先收取訂金時，餐飲業務人員應填寫「訂金單」（附表 5-16）由櫃檯人員簽收，第一聯交給櫃檯、第二聯轉給會計部門、第三聯交予客戶。

(2) 櫃檯人員開立預收訂金之統一發票予客戶。

(3) 喜宴開桌未達預定桌數，可採保留桌數方式，當日未達桌數金額現場付清後，所保留之桌數金額，可在一年內消費使用。櫃檯人員開立全數之統一發票予客戶（寄桌之金額會計單位以「預收寄桌」之會計科目入帳）。

(4) 櫃檯人員填寫「客戶寄桌卡」（附表 5-20）一式三聯，第一聯交予客戶、第二聯夾於營業日報表交予會計部門、第三聯櫃檯留存。

4. 宴席及用餐前之準備

(1) 訂席之「宴會點菜單」開立後，採購及廚務單位，須先依日期順序準備所需之料品。

(2) 確認宴席日期、時間（午、晚）、桌數、酒水價格及是否自備、是否有訂素食及優惠辦法。

(3) 樓面幹部核對宴席應注意事項、桌數擺設及場地安排。

(4) 中餐樓面主管應備妥餐具、酒水及應用物品。

(5) 自助餐之菜餚區檯面上餐具、飲料杯、夾具及其他用品等已擺放整齊。

5. **點菜及出菜**

(1) 接受客人點菜後，服務人員須填寫「點菜單」，一式三聯，第一聯交予廚務出菜識別、第二聯交予櫃檯、第三聯夾於帳卡上。

(2) 點菜完畢後，應覆誦菜單，並向客人問明需要何種酒水。

(3) 服務人員領取酒水時，須先填寫「酒水領用單」，第一聯夾於帳卡上、第二聯交給櫃檯、第三聯留查。

(4) 客人欲加菜時，服務人員須填寫「加（退）菜單」（附表 5-17），第一聯交予廚房、第二聯交予櫃檯、第三聯夾於帳卡上。

(5) 餐食如有退菜之情況，服務人員須填寫「加（退）菜單」，第一聯交予廚房、第二聯交予櫃檯、第三聯夾於帳卡上。

(6) 廚務部門依「點菜單」、「加（退）菜單」進行烹煮及出菜作業。

(7) 自助餐外場服務人員於客人入座時，填寫「自助百匯人數單」，並將第一聯置於消費桌上供買單結帳用，第二聯交回櫃檯以便開立「自助百匯結帳單」（附表 5-19），第三聯暫時留存於外場幹部作抽檢用。

6. **結帳作業**

(1) 中餐宴席之結帳時，須將酒水集中，並確實清點數量。

(2) 中餐結帳須注意餐食是否有追加或退回。

(3) 如有退回之酒水，服務人員須寫「酒水退回單」，第一聯交予櫃檯、第二聯留查。

(4) 中餐之結帳由櫃檯人員依服務人員所報之桌號，桌數及客人之「點菜單」、「加（退）菜單」、「酒水領用單」等，開立「結帳單」（附表 5-18）；而自助餐之結帳則由櫃檯人員依服務人員所報之桌號及客人之「自助百匯人數單」等開立「自助百匯結帳單」。

(5) 服務人員拿取結帳單時，注意桌號、酒水、桌數是否正確，自助餐之結帳須加以核對人數是否正確。

(6) 買單時，如收取現金必須當面點清。

(7) 買單時，如為信用卡，須請客人簽名後交給櫃檯人員核對簽名是否正確。

(8) 櫃檯人員結帳完畢後，須先問明客戶統一發票須否統一編號，再開立之。

(9) 櫃檯人員依買單傳票編製「營業日報表」（附表 5-21）及「每日結帳明細表」（附表 5-22、5-23）連同現金，轉交應收帳款人員複核後，再送至財務出納。

7. **客訴處理**

當有客訴問題發生時，應由餐飲部作成記錄，處理程序如下：

(1) 客訴發生

① 直接：顧客當面或以電話向本公司同仁投訴其不滿意的地方。

② 間接：顧客透過本公司之問卷或間接方式反映其不滿。

③ 先由餐飲單位了解事情發生狀況。

④ 不可與顧客衝突，須將其抱怨事項及處理過程填入「客戶建議記錄表」（附表5-24）。

(2) 責任判定及處理

① 若狀況不是很嚴重，或事故發生原因很常見，餐飲單位便可判斷責任歸屬時，由餐飲單位判定是否為公司責任。

② 重大抱怨事件，應再填「重大事件客戶申訴處理單」（附表5-25），且向部門最高主管或總經理報告，並研討預防之措施。

③ 如係因顧客誤認或其原因責任屬於顧客時，應儘量婉轉說明使顧客諒解。

④ 責任歸屬公司時，客訴原因發生單位應依原因分析之結果進行改善，於「客戶建議記錄表」記載改善措施，並應擬訂防止再發方案，經部門最高主管審核（必要時應呈總經理核示）後，轉送有關單位與顧客進行協調處理。

⑤ 關於客訴案件有關之失職人員，部門最高主管應作成適當之處分。

(3) 退菜、換菜、折扣、賠償

① 若需退菜或換菜，由餐飲部負責處理。

② 若需折扣或賠償，由餐飲部門主管負責處理。

(4) 作成記錄

重大顧客抱怨事件處理結案後，均應填入「重大事件客戶申訴處理單」，填好後應交核決權限主管簽核、存檔，並於每月例行會議中提出宣導，以避免日後類似狀況再發生。

8. **銷售分析**

(1) 餐飲銷售之管理，必須依賴銷售分析，才能了解銷售作業是否有效率？何處應該改進？如何改進？

(2) 本公司餐飲銷售分析，包括下列項目：

① 按銷售通路別分析。

② 按銷售型態分析。

③ 按產品別用料與訂價分析。

(3) 銷售分析應與預算或上期實績比較，尋求今後最有利的擴展銷售途徑，及最有效的銷售作業方法。

9. 收 款

除了櫃檯每日收款外，管理應收帳人員每月寄發應收帳款明細予客戶，以確實執行與客戶對帳之工作，並與會計單位記錄相互勾稽，有關收款細節，詳見現金收支會計處理辦法。

▤表5-16

×××股份有限公司
訂金單

年　　月　　日

顧客名稱		聯絡電話	
預訂日期	年　月　日	時　段	□中午　　□晚上
訂　　金	新台幣　　萬　　仟　　佰　　拾　　元整	NT $	
經手人		備　註	

一式三聯：第一聯櫃檯　第二聯會計　第三聯客戶

▤表5-17

×××股份有限公司
加（退）菜單

年　　月　　日　　　　　　　　　　□午□晚

桌號		人　數	大　　小
		時　間	時　　分
菜　　名		份　　數	

櫃檯：　　　　　開單者：
（須先經由櫃檯蓋章廚房才可作業）
一式三聯：第一聯廚房‧第二聯櫃檯‧第三聯帳卡

▦表 5-18

×××股份有限公司
結帳單

NO:

桌號				
菜		計		
素		食		
啤		酒	瓶	
酒			瓶	
威	士	忌	瓶	
鮮	果	汁	瓶	
西		打	瓶	
椰		奶	瓶	
		煙	包	
小		菜		
小		計		
服	務	費		
合		計		
其	它	收 入		
	總	計		
簽帳			現金	

■表 5-19

×××股份有限公司
自助百匯結帳單

桌號：　　　　　　　　　　　　　　　　　　　no.

午　餐	大人			
	兒童			
下午餐	大人			
	兒童			
晚　餐	大人			
	兒童			
小小孩				
午　茶				
宵　夜				
小　計				
服務費 10%				
總　計				

□現金	□餐券		□推廣餐券	
信用卡	□聯合	□大來	□運通	□聯邦
卡號	—	—	—	
統一編號				

服務員		收銀員		備註欄

▓ 表 5-20

×××股份有限公司

客戶寄桌卡

單據編號：
電腦編號：

店　　　　　　　　　　　　　　　　　　　　　　　　　　年　月　日

客戶名稱：	連絡人：		電　話：			
寄桌金額：	×	=	接洽人：			
日　期　桌　號	前次餘桌（額）	消費桌數（額）	餘　桌（額）	客戶簽名	會計簽名

使用說明：1. 本單使用自寄桌日起壹年為有效期限。

　　　　　2. 寄桌金不含服務費。（銷帳時消費加一成服務費）

　　　　　3. 酒水飲料比照小吃金額計算。

　　　　　4. 消費時請務必帶本單作銷帳證明。

填表人：

餐飲會計與內控

營業日報表

年　月　日

帳號	桌號	營業收入	其他收入	預收款 桌號	預收款 金額	扣訂金 日期	扣訂金 金額	銷寄桌 日期	銷寄桌 金額	實際應收	現金	信用卡	欠帳	分公司 日期	分公司 金額	發票號碼	作廢 發票號碼	作廢 金額
合計																		

結帳者：

圖表 5-21

102

▦表 5-22

××× 股份有限公司

結帳明細表

_____店　樓層：　　　日期：　　年　　月　　日　　　星期：

明　細	總金額	現　金	信用卡	欠　帳	支　票	匯　款
營業收入						
預收訂金						
預收寄桌						
扣 訂 金						
銷 寄 桌						
其他收入						
分店往來						
推廣餐費						
實收金額						

收款者：　　　　　　　　結帳者：

■表 5-23

<h2 style="text-align:center">自助餐結帳明細表</h2>

年　月　日

		午　餐	下午茶	晚　餐	總　計
收款明細	現　金	一般	一般	一般	一般
		餐券	餐券	餐券	餐券
		其他	其他	其他	其他
	信用卡	一般	一般	一般	一般
		餐券	餐券	餐券	餐券
		其他	其他	其他	其他
	簽　帳				
	銷寄桌				
	餐　券				
	推廣餐券				
	分店往來				
合　　　　計					
其　他　扣　款					

		午　餐	下午茶	晚　餐	總　計
營業明細	一般收入				
	餐券收入				
	訂　金				
小　　計					

審核：_____　　　製表人：_____

圖表 5-24

×××股份有限公司

客戶建議日報表

部門	店	桌號	日期	建議內容	簽名	改善對策	簽名

店攤當主管：　　　　　餐飲部單位主管：　　　　　廚務部單位主管：

■表 5-25

×××股份有限公司
重大事件客戶申訴處理單

NO.　　　　　　　　　　　　　　　　　　　　年　月　日　時　分

客戶名稱		受理單位		接洽人	
客戶住址					
TEL：（　）		FAX：（　）		連絡人	
桌（房）號		用餐日期		用餐性質	
餐飲品名		用餐金額		桌　數	

顧客抱怨之受理	顧客抱怨內容與要求 建議：由　　　　進行追查。			
客訴原因追查	客訴原因與分析：		追查人	
			主管	
改善措施與防止再發方案	措施： 方案：		追查人	
			主管	
結案記錄				
管理部		總經理核示		

備註	1.當日立即反應相關主管追究原因及改善對策。 2.當日處理，24小時內以電話了解，在有改善對策時，宜向客戶說明並取得諒解。 3.客戶如仍不滿意，三天內親訪接受建言，並進行內部之改善動作及持續追蹤。 4.於月份會議中提報改善情形。

第一聯：餐飲部　第二聯：肇事單位　第三聯：總經理室

5-8.3 採購會計處理程序

一、採購流程圖

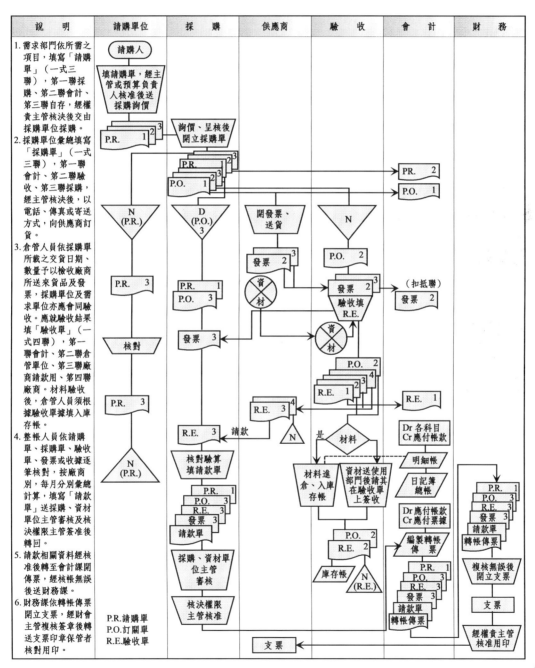

二、採購會計處理辦法

1. **總　則**

(1) 為求達成下列採購目標，並使請購、採購、驗收及請款之處理工作合理與統一起見，其事務處理除遵照採購流程圖相關之規定外，特訂定本辦法。

　① 維護材料商品及餐廚用品之連續供應，以確保公司營運之繼續。

　② 在不違背安全與經濟效益下，對材料、商品等資材做最低的投資。

　③ 避免資材之重複浪費與報廢。

　④ 以最低成本取得資材，且獲得需要之品質。

　⑤ 維護公司在企業中之競爭地位，並儘可能降低採購成本，以增加公司利潤。

(2) 本採購會計處理辦法所指之採購事項包括：國內、國外材料飲品採購、商品採購、庶務用品、勞務採購及資產採購。有關固定資產採購程序另詳見「固定資產會計處理程序」。

(3) 本處理辦法分下列作業：

　① 採購作業

　② 付款處理作業

　③ 帳務處理作業

2. **採購作業**

(1) 請購：

　① 負責請購之單位及請購核准權限之劃分，依下列標準辦理：

▦表 5-26

作業項目		請購單位	核決權限		
			立	審	決
有訂定合約無論每筆金額多少		各需求部門	經辦	主　管	擔當主管
沒有訂定合約	單筆交易金額在 NT50,000 以下者	廚務單位	經辦	副主廚	主　廚
		餐飲單位	經辦	主任或副理	經　理
		行政單位	經辦	單位主管	部門擔當主管
	單筆交易金額在 NT50,001-200,000	廚務單位	經辦	副主廚或主廚	店擔當主管
		餐飲單位	經辦	副理或經理	店擔當主管
		行政單位	經辦	部門擔當主管	總經理
	單筆交易金額在 NT200,001 以上	廚務單位	經辦	主廚或店擔當主管	總經理
		餐飲單位	經辦	經理或店擔當主管	總經理
		行政單位	經辦	部門擔當主管	總經理

② 請購前應確實檢討請購該料品之必要性，並注意下列事項，俟核准請購後仍應確實注意，以免發生浪費情事。

  a. 倉庫庫存還高於「請購點」就提出請購需求。

  b. 請購部門在請購單上所建議需要的廠牌，其品質、價格並非最佳。

  c. 倉庫留存的滯料仍可加以利用，但用料部門卻不願配合使用。

  d. 請購料品之品質、材質高於所需要的，但價格卻比原用料品高出很多，形成浪費，不符價值分析。

③ 材料飲品類請購作業：

  a. 各廚務單位依需求填寫「請購單」（附表 5-30）一式三聯，書明材料品名、數量、單位，並由請購人簽名後送交廚務主管核簽。

  b. 廚務主管依庫存量及預約訂席（宴）桌數審核請購單上之請購品名、數量。

  c. 廚務主管審核請購內容後，須將各單位蔬果類及海鮮類之請購分別匯成總表（附表 5-31、5-32）。

  d. 屬於倉管控管安全存量之材料，其補貨之請購單（附表 5-33），由倉管人員提出，並經倉管主管審核後，由權限主管核准。

④ 商品及餐廚用品類請購作業：

  a. 需求單位填寫「非材料類請購單」（附表 5-35）勾選請購類別，註明需求日期及請購內容，經其主管審核後送權限主管核准。

  b. 屬於倉管控管安全存量之商品或餐廚用品，其補貨之請購單，由倉管人員提出，經倉管主管審核後，由權限主管核准。

⑤ 請購時間：

  a. 大量訂購或材料特殊時，須提早申請，以便採購人員告知廠商準備。

  b. 對於進口蔬果，請購單位須提早申請。

  c. 每日請購應於當天晚上 8:45 以前完成。

  d. 遇市場公休或廠商休假日，廚務單位之請購應提前申請。

⑵ 採購

① 採購項目及負責採購之單位

▥表 5-27

採購項目	負責採購單位	採購項目	負責採購單位
材　　料	資材部採購課	固定資產	管理部總務課
商品、飲品	資材部採購課	辦公設備	管理部總務課
餐廳用品	資材部採購課	電腦設備	管理部總務課
廚務用品	資材部採購課	修繕料品	總務課或店務組
		文具印刷	總務課或店務組
		庶務用品	總務課或店務組

② 採購核准權限之劃分：（固定資產除外，另見固定資產管理規定）

▥表 5-28

作業項目		請購單位	核決權限		
			立	審	決
訂定合約無論發生金額多少		採購課或總務課或店務組	經辦	單位主管	資材部或管理部擔當主管
沒有訂定合約	單筆交易金額在 NT50,001-200,000 以下者	採購課或總務課或店務組	經辦	單位主管	資材部採購主管或店擔當主管
	單筆交易金額在 NT20,001-1,000,000 以下者	採購課或總務課或店務組	經辦	單位主管擔當主管	資材部採購擔當主管
	單筆交易金額在 NT1,000,001-3,000,000 以下者	採購課或總務課或店務組	經辦	擔當主管	總經理
	單筆交易金額在 NT3,000,001 以上	採購課或總務課或店務組	經辦	擔當主管總經理	董事長

③ 採購方式：

　　a. 詢價：根據電話連絡或合格供應商之報價單取得合格供應商之報價，並根據所報價格決定供應商。

　　b. 議價：採購金額較大，以議價方式，並請權責主管列席參與採購議價。

　　c. 長期合約：向簽訂長期供應合約廠商依合約價格採購。

④ 採購單位須隨時注意訂購單之交貨日期，如供應商未按時送達，則應速予催送。

⑤ 若屬分批交貨者，採購經辦人員應於訂購單上註明以資識別。

⑥ 採購單位應積極尋找供應商，建立供應商資料，並調查其信用程度，供貨能力，交易動態，以便隨時查詢及考核。

⑦ 採購單位宜訂定「採購作業時間基準表」作為採購時間之依據，並憑以通知請購部門，應於多久以前提出請購，方能確保所需資材準時入庫領用。

(3) 驗收

① 所謂驗收，係為確認所購之料品，是否符合訂購時約定之條件、數量及品質。材料、飲品類之驗收須填「材料類驗收單」（附表 5-34），非材料之驗收填寫「非材料類訂購、驗收單」（附表 5-36）。

② 負責驗收之單位：

▥表 5-29

驗收項目	驗收單位	驗收項目	驗收單位
材　　料	採購課、倉管課、廚務部	辦公設備	總務課、使用單位
商品、飲品	採購課、倉管課	電腦設備	總務課、資訊組
餐廳用品	採購課、倉管課、餐飲部	修繕料品	總務課或店務組
廚務用品	採購課、倉管課、廚務部	文具印刷	總務課或店務組
		庶務用品	總務課或店務組

③ 驗收時如有下列情況，不得驗收，並通知採購單位，聽候指示：
　a. 請購及訂購之料品，無主管核定之請購單及訂購單者。
　b. 超過交貨期限者，應先呈請核准後始可驗收。
　c. 與原約定（契約）條件、品質或原樣品不符者。
　d. 破損、變質及有其他瑕疵者。
　e. 其他有顯著異常者。

④ 扣款允收之處理：經驗收認定品質、規格不符或數量不足者，基於急用，且上述缺點尚可克服時，驗收部門應於驗收單註明扣款比率或金額及原因。

⑤ 退貨或退換之處理：料品經點收入庫，填寫驗收單後，經發現品質不符決定退貨時，應填寫「退貨單」（附表 5-37），分送各相關部門。若無法更換「統一發票」或需折讓者，採購單位應呈報與廠商協商結果，經權責主管核准後，開立「營業人銷貨退回進貨退出或折讓證明單」，經權責主管核准後交予廠商及會計單位。會計單位根據「退貨單」或「營業人銷貨退回進貨退出或折讓證明單」更改應付帳款相關明細帳。

⑥ 交貨數量超過訂購量部分應予退回，但屬買賣慣例以重量計算之料品其超交量在10%（含）以下，由收料人員於收料時，在備註欄註明超交數量，經部門主管同意後可予收存。

⑦ 交貨數量未達訂購數量時，請廠商補足，若無法補足，則應請廠商修改發票或以實收量實付貨款。

⑧ 分批交貨之料品，應每批辦理驗收。

(3) 付款處理作業：

① 廠商於月初將上月份本公司開給之驗收單，連同送貨簽單，附上統一發票或合法收據等相關憑證，交至採購單位整帳。

② 整帳人員核對相關進貨資料無誤後，填寫請款單轉呈部門主管審核及核決權限主管核准。

③ 本公司請款每月一次，有關請款細節詳見現金收支會計處理程序。

4. **帳務處理作業**

(1) 國內採購付款：

① 預付部分貨款時：

借：預付貨款　×××

　　進項稅額　××

　　　貸：應付票據　×××

　　　　（銀行存款）

② 材料或飲品驗收完成辦理入庫：

借：材　料　　×××

　　飲　品　　×××

　　進項稅額　　××

　　　貸：應付帳款　×××

　　　　　預付貨款　×××

③ 支付採購貨款前，會計人員應依據採購單位提出之請款單據編製「傳票」入帳，再由出納單位開立支票或進行匯款：

借：應付帳款　×××

　　　貸：應付票據　×××

　　　　（銀行存款）

④ 驗收後，發生數量、品質不合格須退貨時：

借：應付帳款　×××

　　　貸：進項稅額　××

　　　　　進貨退出　×××

　　　　（或材料）

⑵ 國外採購付款：

① 採信用狀（L/C）付款：

 a. 申請開立信用狀，並進行貨款結匯付款：

  借：預付貨款（L/C）　×××

   貸：銀行存款　　　×××

 b. 報關行於貨到前請領各項報關費用（如進口費等），並於貨到時轉列進貨成本：

  借：預付貨款（報關費用）　×××

   貸：應付帳款　　　　　×××

 c. 銀行通知贖單並承認信用狀借款：

  借：預付貨款（L/C）×××

   貸：銀行借款　　　×××

 d. 貨到時，會計人員應依據請款資料各類相關單據編製「傳票」認列存貨：

  借：材　　　料　×××

   進項稅額　××

   貸：預付貨款（L/C）　　×××

    預付貨款（報關費用）×××

    應付帳款（尾款）　　×××

 e. 償還銀行信用狀借款：

  借：銀行借款　×××

   利息費用　×××

   （兌換損失）

   貸：銀行存款　×××

    （兌換收益）

 f. 償還銀行信用狀借款時，應編製「傳票」：

  借：銀行借款　×××

   利息費用　×××

   （兌換損失）

   貸：銀行存款　×××

    （兌換收益）

② 採電匯付款：

 a. 預付部分貨款時：

借：預付貨款　×××

　　貸：銀行存款　×××

b. 報關行於貨到前請領各項報關費用（如進口費等），並於貨到時轉列進貨成本：

借：預付貨款（報關費用）×××

　　貸：應付帳款　　　　　×××

c. 貨到時，會計人員應依據請款資料及各類相關單據編製「傳票」：

借：材　料　　　　×××

　　進項稅額　　　　××

　　貸：預付貨款（L/C）　　×××

　　　　預付貨款（報關費用）×××

　　　　應付帳款（尾款）　　×××

▦表 5-30

×××股份有限公司 材料類請購單			
部門＿＿＿＿		年　月　日	
材料名稱	數量	單位	備註
採　購	廚務主管		請購人

一式三聯：第一聯 會計　　第二聯 採購　　第三聯 留底

用途：供材料類之乾雜貨或生鮮魚肉蔬果花卉補單用。

▦ 表 5-31

×××股份有限公司
材料類請購單彙總表

年　　月　　日

品名	數量	廠商		品名	數量	廠商		品名	數量	廠商	
鮭魚				蛤肉				蒲燒鰻			
旗魚				花枝肉				小銀魚			
紅肨				魚肉							
活紅肨											
桂花魚				刺參							
海鱺				九孔							
石斑				花枝漿							
象跋棒				貢丸漿							
								蝦仁			
旭蟹								魚			
生蠔								貝			
帶子				龍蝦				肉			
				活龍蝦							
紅蟳				小龍蝦							
蟳				草蝦							
				沙蝦				肉絲			
串魚								乳豬			
				牛肉				梅花肉			
				羊肉				前手			
								排骨			
				鵝肉				腳筋			
				鵝油							
				烏骨雞				菠菜麵			
				雞				河粉			
								湯圓			

採購：＿＿＿＿＿　　　廚務主管：＿＿＿＿＿　　　製表人：＿＿＿＿＿

表 5-32

×××股份有限公司
材料類請購單彙總表

年　　月　　日

品　名	數量	廠商	品　名	數量	廠商	品　　名	數量	廠商
高麗菜			銀芽			川七		
大白菜			紅菜頭			山蘇		
西生菜			白菜頭			角瓜		
紫高麗			洋蔥			冬蟲		
高菜芽			芋頭			日本甜椒		
高外葉			馬鈴薯			牛蒡		
生菜葉			薯					
巴西里			蕃茄			甘蔗		
芥蘭			白花菜			海帶（絲·結）		
菠菜			刺瓜			酸豆		
			小黃瓜					
大同			苦瓜					
西芹			蔥					
蘆筍			蒜					
綠竹筍			香菜					
麻竹筍			芹					
青韭菜			九層塔					
白韭菜			生薑					
柳菘帝王（菇）			老薑					
甜豆			薑絲					
			紅辣椒					
			蒜仁					
小香菇			蒜仁去尾					
金菇			穿衣蒜頭					

用途：供中餐蔬果花卉材料類使用
一式三聯：第一聯：倉管　第二聯：會計　第三聯：留存

採購：＿＿＿＿＿　　廚務主管：＿＿＿＿＿　　製表人：＿＿＿＿＿

▥表 5-33

×××股份有限公司
倉庫請購單

年　　月　　日

品　名	數　量	單　位	備　註	品　名	數　量	單　位	備　註

第一聯：會計　第二聯：採購　第三聯：申請單位

採購：＿＿＿＿＿＿　　主管：＿＿＿＿＿＿　　請購人：＿＿＿＿＿＿

▓表 5-34

×××股份有限公司
材料類驗收單

廠商：＿＿＿＿＿＿　代號：＿＿＿　　　　　　　　　＿＿年＿＿月＿＿日

憑證類別	□發票 □收據 □其他 □無		驗收類別	□材料 □商品 □其他
發票號碼			課 稅 別	□應稅 □免稅 □零稅

序	採購單號	材料編號	品　　　名	訂購數量	驗收數量	單價	金額	CCN
1								
2								
3								
4								
5								
6								
7								

進貨總額：　　　　營業稅：　　　　其他費用：　　　　應付總額：　　　（含稅）

第一聯：會計聯　驗收者：

一式四聯：第一聯會計、第二聯倉管、第三聯廠商請款用、第四聯廠商
（若生鮮魚肉蔬果不進倉庫而直接送至廚房使用時，則驗收單可用五聯式，只是將第三聯改為領料單，第四聯及第五聯才給廠商，以節省再開一次領料單。）

■表 5-35

×××股份有限公司

請購單（非材料類）

□資產類　□修繕類　□物（用）品　□商品類　□其他　　　年　　　月　　　日 NO.

申請單位	部　　　　　課	需求日期	年　　月　　日

事由：

年度預算	□是　　□否		說明：
請購或修繕內容	品　名	規　格	單　位	數　量	

批示：

核　　准	審　　核	主　　管	申　請　人

■表5-36

×××股份有限公司
訂購、驗收單（供非材料類使用）

成本責任中心：＿＿＿＿＿＿＿＿＿　　　　　　　　　　　NO.

□資產類　□修繕類　□物（用）品　□商品類　□其他　　年　月　日

<table>
<tr><td colspan="2">廠商名稱</td><td colspan="5"></td><td colspan="2">請購單編號</td><td rowspan="6">廠
商
／
報
價
記
錄</td><td></td><td></td><td></td><td></td></tr>
<tr><td rowspan="6">訂
購
／
修
繕
內
容</td><td>品名</td><td>規格</td><td>廠牌</td><td>數量</td><td>單價</td><td>總價</td><td>交貨日期</td><td>名稱</td><td>第一次</td><td>第二次</td><td>議定</td></tr>
<tr><td></td><td></td><td></td><td></td><td></td><td></td><td></td><td></td><td></td><td></td><td></td></tr>
<tr><td></td><td></td><td></td><td></td><td></td><td></td><td></td><td></td><td></td><td></td><td></td></tr>
<tr><td></td><td></td><td></td><td></td><td></td><td></td><td></td><td></td><td></td><td></td><td></td></tr>
<tr><td></td><td></td><td></td><td></td><td></td><td></td><td></td><td></td><td></td><td></td><td></td></tr>
<tr><td colspan="2">合　計</td><td></td><td></td><td></td><td colspan="2">□含稅　　□未稅</td><td>備註</td><td colspan="3"></td></tr>
<tr><td colspan="6">憑證類別：□發票　□收據　□其他</td><td colspan="6">結帳方式：□現金　　□固定月結　　　　天</td></tr>
<tr><td>核准</td><td colspan="4"></td><td>主管</td><td colspan="4"></td><td>製表</td><td colspan="2"></td></tr>
<tr><td rowspan="5">驗
收
記
錄</td><td>品　名</td><td>規格</td><td>廠牌</td><td>數量</td><td>單價</td><td colspan="2">總　　價</td><td colspan="4">驗收記錄：　　年　　月　　日</td></tr>
<tr><td></td><td></td><td></td><td></td><td></td><td colspan="2"></td><td colspan="4">結帳日期：　　年　　月　　日</td></tr>
<tr><td></td><td></td><td></td><td></td><td></td><td colspan="2"></td><td colspan="4">發票號碼：</td></tr>
<tr><td></td><td></td><td></td><td></td><td></td><td colspan="2"></td><td>使用單
位會簽</td><td colspan="3"></td></tr>
<tr><td colspan="5">合　計</td><td colspan="2"></td><td>主管</td><td colspan="2"></td><td>驗收人</td><td></td></tr>
</table>

一式四聯：第一聯會計、第二聯採購、第三聯供應商、第四聯申請單位。

■表5-37

×××股份有限公司
退貨單

年　月　日

廠商名稱		應退金額			
廠商編號		應退稅額			
退貨原因		應退總額			
材料編號	品名	單位	數量	單價	金額
合計					

核准：　　　　　　　　主管：　　　　　　　　經辦：

5-8.4 廚務生產會計處理程序

一、作業流程

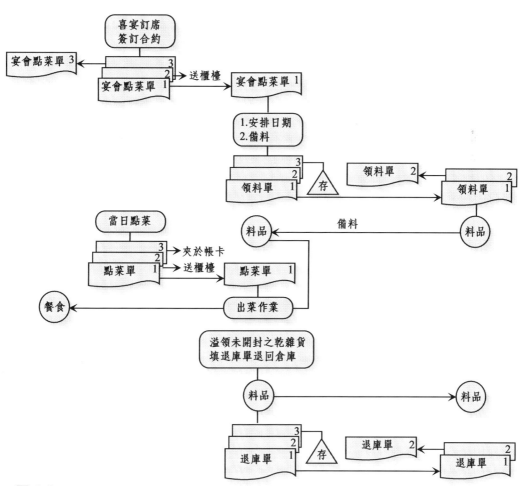

⬤圖 5-2

二、廚務餐飲製作管理辦法

1. **主　旨**

為達成對客戶之承諾，以及確保本餐廳之餐飲烹調達到一定之品質水準，釐清管理權責以利業務推行。

2. **負責單位**

本公司廚務部經理指揮督導其所屬生產單位，負責餐飲之製作。

3. **生產之排定與聯繫工作**

(1) 廚務單位依據餐飲業務單位與客戶所簽訂喜宴訂席之「宴會點菜單」，按日期排序，且按照各「宴會點菜單」之菜色性質分配至廚房各組，由各組事先準備料品。

(2) 隨時注意訂席之訂單有否變更及各組之預訂生產是否跟著修改。

4. **廚房各組將須準備之料品填寫「請購單」經核決後，由採購集中採購。**

5. **平時須將材料加工製妥成為半成品，以備喜宴日之大量料品需求。**

6. **領料作業**

(1) 生鮮材料：進料經倉管人員驗收無誤後，由廚房相關人員直接填「領料單」（附表 5-39）領用。生鮮材料之剩料則由廚房各部門自行保管，由倉管人員每月定期盤點，每月底將餘料之數量填「退庫單」（附表 5-40），餘料仍置廚房不退回倉庫，次月 1 日再填「領料單」。

(2) 乾雜貨類：乾雜貨類經倉管人員驗收無誤後入倉庫，廚房各部門如需用料，必須先填寫「領料單」向倉庫領料，每月底依未使用之餘料數量填「退庫單」，餘料仍置廚房不退回倉庫，次月 1 日再填「領料單」。

7. **廚房之餐飲製作，應依其產品加工特性之差異，每一份產品均應建立「製作標準書」，以作為廚房人員烹調餐飲時之參考標準。**

8. **製作標準書可分下列十二系列**

(1) 拼盤（冷盤）系列製作標準

(2) 烤類系列製作標準

(3) 炸類系列製作標準

(4) 蒸類系列製作標準

(5) 炒類系列製作標準

(6) 羹類系列製作標準

(7) 湯類系列製作標準

(8) 燉盅類系列製作標準

(9) 綜合點心系列製作標準

(10)燒臘系列製作標準

(11)雙併系列製作標準

(12)半成品系列製作標準

9.　每一份「製作標準書」應包括下列各項重點內容

(1) 菜名規格。

(2) 菜色照片、使用餐具、配合醬料、盤飾。

(3) 用料名稱、標準用量。

(4) 製作過程，管制重點。

(5) 菜色特點介紹。

(6) 上菜及其他注意事項。

10.　產品「製作標準書」建立應遵循下列基本原則

(1) 內容簡單明瞭，且具有實用性與操作性，各項作業標準，應清楚表示，如圖片、文字應納入規定。

(2) 各項作業之專有名詞、標準用量之容器規格，均予以統一。

(3) 在製作過程與管制重點中，應對製造參數，如時間、溫度、壓力及產品之特性，予以明確表達。

(4) 各項上市之新產品均應同步建立『製作標準書』。

11.　餐飲製作衛生與安全管理

衛生與安全係餐廳管理之重點工作，其要項如下：

(1) 環境與設施之衛生。

(2) 廚房設備之衛生。

(3) 儲運之衛生。

(4) 人員之衛生。

(5) 廢棄物處理之衛生。

(6) 餐具與容器之衛生。

(7) 飲用水之衛生。

(8) 消防之安全

(9) 意外防止之安全。

(10)機具操作之安全。

12. 餐飲製作之檢討工作

　　廚務部門與餐飲部門每月召開檢討會議，邀請相關業務部門人員列席討論，研議改善措施並做成結論。

▦表 5-38

××××股份有限公司
材料類領料單

NO.

廠商：　　　　　　　　代號：　　　　　　　　　　　　　年　　月　　日

憑證類別	□發票 □收據 □其他 □無				領料類別	□材料 □飲品 □其他			
發票號碼					課 稅 別	□應稅 □免稅 □零稅			
序	採購單號	材料編號	品　　　　　名		訂購數量	領料數量	單價	金額	CCN
1									
2									
3									
4									
5									
6									

第三聯：領料聯　驗收者：

進貨總額：　　　　營業稅：　　　　其他費用：　　　　應付總額：　　　（含稅）

註：本材料類領料單適用於生鮮魚肉蔬果購進驗收後，即刻送至廚房使用（未經入庫再領出），為節省謄寫抄錄時間及減少錯誤，不再另設，而附在材料類驗收單中第三聯。

▦表 5-39

×××股份有限公司
領料單

NO.

領用單位：　　　　　　　　　　　　　　　　　　　　　　　　年　月　日

品名代號	材料名稱	單　位	請領數量	實領數量	備　註

電腦生產領料流水號：

倉管帳務：　　　　倉管發料：　　　　廚務主管：　　　　領料人：

一式三聯：第一聯：倉管 第二聯：會計 第三聯：自存

▦表 5-40

×××股份有限公司
退庫單

No.

部門＿＿＿＿＿　　　　年　月　日

材料名稱	數量	單位	備註

倉管		廚務主管		退料人	

一式三聯：第一聯：會計 第二聯：倉管 第三聯：留底

5-8.5 倉儲會計處理程序

一、總則

1. **目　的**

   為使倉儲會計處理有所遵循，特訂定本處理程序。

2. **範　圍**

   在倉儲區域及在外所租用倉庫之收發作業及盤點作業等均屬之，以確保存貨之帳物相符，並有效控制。

3. **存貨管理之基本原則**

   (1) 存貨管理範圍，除包括在庫存貨，尚包含在途存貨。

   (2) 應查明呆滯廢品之發生原因，並追蹤改進。

   (3) 凡存貨之入庫、出庫等各項異動處理，均應有權責主管核准之單據為憑證。

   (4) 本公司存貨採永續盤存制，俾隨時可查悉各貨品之庫存數量，並配合實地盤點，以核對帳載數是否正確。

4. **權　責**

   各種料品之登記、保管，應指定專人分別負責辦理。採購不得兼理料帳，採購事務及保管工作不得由同一人辦理。

二、入庫作業

(1) 入庫依性質區分為：採購驗收入庫，半成品生產完成入庫。

(2) 採購驗收入庫係經由請購、訂購程序後再驗收入庫。

(3) 半成品生產完成入庫係由廚務人員依半成品規格表將材料加工或數種材料混合但尚未烹煮，再填寫「入庫單」（附表 5-41）繳回倉庫（冷藏凍庫）保管。

三、領料、退料、調撥料

(1) 使用單位應詳填領料單之料品名稱、數量、規格、部門及日期，經領料單位主管簽核。

(2) 領料單一式三聯：第一聯倉管、第二聯會計、第三聯自存。

(3) 倉儲發料應憑領料單辦理，非經有關人員簽認之領料單倉管人員不得核發。

(4) 倉管人員根據領料單據進行料帳作業。

(5) 進庫之料品,經驗收不合格者,不予接收當場退回或儘速通知廠商取回。

(6) 大量料品進庫,因接收檢驗作業受人力與時間限制,僅能實施抽驗,若事後於使用時會發現部分不合格者,應開立退貨單,一式四聯(第一聯會計、第二聯廠商、第三聯倉管、第四聯自存),予以退貨。

(7) 領料後或製做過程中發現料品品質不良時,經使用部門主管同意後,填具退庫單一式三聯(第一聯會計、第二聯倉管、第三聯留底)註明退出原因,連同欲退料品交由倉管辦理。

(8) 倉管人員辦理好退庫手續(如同入庫)後,將此批有問題之料品呈報資材部主管,並會同採購人員檢討處理。

(9) 料品調撥:可分店內移轉及店別調撥。

① 店內移轉:料品由原店不同責任中心之調撥使用者。須由擬調入單位填寫「店內移轉單」(附表 5-43),經雙方主管簽核後始得辦理調撥。

② 店別調撥:店與店間或不同店不同責任心之料品調撥使用者。由擬調入單位填寫「店別調撥單」(附表 5-44),經雙方主管簽核後,始得辦理調撥。

四、呆滯料品、報廢料品

(1) 庫存料品於半年內無領用記錄者,視為呆滯料品。

(2) 年中或年終盤點,使用單位或倉管人員應將呆滯品列表呈總經理專案簽辦。

(3) 凡料品因毀損,超過保存期限,品質變質或遺失者,需由倉管人員填寫「料品報廢單」(附表 5-42),註明日期、名稱、編號、數量及報廢原因,經其主管審核轉送權限主管核准。

(4) 倉管人員於料品報廢時,宜拍照存證,且委請財會部門向稅捐機關核備報廢。

五、倉儲盤點作業

1. 本公司實施盤存,其原則如下

(1) 倉儲人員得隨時自行清點核對。

(2) 年度中如有必要應會同會計人員舉行不定期盤點。

(3) 每月應將庫存之料品分類盤點(附表 5-45)。

2. 盤點作業,應依執行盤點人員之權責做適當之分配。

(1) 盤點計畫工作由會計課負責

① 召開盤點會議。

② 設計、發放及蒐集盤點作業之文書報表。

③ 撰寫存貨盤點須知並分送各相關部門。

④ 聯絡各相關部門主管處理盤點前各有關事宜。

⑤ 提出盤點盈虧彙總表，以追蹤責任之歸屬。

⑵ 協調單位由廚務部及倉管單位負責：

① 協助推動整體盤點作業。

② 協調組織盤點小組。

③ 協商決定存貨截止之時程表。

3. **實施盤存應依下列原則進行**

⑴ 盤存前應將倉儲單位之材料明細數量與會計單位之材料分類明細帳相互勾稽，查明無誤後辦理。

⑵ 盤存期間應以停止進出為原則。

⑶ 盤存應隨時逐一記錄，並彙編「盤點清冊」會有關單位核章後呈報。

⑷ 盤存後如有差異，應將其盈虧原因等填寫於說明欄內，送會計課以營業外收支處理。

4. **盤存後應填列盤點盈虧彙總表，如發現鉅額之虧損者，應即查究責任，必要時責令倉庫管理人員負責賠償。**

5. **儲存品應由會計單位依一般公認會計原則，予以評定價（時）值。期末盤存之結果應為該期決算之依據，盤存日與資產負債表日之期間，所發生之增減及變化等，得以帳面所記載者為之。**

六、會計處理

1. **採購入庫**

（採先實後虛）　　　　　　　　（採先虛後實）

借：材　　料　×××　　　　　借：進　　貨　×××

　　進項稅額　×××　　　　　　　進項稅額　×××

　　貸：應付帳款　×××　　　　　　貸：應付帳款　×××

2. **店別調撥（由 A 店調撥至 B 店時）**

A 店…借：應收內部往來－B 店×××

　　　　　貸：材　　料　　　　×××

　　　　　　　飲　　品　　　　×××

B 店…借：材　　料　×××

　　　　　飲　　品　×××

　　　　　貸：應付內部往來－A 店×××

3. 進貨退出

　　借：應付帳款　×××

　　　　貸：材　　料　×××

　　　　　　（或進貨退回）

4. 報廢出庫

　　借：其他損失　×××

　　　　貸：飲　　品　×××

　　　　　　材　　料　×××

5. 生產用料出庫

　　借：餐飲成本　×××

　　　　貸：材　　料　×××

6. 研發或其他用料出庫

　　借：研發費用　×××

　　　　（相關費用科目）

　　　　貸：材　　料　　×××

7. 盤損時

　　借：存貨盤損　　×××

　　　　貸：材　料　　×××

　　　　　　半成品　　×××

　　　　　　飲　品　　×××

8. 盤盈時

　　借：材　料　×××

　　　　半成品　×××

　　　　飲　品　×××

　　　　貸：存貨盤盈　×××

七、使用表單

1. 材料類驗收單

2. 領料單

3. 店別調撥單

4. 店內移轉單

5. 入庫單

6. 退庫單

7. 料品報廢單

8. 退貨單

9. 庫存盤點單

▦表 5-41

ＸＸＸ股份有限公司 入庫單			
部門＿＿＿＿＿ No. 年 月 日			
材 料 名 稱	數量	單位	備註
倉管	廚務主管		入庫者

一式三聯：

第一聯：會計　　第二聯：倉管　　第三聯：留底

▥表 5-42

×××股份有限公司
料品報廢單

單號：

店別：				報廢日期：　年　月　日	第一聯：會計聯　第二聯：倉管聯
料品編號	料品名稱	數量	單位	報　廢　原　因	
核准		審核		主管	倉管

▥表 5-43

□材　料
□半成品
□製成品
□其　他

×××股份有限公司
店內移轉單

NO.
撥出單位：＿＿＿
撥入單位：＿＿＿

年　月　日

品　　　　名	品名代號	單　位	數　量	備　　　　註

撥入單位　主　　管：　　　　撥入單位　經辦人：　　　　撥出單位　主　　管：　　　　撥出單位　經辦人：

第三聯：調出單位退料　第四聯：調入單位領料

第一聯：成本會計　第二聯：倉管

■表5-44

☐材　料
☐半成品
☐製成品

×××股份有限公司
店別調撥單

NO.
撥入單位：＿＿＿＿
撥出單位：＿＿＿＿

年　　月　　日

品　　　　　名	品名代號	單　位	數　　量	備　　　　　註
				運送人：

調入單位　　調出單位　　　調出單位　　　調出單位　　　調入單位
入　帳：　　主　管：　　　經辦人：　　　主　　管：　　經辦人：

第三聯：調出單位
第一聯：成本會計　　第四聯：調入單位
　　　　第二聯：調出單位倉管

▥表 5-45

xxx 股份有限公司
月份盤點單

盤點日期：　　　　　年　　　　月　　　　日

料號	品名	規格說明	數量	料號	品名	規格說明	數量

主管：　　　　　　　　　製表：

5-8.6 薪資會計處理程序

一、薪工處理流程圖

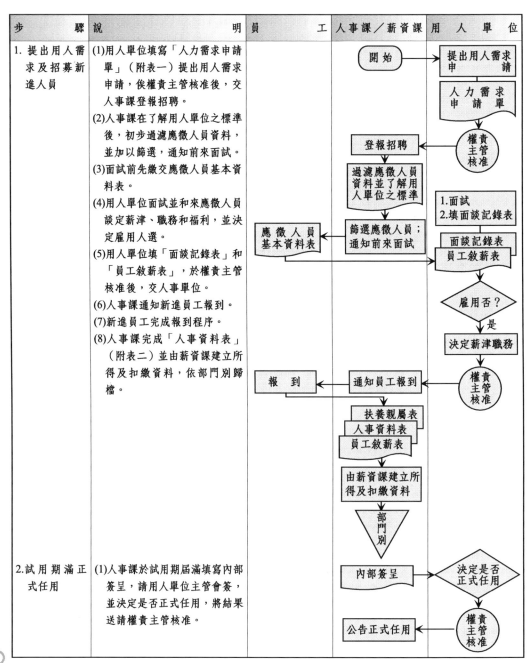

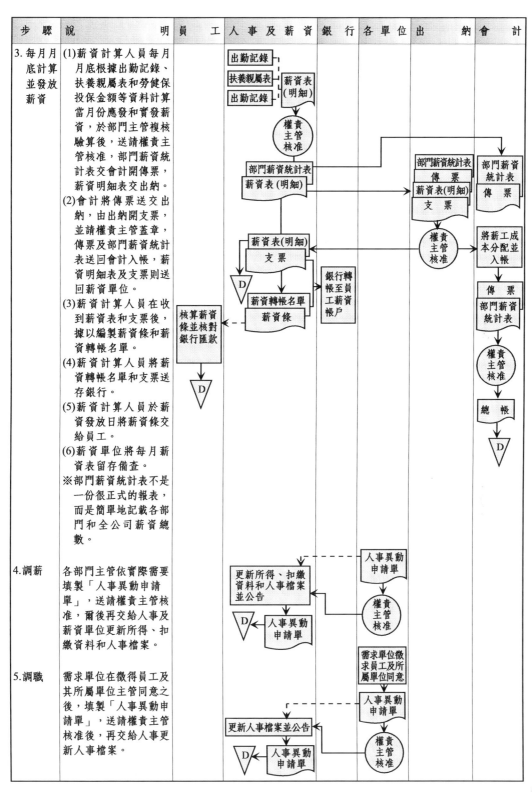

步驟	說明	員　工	人事及薪資	銀行	各單位	出　納	會　計
3. 每月月底計算並發放薪資	(1)薪資計算人員每月月底根據出勤記錄、扶養親屬表和勞健保投保金額等資料計算當月份應發和實發薪資，於部門主管複核驗算後，送請權責主管核准，部門薪資統計表交會計開傳票，薪資明細表交出納。 (2)會計將傳票送交出納，由出納開支票，並請權責主管蓋章，傳票及部門薪資統計表送回會計入帳，薪資明細表及支票則送回薪資單位。 (3)薪資計算人員在收到薪資表和支票後，據以編製薪資條和薪資轉帳名單。 (4)薪資計算人員將薪資轉帳名單和支票送存銀行。 (5)薪資計算人員於薪資發放日將薪資條交給員工。 (6)薪資單位將每月薪資表留存備查。 ※部門薪資統計表不是一份很正式的報表，而是簡單地記載各部門和全公司薪資總數。						
4. 調薪	各部門主管依實際需要填製「人事異動申請單」，送請權責主管核准，爾後再交給人事及薪資單位更新所得、扣繳資料和人事檔案。						
5. 調職	需求單位在徵得員工及其所屬單位主管同意之後，填製「人事異動申請單」，送請權責主管核准後，再交給人事更新人事檔案。						

135

步　　　　　　說	明	員　　　工	人　　事　　課	用　人　單　位
6.辭職	(1)員工提出辭呈。 (2)部門主管決定是否慰留。 (3)如欲慰留則與員工安排時間面談。 (4)如不予慰留或慰留不成，則由用人單位將離職單，呈請部門主管及權責主管核准，最後並傳至人事課處，更新人事資料並存檔、公告，再通知員工來辦離職手續。 (5)如果員工係領現金之員工則於離職手續辦妥後馬上算薪水給離職員工，否則待一般發薪日時一併匯入員工帳戶。			
7.退休	各部門主管依實際需要填「人事異動申請單」，經權責主管核准後，送人事課更新人事資料並公告，待一般發薪日時再算薪水給退休員工。			

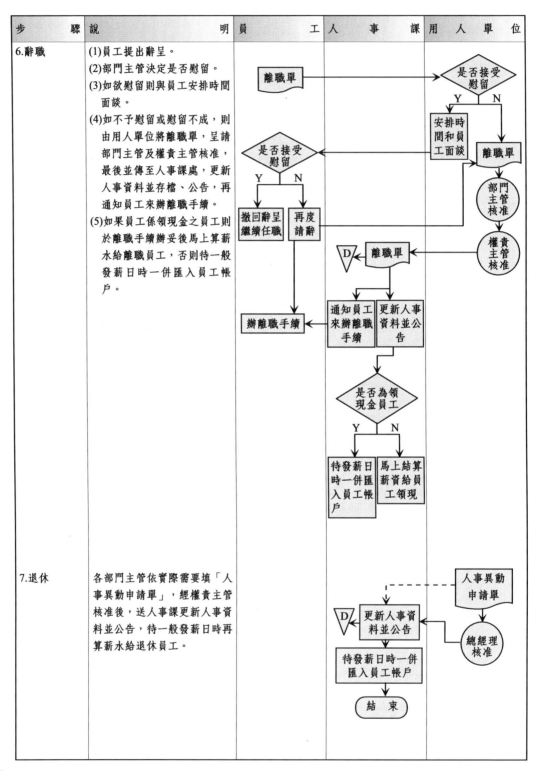

一、薪資會計處理辦法

1. **總則**

   (1) 目的：

   為使本公司薪資會計處理程序有所遵循，特訂定本處理辦法。

   (2) 範圍：

   本程序所稱薪資包括薪資、代收款項及年終獎金三部分，並將影響薪資項目之內容說明如下：

   ① 薪資：

   　a. 本薪：乃指公司依員工職務及職稱所給予員工之基本薪資。

   　b. 津貼：乃指公司依規定所發予員工之各項津貼，如職務津貼、主管津貼等。

   　c. 獎金：乃指公司依規定所發予員工之各項獎金，如績效獎金等。

   　d. 加班費：乃指員工因工作需要於規定工作時間外加班所核發之加班鐘點費。

   ② 代收款項：

   　a. 所得稅：乃指公司依薪資所得扣繳辦法及各類所得扣繳稅率代收之所得稅。

   　b. 勞保費：乃指公司依勞工保險投保金額所代收屬員工應自行負擔之勞保費。

   　c. 健保費：乃指公司依全民健康保險投保金額所代收屬員工應自行負擔之健保費。

   　d. 職工福利金：乃指公司代職工福利委員會於發薪時所扣除之福利金。

   ③ 年終獎金：

   員工之年終獎金金額視其所屬各單位主管評定之考績、出勤率及對公司之貢獻程度而定，其發放方式與金額依公司相關規定辦理。

2. **薪資計算作業**

   (1) 影響薪資計算之因素如下：

   ① 任職：

   　a. 新進員工薪資之核定，由權責主管依其學經歷、人力市場給薪狀況、希望待遇及公司薪資結構等項目加以權衡後，將敘薪結果填寫於「員工敘薪表」（附表5-47）上，呈相關權責主管核准後，交薪資單位存檔備查，

作為新進員工薪資給付及勞健保等各項福利作業之依據。

b. 新進員工薪資計算之起點，應以其到職日為基準。

② 職位異動：

員工職位異動時，由用人單位依公司規定，填寫「人事異動申請單」（附表 5-53）呈權責主管核准後，交人事單位更改人事薪資資料，以為員工薪資給付及勞健保等各項福利作業之依據，並以其異動日開始重新計算。

③ 留職停薪：

員工擬留職停薪時，必須填寫「留職停薪申請書」，經核決權限主管核准後，應再填妥「工作交接單」經主管確認簽核後，開始辦理交接手續。

④ 離職：

a. 員工擬離職時，應填立「離職單」（附表 5-57）提出申請，呈權責主管核准後辦理業務移交作業。

b. 人事單位依經核准之「離職單」更改人事資料，薪資單位並以之為結清離職員工薪資之依據。員工離職時，其薪資計算至最後工作日止。

⑤ 考勤：

a. 出勤時間：每日工作時間及每月休假日數依公司相關規定辦理。

b. 打卡規定：

(a) 上下班一律打卡，不得委託他人或代他人打卡，亦不得偽造或塗改出勤記錄。

(b) 忘記打卡者，須請權責主管於「卡片」上簽核證明。

a. 遲到早退：遲到、早退應扣時間以 15 分鐘為計算單位。

b. 曠職：

(a) 未經辦理請假手續或假滿未經准假而擅自不出勤者，以曠職論。

(b) 凡曠職者，不發給當日薪資。

⑥ 加班：

a. 員工因工作需要，須於正常上班時間以外工作者，應於事前填立「延長工作時間需求申請單」（附表5-54），呈權責主管核准後送交人事單位。

b. 人事單位依「延長工作時間需求申請單」並核對出勤資料，以為核算加班費或抵扣欠勤時間依據。

⑦ 請假：

a. 依勞動基準法規定員工得按下列假別請假：

(a) 事假

  (b) 病假

  (c) 公假

  (d) 公傷假

  (e) 婚假

  (f) 喪假

  (g) 產假

  (h) 特別休假

 b. 各項給假日數及薪資給付依人事管理規定辦理。

 c. 申請各項假別時，員工應填立「請假卡」（附表 5-49）連同相關證明文件，並視需求覓妥職務代理人後，呈權責主管核准，再送交人事單位登記以為核算薪資之依據。

 d. 全年請假及曠職日數之計算，均自每年一月一日起至十二月三十一日止，全月請假及曠職日數，均自每月一日起至該月末日止。

⑧ 出差：（另詳依出差管理辦法）

 員工出差須填寫「出差申請單」（附表 5-55）經核准後送管理部備查，出差所發生之費用須填寫「出差旅費報告表」（附表 5-56）申請之。

⑨ 考核：

 本公司員工之考核依「考核表」（附表 5-50、5-51、5-52）之事項執行評核，考核結果若擬調整薪資者，應檢具「人事異動申請單」載明調薪資料後，一併呈權責主管核准後，交人事單位及薪資單位作為薪資調整、職位升遷、調動及任免之依據。

⑵ 代收款項處理：

① 薪資所得稅處理：

 a. 扣繳金額由薪資單位依薪資所得扣繳辦法及各類所得扣繳稅率之規定予以計算，並於薪資發放時，執行扣繳；並於次月十日前，將上月扣繳稅款向國庫繳清。

 b. 新進員工報到，應詳實填報「員工薪資所得受領人扶養親屬申請表」，以為扣繳薪資所得稅的依據。扶養親屬人數如有異動，員工應另行填報，並於法定限期內通知公司。

 c. 每月薪資所得，如屬固定性質者，照薪資所得扣繳稅額表辦理扣繳；如屬非固定性質者且非合併於按月給付之薪資一次給付者，應按給付總額扣繳 6%。

d. 每年一月底前薪資單位應就上一年度元月份至十二月份扣繳各納稅義務人之稅款數額，開具扣繳憑單彙報該主管稽徵機關查核；並應於二月十日前將扣繳憑單交付納稅義務人收執，憑以辦理個人綜合所得稅結算申報。扣繳憑單係以扣繳年份實際所得薪資之現金額為準，當年度發生而在次年度獲致者，不包括在內。

② 保險費處理：

a. 勞工保險費（簡稱勞保費）：

(a) 按規定可參加勞保之員工，一律投保勞保，投保項目、金額及保費負擔，均依勞保局規定辦理。

(b) 勞保費分普通事故保險費及職業災害保險費兩種。普通事故保險費一律按勞保局規定之被保險人當月之月投保薪資費率計算，由公司負擔保險費之 70%，政府負擔 10%，被保險人負擔 20%；職業災害保險費由公司按內政部公佈之職業災害保險費率乘以被保險人當月之月投保薪資額提撥成立墊償基金，並由公司全額負擔。

(c) 員工自行負擔之勞保費，於其薪資中代為扣繳，併同公司應負擔部分，依勞保局通知按月繳款。

b. 全民健康保險費（簡稱健保費）：

(a) 按規定全體員工皆應參加全民健康保險，有關投保方式、金額、保費計算及負擔方式，均依中央健保局規定辦理。

(b) 健保費按中央健保局規定之被保險人當月之月投保薪資費率計算，由公司負擔保險費之 60%，政府負擔 10%，被保險人負擔 30%。眷屬部分依中央健保局規定，分由公司及員工負擔。

(c) 員工自行負擔之健保費於薪資發放時代為扣繳，併同公司應負擔部分，按月向健保局繳款。

③ 職工福利金：

a. 由員工提撥者：依「職工福利委員會組織章程」規定之提撥比率，自員工薪資中代扣，並撥入職工福利委員會。

b. 由公司提撥者：依「職工福利委員會組織章程」規定提撥，並撥入職工福利委員會。

④ 各項代扣款項，應由薪資單位負責核算扣繳金額，並彙總各項扣款明細，呈權責主管核准後，交會計單位編製「傳票」，呈權責主管核准。

(3) 退休金處理：

　　人事單位應依據勞動基準法規定或精算師精算之應付退休金，按月提撥。

3. **薪資發放作業**

(1) 薪資計算與審核作業：

　　人事單位於每月二日前核對上月正職員工（三日前核對上月兼職員工）出勤記錄連同「人事異動申請單」等相關表單送交至薪資主辦人員核算薪資，並於扣除各種代扣款項後，編製「部門薪資統計表」，薪資經核算無誤後填立「請款單」，製作薪資轉帳資料，呈權責主管核准後，轉交會計單位。

(2) 帳務處理作業：

　　會計單位依據「請款單」、「部門薪資統計表」編製「傳票」，檢同相關資料經權責主管核准後，交由出納單位開立「取款條」（或支票），出納單位將「取款條」（或支票）併同相關資料，呈權責主管核印後，始辦理付款作業。

(3) 薪資發放作業：

① 金融機構轉帳方式付款：

　　a. 薪資單位應將金融機構轉帳資料連同「取款條」（或支票）送交金融機構，由金融機構將員工薪資轉入各員工帳戶，並應取得該金融機構出具之證明。

　　b. 完成薪資轉帳時，薪資單位應將「薪資條」發予員工，以利員工核對個人當月份薪資。

② 非轉帳方式付款：

　　a. 兼職員工或因特殊原因或未能及時於指定銀行開戶者，當次薪資以現金或支票等方式發放，員工於領取薪資時應簽收。

　　b. 未領薪資應由編製薪資表以外專人保管並作成記錄。

4. **會計處理作業**

(1) 薪資、職工福利、勞健保及會計處理：

① 薪資計算與提撥：

　　借：薪資支出－薪資　×××

　　　　貸：應付薪資　　　×××

② 公司應提撥職工福利金：

　　借：職工福利　×××

　　　　貸：其他應付費用　×××

③ 勞、健保費用：

借：保險費－勞保費　×××

　保險費－健保費　×××

　　貸：其他應付費用　　×××

④ 薪資發放：

借：應付薪資　×××

　　貸：銀行存款　×××

　　　代收款　　×××

　　（代收所得稅、勞保費、健保費、職工福利金）

⑤ 繳交勞、健保費用：

借：其他應付費用　　　×××

　代收款（勞、健保費）×××

　　貸：銀行存款　　　　×××

(2) 年終獎金之會計處理：

① 每月估計提列年終獎金：

借：薪資支出－獎金　×××

　　貸：應付薪資　　×××

② 發行公司於年度終了時，如已確定獎金之數額且該數額與原估列應付薪資數額不一致時，應調整應付薪資餘額；倘若年度終了尚無法確定獎金之數額，於發放時，若實際發放數與原估列之應付薪資數發生差異，則依會計估計變動之原則處理。年終獎金確定發放時，應依法辦理扣繳。

③ 發放年終獎金：

借：應付薪資　×××

　　貸：銀行存款　×××

(3) 繳付代收款項之會計處理：

① 繳付代收之所得稅款時：

借：代收款（代收所得稅）×××

　　貸：銀行存款　　　　×××

② 繳付代收之職工福利金及公司負擔之職工福利金時：

借：代收款（代收職工福利金）×××

　其他應付費用　　　　　×××

　　貸：銀行存款　　　　　×××

(4) 提撥退休金之會計處理：

借：薪資支出－退休金　×××

貸：退休金準備　×××

借：退休金準備　×××

貸：銀行存款　×××

5.　**使用表單**

(1) 人事資料表

(2) 人事異動申請單

(3) 員工敘薪表

(4) 離職單

(5) 工作交接單

(6) 留職停薪申請書

(7) 延長工作時間需求申請表

(8) 員工請假卡

(9) 考核表

(10) 員工薪資所得受領人扶養親屬申請表

(11) 出差申請單

(12) 傳票

(13) 考勤表（出勤卡片）

(14) 外出登記表

(15) 卡片統計表

(16) 部門薪資統計表

(17) 請款單

(18) 薪資條

■表 5-46

人力需求申請單

申請日期：　　年　　月　　日

需求部門（店別）：		單位：		需求日期：　年　月　日	
需求原因：		擬補人數：　　人（編制：　　人　現有：　　人）			
職稱				選　項　說　明	
學歷				1.研究所　2.大學　3.大專　4.高中（職）　5.國中	
科系				1.理工　2.商學　3.財會　4.資訊　5.餐飲　6.不拘	
性別				1.男　2.女　3.不拘	
經驗				1.不拘　2.1~3 年　3.3~5 年　4.5 年以上	
其他				請具體說明：	
批示：				人力來源□介紹 　　　　□登報徵募 　　　　□網站 　　　　□其他	人事會簽：

核決：　　　　管理部：　　　　審核：　　　　申請人：

圖表 5-47

員工敘薪表

姓名：　　　員工編號：　　　到職日：　　年　月　日

	第一次	第二次	第三次	第四次	第五次	第六次
原　職　　　　稱						
原　職　等／職　級						
原　　敍　　薪						
（原）本薪						
（原）職務加給						
（原）主管津貼						
（原）其他津貼						
（原）績效獎金						
（原）全勤獎金	□有 □無	□有 □無	□有 □無	□有 □無	□有 □無	□有 □無
調　薪　日　期						
調　整　原　因						
調整後職　　稱						
調整後職等／職級						
調整後敍　　薪						
（新）本薪						
（新）職務加給						
（新）主管津貼						
（新）其他津貼						
（新）績效獎金						
（新）全勤獎金	□有 □無	□有 □無	□有 □無	□有 □無	□有 □無	□有 □無
新　薪　資						
會　簽　課（者）						
核　決　者（決）						

■表5-48

×××股份有限公司
正職人員人事資料表

（正面）　　　　　　　　　　　　　　　　　　　　　　到職日期：＿＿＿＿＿＿

姓名		性別		出生日期	年　　月　　日		相 片
				年　　齡	歲		
籍　貫		出生地		血型			
戶籍地址				電話			
通訊地址				電話			
身分證統一編號		身高		體重		視力	左　右

	婚　　　　　姻	已婚□　離婚□　未婚□	子女人數	子（　），女（　）人
家庭狀況	配　偶　姓　名		職　業	
	戶　長　姓　名		職　業	
	意外事故通知人		電　話	
個人資料	住　宿　問　題	自有房屋□　租屋□ 住宿舍□	交通工具	機車□　汽車□ 公車□
	工　作　特　長		興　趣	
	語　　　　　言	台語□　國語□　英語□　日語□　客家話□　其他		

	類別	學　校　名　稱	科　系	地　點	畢業或肄業	修業期間
學歷	小學					
	國中					
	高中					
	專科					
	大學					

	受　訓　機　構　及　課　程　名　稱	受訓地點	受　訓　期　限
訓練			

	服　務　機　關　名　稱	職　稱	擔任工作	到期日期	離職日期	離職原因	離職時待遇
經歷							

其他	有無親戚在本公司服務，有□　無□　　　有者填其姓名
	有無親戚與本公司在商業上有交易，有□　無□

圖表 5-49

×××股份有限公司

員工請假卡（年度）

部門：　　　　員工代號：　　　　姓名：　　　　職稱：　　　　到職日：　年　月　日

年度特休：　　日
一去年欠勤：　　日
二今年特休：　　日

假別	月	日	時	分	~	月	日	時	分	天數	職務代理人	申請日	申請人	事　由	審核	核准	累計欠勤時間	寄、欠假	人事簽章
																	1 月	1 月	
																	2 月	2 月	
																	3 月	3 月	
																	4 月	4 月	
																	5 月	5 月	
																	6 月	6 月	
																	7 月	7 月	
																	8 月	8 月	
																	9 月	9 月	
																	10 月	10 月	
																	11 月	11 月	
																	12 月	12 月	

■表5-50

×××股份有限公司

行政事務人員考核表

姓名：　　　　　部門：　　　　　職稱：　　　　　考核性質期間：

考評　　　　　　　　項目	初　核				複　核			
	優 9~10	佳 7~8	可 5~6	劣 0~4	優 9~10	佳 7~8	可 5~6	劣 0~4
1.主管交辦事項之達成力								
2.對主管交辦事項之服從性								
3.表單／報表完成時效、準確性								
4.與相關配合單位之協調、配合度								
5.對其本身工作之專業常識								
6.品德修養								
7.主動積極提出改善建議或方案								
8.積極控管成本費用								
9.主動、積極地學習								
10.對工作之敬業精神								
考核分數 　　主管簽名								
考核分數（平均）								

▦表 5-51

×××股份有限公司

廚務部考核表

姓名： 　　　　職稱： 　　　　　　考核性質期間：

考評＼項目	初　核				複　核			
	優 9~10	佳 7~8	可 5~6	劣 0~4	優 9~10	佳 7~8	可 5~6	劣 0~4
1. 工作時效、品質、正確性								
2. 主動、積極地學習								
3. 對上級交代事項之服從性								
4. 與相關配合單位之協調、配合度								
5. 個人之衛生清潔習慣								
6. 對出菜時間之控管								
7. 材料可用率合理控管								
8. 料理創新								
9. 料理製做標準或完成品質水平								
10. 員工手冊相關規定遵守度								
考核分數	主管簽名							
考核分數（平均）								

▥表 5-52

××× 股份有限公司

餐飲部員工考核表

姓名：　　　　　　職稱：　　　　　　　　考核性質期間：

項目 考評	初　核				複　核			
	優 9~10	佳 7~8	可 5~7	劣 0~4	優 10~11	佳 8~9	可 5~7	劣 0~4
1. 工作時效、品質、正確性								
2. 主動、積極地學習								
3. 表單／報表完成時效、準確性								
4. 與相關配合單位之協調、配合度								
5. 對客人之服務態度								
6. 對上級交辦事項之服從度								
7. 對新菜推薦解說之執行力								
8. 主動積極做好客群關係								
9. 有效處理客戶抱怨並積極改善								
10. 員工手冊有關規定遵守度								
考核分數　主管簽名								
考核分數（平均）								

▤表 5-53

×××股份有限公司

人事異動申請單

□調動　□資遣　□解雇　　　　　　　　　　　申請日期：　　年　　月　　日

員工編號		姓　　名		到職日	年　月　日
原任部門		原任單位		原任職稱	
新任部門		新任單位		新任職稱	
生效日期	年　　　月　　　日				
原因說明					

決	會 （管理部）	審 （新任部門主管）	審	立

▤表 5-54

×××股份有限公司
延長工作時間需求申請單

申請單位：　　　　　　　　　　　　　　　　　申請日期：　　年　　月　　日

需求日期	需	求		時	間	需求人員 姓　　名	需求原因
月　日	時間	：～：	：～：	：～：	：～：		
	分數						
月　日	時間	：～：	：～：	：～：	：～：		
	分數						
月　日	時間	：～：	：～：	：～：	：～：		
	分數						
月　日	時間	：～：	：～：	：～：	：～：		
	分數						
月　日	時間	：～：	：～：	：～：	：～：		
	分數						

核准：　　　　　擔當主管：　　　　　部門主管：　　　　　申請人：

▥表 5-55

×××股份有限公司

出差申請單

填表日期：　　年　月　日

出差人	部門		姓名		職務代理人	姓名	
	單位		職稱			職稱	
出差事由							
預定出差	行程及地點			交通工具	□其他　□自用車　□搭便車　□車/船　□汽（火）　□公務車　□飛機	是否住宿	□是
	出差期間	自年月日時分起　至年月日時分止　共年月日		備註			
核決			審核		申請人		

▥表 5-56

出差旅費報告表

實際出差期間		年　月　日　時　分起至　年　月　日　時　分止共計　日　附單據　張										
月	日	起訖地點	工作記要	交通費				住宿費	膳什費	其他		小計
				飛機	車、船	計程車	其他			說明	費用	
		—										
		—										
		—										
合計		—										
出差旅費計新台幣　　　萬　　　仟　　　佰　　　拾　　　元整												
具領人　　　　　年　月　日												
核准		會計		出納		管理部			出差人			

▥表 5-57

✕✕✕股份有限公司員工離職單					
姓　名：		部　門：		到職日期：　年　月　日	
職　稱：		單　位：		服務年資：　　年　　　月	
離職原因					
預定離職日期：　年　　月　　日			申請日期：　年　　月　　日		
核　決		審核	主管		申請人

移交作業	直屬工作單位	資　　　　訊	總　　　務	人　　　　事	財　　　會
	1.工作內容、要領移交： 2.事務性業務移交： 3.保管器具、文具移交： 4.其他文件資料：	1.磁片移交： 2.電腦資料移交： 3.相關資料：	1.制服： 2.鑰匙： 3.門禁卡： 4.個人或部門保管品卡及固定資產移交： 5.應扣款項：	1.欠勤／延長時間： 2.寄欠假： 3.扣／補年假： 4.獎懲： 5.應扣／補款項：	1.員工借支： 2.零用金借支： 3.其他預借財物繳回：
點　交　人					
單位主管					
備　註	1.移交內容必要時須詳列並附件。 2.上述各項欄位須逐一簽核完畢，離職手續始告完成。未將離職手續辦妥者，當月薪資將暫不核發。 3.合計應扣／補款項：_____				

5-8.7 固定資產會計處理程序

一、目的

為有效管理公司固定資產，且配合公司年度預算之編列，以期制定最有效之固定資產投資計畫及充分發揮既有固定資產之效能。

二、適用範圍

有關固定資產之購置預算、效益分析、請訂購、驗收、調撥（轉移）、處分、報廢、遺失、保管移交、承租及會計處理等之權責及程序。

三、內容說明

1. 固定資產之分類及定義（所有權或使用權歸屬本公司者）
   (1) 土地：凡所有權屬本公司，且供營業上使用之土地取得成本屬之。
   (2) 土地改良物：凡在自有土地上或承租土地上從事改良，增進使用效益，耐用年數在兩年以上，其工程之成本皆屬之。
   (3) 房屋及建築：供營業上使用之房屋建築及其附屬設備皆屬之，如辦公室、廚房、餐廳等建築、設計、裝潢、內裝建材、隔間、擴建之施工建材等支出。
   (4) 空調設備：指附著於建築物內之中央系統、冷暖氣設施或單一購置的冷暖氣機之支出。
   (5) 水電消防設備：指附著於建築物內之照明、動力、微電腦、飲用水、污水、排水、衛浴用品及消防器具設施之支出。
   (6) 廚房設備：供廚房上使用之設備屬之。
      ① 若設備之體積較大或不易移動，且其購入符合資本支出定義者，則列入固定資產。
      ② 若設備之體積較小或須經常移動者，仍屬於資本支出（例如：廚房用之托盤、燉鍋、網架、器皿、蒸籠等品名，得列為遞延費用—廚房用品，原則上採 3 年予以攤銷。）
   (7) 電腦通訊設備：凡供營業上使用之電腦設備含周邊設備（印表機、數據機、數位板等）其硬體會和購入隨機所附的軟體一併列入電腦設備。另電話機、通訊設施亦屬之。

(8) 餐廳設備：供營業場所使用之設備屬之。

   ① 若設備之體積較大或不易移動，且其購入符合資本支出定義者，則列入固定資產。

   ② 若設備之體積較小或須經常移動者，（例如：轉盤、餐車、檯布、口布、餐具、碗、杯子、湯匙等品名，得列為遞延費用—餐廳用品，原則上採 36 個月予以攤銷。）

(9) 辦公設備：公司之辦公場所、會議場所使用之設施品名均屬之。（例如：辦公桌椅、會議桌椅、辦公櫥櫃、影印機、點鈔機、除濕機、傳真機等其他生財器具）

(10) 運輸設備：供營業上所使用之車輛皆屬之。

(11) 租賃改良：租賃之房屋建築及所有改良工程之資本支出。

(12) 其他設備：凡不屬於上列各項設備皆屬之。

(13) 預付設備款：凡預付購買各種供營業用之設備款項均屬之。

(14) 未完工程：凡正在建造或裝置而尚未完竣之供營業使用之工程成本均屬之。

(15) 陳飾品：凡陳列公司之古董、字畫均屬之。

2. 部門職掌

(1) 各類固定資產之管理單位及督導單位

▦表 5-58

類別	管理單位	督導單位
土地	管理部	管理部
土地改良物	管理部	管理部
房屋及建築	管理部	管理部
空調設備	各使用單位	管理部
水電消防設備	各使用單位	管理部
廚房設備	各使用單位	管理部
電腦通訊設備	各使用單位	管理部
餐廳設備	各使用單位	管理部
辦公設備	各使用單位	管理部
運輸設備	各使用單位	管理部
租賃改良	各使用單位	管理部
其他設備	各使用單位	管理部
遞延費用—餐廳用品	各使用單位	管理部
遞延費用—廚房用品	各使用單位	管理部

(2) 管理單位之職掌

① 管理單位—土地、土地改良物、房屋及建築為管理部，其他之固定資產設備為各使用單位。

② 提出年度資產設備之支出預算，並就各預算提出效益分析，以供評估。

③ 就資產設備支出之預算提出請購。

④ 負責正常使用，保管資產設備，實施一級保養及二級以上保養之申請。

⑤ 主動評估資產設備使用之效用，提出不當資產之處理。

⑥ 配合相關單位，做好盤點固定資產之作業。

(3) 督導單位之職掌

① 督導單位如 3-2-1 所述。

② 督導管理單位編製年度資產設備支出預算及審核各管理單位之資產設備支出預算。

③ 統一調度各項資產設備，並於職務移交時，監督資產設備之移交及其他必要情況時之抽點。

④ 掌握閒置之資產設備，並主動提出處置對策。

⑤ 督導管理單位，做好固定資產盤點作業。

⑥ 督導管理單位正常使用各項資產及定期維修。

⑦ 有關電腦設備之相關事宜，督導單位須會辦資訊組共同辦理。

3. 預　算

(1) 資本支出（資產設備）增設以預算為原則，依『預算管理辦法』辦理。

(2) 申請單位必須詳填『資本支出預估明細表』（附表 5-68）及『資本支出效益分析表』（附表 5-62）。

(3) 由各申請單位將『資本支出預估明細表』及『資本支出效益分析表』送管理部與總經理室會審，總經理室會審後送核決權限主管簽核。

(4) 經核決權限主管簽核後，送財會部彙總編號，預算編號之原則如下：（採 7 碼）

□□	□□	□□□
預算代號	年度	流水編號
##	##	001

編號完成後，資本支出預估明細表與資本支出效益分析表第一聯分發財會部、第二聯申請單位。

4. **請購、訂購、驗收流程**

(1) 資本支出之請購、訂購、驗收流程圖（如圖 5-3）。

(2) 由需求單位先會同管理部總務課或資材部就目前公司內可調撥同類標的物予以先行使用，若確實無法由內部調撥使用，得由需求單位填寫「非材料類請購單」提交核決權限主管簽審。

(3) 資本支出之請購，申請單位必須在非材料類請購單上註明資本支出預算編號。

(4) 若因業務需求必須申請資本支出，但未編列有該項資本支出預算時，需求單位應填寫「非材料類請購單」，並針對預計需求之品名填出「資本支出申請明細表」（附表 5-61）及「資本支出效益分析表」，一併經由管理部總務課會審，依核決權限送呈總經理或董事長或董事會核決，通過後才可提出訂購。

(5) 當所訂購之資產設備送來本公司時，應由管理部總務課會同申請單位點驗其品名、廠牌規格、數量及功能品質，驗收數量須明確記載，不可含糊帶過（例如：一批），合格後由管理部總務課填寫「非材料類訂購、驗收單」，屬於工程類的資產為「非材料類工程驗收單」（附表 5-63），經申請單位會簽後由財會部會計單位給予財產編號，並由管理部總務課依財產編號編訂列管編號後，將財產編號牌黏貼至該項資產設備。

(6) 財產編號原則如下：（除『遞延費用—廚房用品』及『遞延費用—餐廳用品』以外之固定資產科目，均應賦予一財產編號）

▥表 5-59

類　　　別	大分類 （會計代碼） 共四碼	中分類 共三碼	流水碼
土地	1501		
土地改良物	1511		
房屋及建築	1521		
鋼筋（骨）混凝土建造		010~019	
加強磚造		020~029	
金屬建材		030~039	
裝潢設備及簡單隔間		040~049	
昇降機設備		050~059	
空調設備	1591		
冷暖氣機		010~019	

類　　　別	大分類 （會計代碼） 共四碼	中分類 共三碼	流水碼
中央系統冷暖器		020~029	
冰水主機、冷水機		030~039	
水電消防設備	1541		
照明設備		010~019	
廢水處理工程		020~029	
水電消防工程		030~039	
發電機		040~049	
衛浴用品		050~059	
廚房設備	1531		
冷凍、冷藏類		100~199	
鍋爐灶類		200~299	
蒸烤箱類		300~399	
機械類		400~499	
不銹鋼設備類		500~599	
其他類		800~899	
電腦通訊設備	1581		
電腦主機		010~019	
列表機		020~029	
數據機		030~039	
數位板		040~049	
電話機		050~059	
通訊器材		060~069	
餐廳設備	1571		
組合音響、KTV		010~019	
錄放影機		020~029	
大型飲水機		030~039	
冰箱		040~049	
吸塵器		050~059	
電視機		060~069	
製冰機		070~079	

類　　　　　別	大分類 （會計代碼） 共四碼	中分類 共三碼	流水碼
展示櫃		080~089	
活海鮮魚缸及設備		090~099	
收銀機、沙發		100~109	
餐桌、椅、兒童椅		110~119	
辦公設備	1561		
辦公桌、椅		010~019	
會議桌、椅		020~029	
沙發桌、椅、茶几		030~039	
辦公櫥櫃、置物櫃、置物架		040~049	
保險櫃、金庫		050~059	
點鈔機、碎紙機、打字機		060~069	
影印機、快速製版印刷機、投影機		070~079	
傳真機		080~089	
飲水機（小）、冰箱、除濕機		090~099	
監視器材、電視機、視訊設備		100~109	
運輸設備	1551		
小客車		010~019	
小貨車		020~029	
客貨車		030~039	
休旅車		040~049	
其他設備	1681		
垃圾箱		010~019	
宿舍設備		020~029	
防盜器材設備		030~039	
租賃改良	1631		
遞延費用—廚房用品			
網架、魚鍋、燉筒、竹筒、塑膠箱、蒸籠、削菜機、沙鍋、開罐器、刀具等			
遞延費用—餐廳用品			
餐具、碗、餐盤、各式皿、杯子、湯匙、玻璃壺、開瓶器、果汁壺、紹興公杯、茶壺、水晶碗、托盤、不銹鋼標示牌、台布、桌裙等			

(7) 會計單位列明該資產設備的財產編號及該資產的歸屬部門。但若列為『遞延費用—廚房用品』及『遞延費用—餐廳用品』項目者,得僅按購置取得日期大歸類,以便逐期攤提即可。

(8) 管理部依會計單位已建立之「列帳資產資料」編建列管編號。

(9) 如點驗內容與訂購內容不符或品質異常,得拒收退回供應廠商,由採購單位作退貨處理或要求廠商更換改善,到合乎訂購內容為止。

(10)當固定資產的取得屬土地或建物時,應由承辦人員向所屬主管機關辦理土地或建物之登記作業。

(11)固定資產完成點驗收後,且在向財會部整理帳款時,須於請款單上敘述該資產之品名、規格、單位、數量、付款金額及該付款金額屬於該資產項目的哪一期款,以使後續之會計作業能正確歸類到資產項目上。

5. 調撥(轉移)之流程

(1) 調出單位應填『財產異動申請單』(附表 5-64),經主管簽認後,送轉入單位、管理部及財會部會簽後,呈核決權限主管簽核。

(2) 經核決權限主管簽核後,表單分發第一聯財會部、第二聯總務、第三聯調出單位、第四聯調入單位,會計單位接到『財產異動申請單』後,應將該單按月編號。

   編號方式—第一、二碼:年度

      第三、四碼:月份

     第五碼: 1→調撥
          2→處分
          3→報廢
          4→遺失

     第六、七碼:流水碼

  再將資產設備由轉出單位轉入接收單位帳上,始完成調撥(轉移)。

(3) 管理部總務單位俟會計單位轉帳後,將相關之列管資料修正,以利掌握各部門保管資料之正確性。

6. 維 修

  固定資產增置後交由使用部門負責保管、維修。

7. 報 廢

(1) 資產設備因逾耐用年限或天災、人禍等外力之損害而無法修護時,准予報廢。

固定資產請、訂購、驗收流程圖

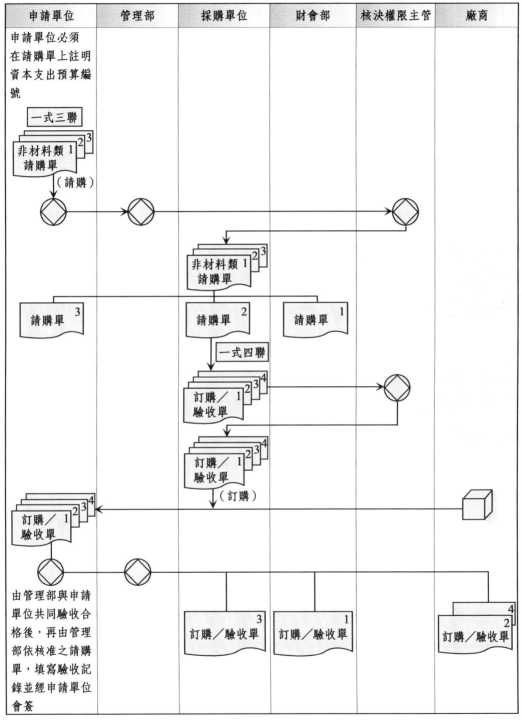

⊕圖 5-3

(2) 各使用單位應填妥『財產異動申請單』，經管理部及財會部會簽後，呈核決權限主管簽核後，表單分發第一聯財會部、第二聯總務、第三聯申請單位。

(3) 會計單位應將核准報廢後之資產設備依法函請稅捐稽徵機關勘驗，但須注意是否應補稅。

(4) 俟稅捐稽徵機關勘驗同意後，由管理部辦理拆除。

(5) 會計單位應於管理部拆除設備後，依『財產異動申請單』除帳。並由管理部修改必要的相關資料，以便掌握各項資產的現狀。

(6) 管理部應追查報廢之原因，並於必要時督導索賠事宜。若因處置報廢資產而有下腳廢料收入，應由管理部總務課會同財會部會計課處理下腳廢料的銷售，開立統一發票入帳，現款繳交財務課。

(7) 若為部分報廢，先辦理分割手續，再依上述規定辦理報廢作業。

8. 處　分

(1) 管理部為處分閒置資產之擔當部門。

(2) 各使用單位每年應提報『財產異動申請單』

(3) 管理部應彙總各使用單位之『財產異動申請單』，並提出擬採取之對策，呈核決權限主管核決。

(4) 資產處分方式如下：

　① 出售：由管理部辦理出售事宜，並由財會部會計單位開立統一發票並除帳，再由管理部修正相關必要資料。

　② 報廢：依 3-7 流程辦理。

　③ 贈與：由管理部辦理贈與事宜，並由財會部會計單位開立統一發票並除帳，再由管理部修正相關必要資料。

　④ 列管：暫不處分先行列管，待日後處分。列管之閒置資產，管理部與財會部僅作備忘，不做任何修改相關資料之動作。

9. 遺　失

(1) 資產設備因人為疏失或管理不當而遺失，各使用單位應填妥『財產異動申請單』，經管理部及財會部會簽後，呈核決限主管簽核後，表單分發第一聯財會部、第二聯總務、第三聯申請單位。

(2) 管理部應向警察機關申領遺失證明文件，會計單位應依核決後之『財產異動申請單』及相關證明文件，並知會稅務機關配合處理辦理除帳，管理部修正必要之相關資料。

(3) 管理部應追查遺失原因，並於必要時督導索賠事宜。

10. 保管、移交

(1) 各項資產設備係由該使用單位負保管之責，保管單位須定期核對由管理部所提供之『部門保管資產明細表』之內容明細。如部門保管之資產內容有所變動時，亦應適時修正該表，並轉管理部彙整。

(2) 各部門所保管之各項資產，由部門主管指派個別之保管人，管理部依『部門保管資產明細表』之內容定期完成『個人保管資產明細表』並提供給各保管單位。

(3) 如因個別保管人離職或職務調動，原保管人須詳填『固定資產移交申請單』由新保管人簽收，並經雙方部門主管確認簽核後，第一聯交原保管人、第二聯交新保管人、第三聯轉管理部彙整。

(4) 管理部將核准之「固定資產移交申請單」內相關資料輸入電腦「固定資產管理系統」之「個人保管財產移交」作業。

11. 承　租

(1) 因事實需要而需承租固定資產者，應依規定簽准後辦理。

(2) 總務課辦理承租詢價，如有必要得委請專業機構鑑價，提供合理性評估報告。由詢價後進行比價及議價，以核決權限規定予以決定承租來源。

(3) 依承租協議條件取得租賃契約書用印後歸檔。

(4) 依承租條件支付租金並依法扣繳。

(5) 會計課依財務會計準則公報第二號『租賃會計處理原則』規定，將租賃區分為營業租賃及資本租賃，並依內容辦理。

(6) 在承租期滿，不予續租時，應取回押金或保證金。

12. 投　保

(1) 固定資產保險標的及種類：
① 機器設備、廠房建築設備（含裝潢隔間、水電空調）投保火險。
② 運輸設備投保綜合險。

(2) 其他各種資產設備（如生財器具、電腦設備、辦公設備）均依實際狀況決定投保種類及金額。

(3) 投保金額依標的物之現值或重置成本投保。

(4) 資產部分於取得時，旋由管理部總務單位配合財會部財務單位依規定辦理投保。

(5) 保單由專人管理，並設置保險登記簿載明各項投保記錄。

(6) 每年第 4 季，由財會部財務課為窗口，主動檢討公司各單位已投保之固定資

產，新年度之投保政策－保險標的物、保險金額、保險種類。

13. 會計處理原則

(1) 資產設備會計處理流程圖（附圖）

(2) 資本化之原則：依『費用支出與資本支出作業規定』辦理。

(3) 折舊提列之原則：

① 資產設備折舊之提列採平均法。

② 折舊之提列以月為單位，自取得月份起逐月攤提。

③ 資產設備取得月份係指取得使用執照及所有權，且入會計帳之月份而言，大修、增添或改良則指完成且併入主體設備帳上而言。

④ 大修、增添或改良部分之折舊，依其主體設備耐用殘餘年限攤提。

⑤ 折舊計算公式：

每月折舊金額=資產設備取得成本/（耐用年限+1）/12

⑥ 資產設備因改裝而發生數量上之增減變化時，應將舊設備之成本加上改良之成本，轉入新設備之成本。

⑦ 資產之耐用年限：

■表 5-60

類　　　　別	說　　　　　　明	耐用年限
房屋及建築	鋼筋（骨）混凝土建造、預鑄	50
	加強磚造	35
	磚構造	25
	金屬建材（有披覆處理） （披覆係指在金屬建材噴上防火材料）	20
	金屬建材（無披覆處理）	15
	昇降機設備	15
	裝潢設備及簡單隔間	3
空調設備	冷暖氣機（窗型、箱型）	5
	冰水主機（中央系統）	8
	冷水機（中央系統）	8
水電消防設備	廢水處理工程	10
	水電消防工程	10
廚房設備	攪拌機、煮爐砲台、廣東爐座	7
	三層電烤箱、白鐵蒸籠箱	7

類　　　別	說　　　明	耐用年限
	油炸機、蒸烤箱、冷藏（凍）庫、製冰機、洗碗機	8
運輸設備	汽車	5
	機車	3
餐廳設備	KTV、組合音響	7
	電視機、飲水機、沖洗機、防盜器材設備	7
	監視器材、收銀機、活海鮮魚缸及設備	8
辦公設備	影印機、傳真機、快速印刷機、辦公櫥櫃、保險櫃、辦公桌椅、防盜設施	5
電腦通訊設備	電腦及周邊設備、電腦 PC、列表機、電話設備	
其他設備	SUS 垃圾箱	5
遞延費用—廚房用品	網架、鐵鍋、廚具、魚鍋、燉筒、蒸籠等	3
遞延費用—餐廳用品	湯匙、碗筷、餐具、杯子、塑膠箱等	3

(4) 盤點：

① 資產設備之記錄採永續盤存制。

② 資產設備之盤點每年至少二次（6/30 及 12/31）。

③ 會計單位應擬定盤點計畫（依存貨盤點計畫辦理）及提供各部門之盤點清冊，由各使用單位派員盤點，管理部應會同會計單位監督盤點之進行。

④ 由各使用單位依所提供之部門或個人列管清冊進行初盤，管理部彙整各單位所完成之初盤資料，必要時需修改電腦內之列管相關資料並核對與盤點清冊是否相符。盤點進行時，應由會計單位指定複點人員進行複點作業。

⑤ 財產盤點如有盤虧（盈）之情形，管理部應追究原因，就盤損方面提出懲處意見。

⑥ 盤點時，各使用單位應就閒置資產，待修資產在部門或個人之列管資料上述明，以供管理用。

(5) 財產會計之職責：

① 稽核各單位遵照本規定實施。

② 維持完整之固定資產記錄，供各使用單位及管理部查詢。

③ 定期提報事業別財產折舊分攤明細。

④ 依法辦理資產設備投資之租稅減免。

⑤ 依法辦理資產重估價。

⑥ 依法保存資產設備之各項憑證。

⑦ 依本規定執行各項會計作業。

⑧ 研討改善固定資產之管理。

14. 固定資產之日常維護保養，應由總公司管理部總務課編定，並每年舉行教育訓練說明會，讓使用單位人員知道日常之保養作業。

資本支出（資產設備）會計處理流程圖

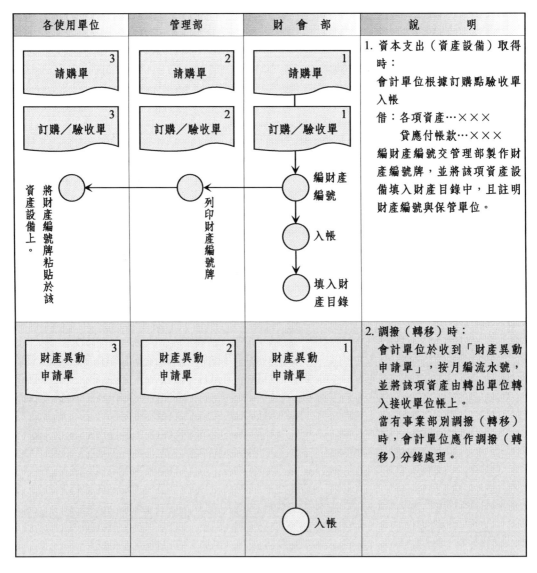

各使用單位	管理部	財 會 部	說　　　明
請購單 ③	請購單 ②	請購單 ①	1. 資本支出（資產設備）取得時： 會計單位根據訂購點驗收單入帳 借：各項資產…××× 　　　貸應付帳款…××× 編財產編號交管理部製作財產編號牌，並將該項資產設備填入財產目錄中，且註明財產編號與保管單位。
訂購／驗收單 ③	訂購／驗收單 ②	訂購／驗收單 ①	
將財產編號牌粘貼於該資產設備上。	列印財產編號牌	編財產編號 入帳 填入財產目錄	
財產異動申請單 ③	財產異動申請單 ②	財產異動申請單 ① 入帳	2. 調撥（轉移）時： 會計單位於收到「財產異動申請單」，按月編流水號，並將該項資產由轉出單位轉入接收單位帳上。 當有事業部別調撥（轉移）時，會計單位應作調撥（轉移）分錄處理。

各使用單位	管理部	財　會　部	說　　　　明
	財產異動申請單　2　辦理設備拆除	財產異動申請單　1　入帳　財產目錄除帳	3. 報廢時： 會計單位於收到「財產異動申請單」，依法函請稅捐機關勘驗，俟稅捐機關勘驗同意，由管理部辦理拆除，會計單位則將該設備除帳。 借：備抵折舊-各項設備××× 　　其他損失…××× 貸：各項設備…×××
財產異動申請單　3	財產異動申請單　2	財產異動申請單　1　入帳　財產目錄除帳	4. 處分時： a. 出售： 　由管理部辦理出售事宜，會計單位於該項資產出售後，開立統一發票並除帳。 利得時： 借：備抵折舊—各項設備××× 　　折舊—各項設備　××× 　　現金　　　　　　××× 　貸：各項設備…　　××× 　　　出售資產利益…　××× 損失時： 借：現金××× 　　備抵折舊—各項設備××× 　　折舊—各項設備　××× 　　出售資產損失　　××× 　貸：各項設備…　××× b.報廢： 　依報廢程序辦理。 c.贈與： 　由管理部辦理，會計單位於該項資產贈與時，開立統一發票並除帳。 借：備抵折舊—各項設備××× 　　折舊—各項設備　××× 貸：各項設備…　　×××

◍圖 5-4

圖表 5-61

部門：_____　　　　　　課別：_____

×××股份有限公司

年度「資本支出」申請明細表

單位：元　　頁次：_____

項次	設備名稱	規格	單位	數量	單價	金額	預定安裝日期	使用目的範圍（另附效益分析表）	備註	註

核准	會審	財會部	會辦部門管理部	申請部門主管	經辦

第一聯：會計單位　　第二聯：申請單位

圖表 5-62

×××股份有限公司
年度「資本支出」效益分析表

預算編號：＿＿＿＿＿
填表日期：＿＿＿年＿＿月＿＿日

第一聯：會計單位　　第二聯：申請單位

部門：＿＿＿＿　課別：＿＿＿＿　項次：＿＿＿＿

一、設備名稱：

二、現狀說明：

三、改善內容：

四、效益分析以回收年限法來評估——考慮重點：
　A.因本案會增加之支出金額（含取得成本、安裝運什費、試車調整費）。
　B.因本案會使本公司每年增加之收益（含可節省之材料、人工、加工、管理費用）。
　C.本案可回收之年限＝A/B。
　D.若本案之資產經濟耐用年限大於C（本案回收年限）時，本案方可考慮。

評估人員：＿＿＿＿＿＿

（本表格不夠使用時，請以另紙補或附圖，以供參考）

169

圖表 5-63

×××股份有限公司
非材料類工程驗收單

□固定資產類資本性支出
□維修性費用支出

項次	品名內容	合約數量	單位	合約金額	本次驗收數量	累計驗收數量	累計驗收金額	單位	單位價格	本次驗收總價	預留款項 內容	預留款項 金額	沖回 預付款	本次實際付款金額
驗收記錄														

第一聯：會計　第二聯：採購　第三聯：供應商　第四聯：申請單位

核准：　　　　　審核：　　　　　審核：　　　　　會計：　　　　　經辦：

▓表 5-64

×××股份有限公司

財產異動申請單

□固定資產　　　　　　　　　　　　　　　　編號：_____
□保管品　□調撥　□處分　□報廢　□遺失　□存放地點變更　___年___月___日

品名	管理編號	規格廠牌	單位	數量	調撥說明	處分說明（贈與列管或出售—敘述售價）	報廢／遺失說明	存放地點變更說明

存放地點變更	保　管　人：_____　　單　位　主　管：_____
其他財產異動	調出單位保管人：_____　　調出單位主管：_____ 核　決　主　管：_____　　調入單位保管人：_____ 調入單位主管：_____　　會　計　主　辦：_____ 總　務　主　辦：_____　　總　務　主　管：_____ 財務主管（當有出售時）：_____　　倉　庫　人　員：_____

第三聯：調出（申請）單位　第一聯：財會部

第四聯：調入（申請）單位　第二聯：管理部

 5-9 會計事務處理準則

5-9.1 會計事務處理之準則及程序

一、總 則

⑴ 本公司會計事務之處理,除法令已有規定者外,悉依本準則辦理。

⑵ 本公司會計基礎,係採權責發生制。

⑶ 本公司會計年度,採曆年制,自一月一日至十二月卅一日止。

⑷ 本公司每月辦理結算一次,次月統計銷售產品成本並編製財務報表與經營分析表。

⑸ 本公司於會計年度開始前,根據營業目標編製「營業預算」、「資本支出預算」及「現金預算」,一併經由董事長核定後行之。預算之編製依本公司預算制度辦理。

⑹ 本公司收入之款項,除備支付零星之開支酌留庫存現金外,應悉數存入銀行。有關現金收支事項,依照本公司「現金收支處理辦法」辦理之。

⑺ 本公司料品之收發、移轉、保管等事項及財產之購置、保管、收發、移轉、捐贈、報廢、變賣等事項,依本公司有關各該項之處理規定辦理之。

⑻ 本公司對於各類帳務之處理,依下列原則處理:

① 實物帳務,由保管部門登記數量,會計部門兼記金額與數量為原則。

② 非實物帳務,悉由會計人員辦理為原則。

③ 會計人員以不經管現金、長短期證券、票據、存貨及固定資產為原則。

⑼ 本公司在會計上應視為獨立於業主以外之個體,在正常情況下,假設其經營為綿延不斷。

⑽本公司以新台幣為記帳單位,以外幣為準之交易事項係按交易當日匯率折算之新台幣金額入帳。

⑾會計方法之採用,於不同會計期間應謀求一致,俾便於不同期間之比較分析,如有變更應說明其差異。為便於與同業比較分析,會計方法亦應儘量與同業謀求一致。

⑿會計事項之計算、記錄表達應力求客觀詳實明確。

⒀帳務由公司會計課負責記錄。

二、會計事務處理之準則

1. 資產及負債

⑴ 資產係指本公司所獲得之經濟資源，能以貨幣衡量並預期未來能提供經濟效益者。

⑵ 資產之構成，以取得所有權為原則，但資產僅能取得使用權或其所有權尚未取得，而已獲使用權者，得以使用權為構成條件，如資本租賃，信託占有抵押品。

⑶ 各項資產入帳之價值，以取得成本為準，包括下列各項：

① 資產購進時之購價或自製之成本。

② 資產購進時之佣金、稅捐、法律費、登記費及其他因獲得所有權而發生之一切必要費用。

③ 資產運達原定使用地點之運送裝卸費用。

④ 使資產達於使用目的之整理或安裝費用。

⑤ 資產依原定目的使用前之驗收檢查費用。

⑥ 資產運達原定使用地點以前之儲存費用。

⑦ 如屬借款購建之固定資產，應將該資產達到可用狀態及地點前所發生利息計入成本。

⑧ 資產因使用目的或使用地點變更所發生與上列各項重複之支出，其支出得不再列該項資產之成本。

⑷ 資產之取得為支付現金者，其所支出之現金數額即為該項資產之成本，非支付現金，或資產之成本無法計算者，得依當時之市價作為其成本。

⑸ 不同種類固定資產之交換，應按公平市價入帳，承認換出資產之交換損益。同種類固定資產之交換，如無另收現金者，應按換出資產之帳面價值（或加計另支付之現金）或公平市價較低者作為換入資產之成本入帳。如有另收現金者，則現金部分應視為出售，按比例承認利益，換入資產部分應視為交換，不承認利益。但如有損失，仍應全額承認。

⑹ 受贈資產按取得時之公平市價入帳。前項資產無市價者，以客觀合理之方法估計。

⑺ 不同種類的資產整批購入，如購入之資產，僅有一種能客觀地決定其公平市

價，則以其公平市價為該資產之購入成本，其餘之購價作為其他資產之成本。若所購入之資產均無公平市價，則可由董事會加以評價。

(8) 已無使用價值之固定資產，應按其淨變現價值或帳面價值之較低者轉列適當科目，其無淨變現價值者，應將成本與累積折舊沖銷，差額轉列損失。

(9) 資產價值之存續為有限期者，應於限期內將其價值合理而有系統之方法，轉作費用或其他資產之成本。前項將資產價值轉作費用之標準如下：

　① 固定資產之折舊，依所得稅規定之固定資產耐用年限，或報經有關機關核准之耐用年限，依平均法提列，其為取得已使用之固定資產，應以其未使用年數作為耐用年數提列折舊。

　② 固定資產因特定事故未達規定耐用年數而毀滅或廢棄時，應提出證明文件經主管機關核准後，以其未折減餘額列為該年度營業外損失，但其廢料之售價收入，應列入收益。

　③ 零星或價值不大之固定資產，得採用盤存方式，不必按年攤提折舊。

　④ 預付費用應以歸屬之時期轉正之。

　⑤ 應收票據及應收帳款及其他債權，應於決算時估計備抵呆帳。

　⑥ 遞延費用，依其效益之存續年限攤銷。

(10) 無形資產在其效益年限內，分期予以攤銷，最長不得超過二十年。

(11) 本公司存貨（包括商品與材料）領用之計算，依月加權平均法為之。其因特殊原因須改用其他方法者，須先報請主管稽征機關核准後變更之。又每次決算時存貨按成本與市價孰低法評價。

(12) 本公司存貨於每年十二月底決算時，應實地盤點，其盤點與帳面發生之盈虧。作為當期營業外損益。

(13) 資本支出與收益支出之劃分，凡支出之效益及於以後各期者，列為資產。其效益僅及於當期或無效益者，列為費用或損失。

(14) 長期股權投資處理，依照中華民國會計師公會全國聯合會財務會計委員會頒佈之「長期股權投資會計處理準則」。

(15) 負債與資產應分別列示，不得相互抵銷。但有法定抵銷權者不在此限。

(16) 各項負債之入帳，應悉依其應清償之數額為標準。

　前項應清償之數額，應為業經獲得債權人同意之數額，其無法或尚未取得債權人同意之債務，其數額依據事實為精確之計算或估計。

(17) 長期債務其到期日在一年或營業週轉期以內者，應於決算時轉列流動負債，但提撥有基金者除外。

(18)公司債之溢價或折價,屬於該項債務之評價科目,並應於債務存續期間以有系統之方法,調整其利息。

(19)因保證責任所發生之或有負債,應於備忘簿中記錄,保證責任之範圍由董事會授權之。

(20)公司訂有職工退休金辦法或設置職工退休基金者,得各按每年實際支付薪資總額 4%～15%範圍內,提列退休金準備或退休基金;職工退休時,退休金準備或退休金不足支付時,始得以當年度費用列支。

2. 股東權益

(1) 本公司之全部資產減除全部負債後,其餘額為投資者所持之產權。

(2) 股本以經投資人認定並繳納之資本。

(3) 股本額之增減,依本公司章程及公司法之規定辦理之。

(4) 股本額以投資人所投入資產之價值表示之,其投入為現金以外之資產者,其作價不得高於繳付時當地之合理市價。

(5) 股本與盈餘及資本公積均應嚴予劃分,資本公積除轉作股本或彌補公司之虧損外,不得為盈餘之分配。

(6) 公司發行之股份,其種類或性質不同者,應分別設立帳戶處理,年度決算有盈餘時,應於減除營利事業所得稅後,依下列次序分配:

① 填補歷年虧損。

② 提列法定盈餘公積。

③ 依公司章程之規定辦理各項分配。

(7) 年度決算發生虧損時,應依下列次序填補之:

① 撥用未分配之盈餘。

② 撥用公積金。

③ 折減股本。

④ 股東出資填補。

3. 收入及支出

(1) 收入指下列各項而言:

① 凡因產品之銷售或資產、勞務效能之供應所獲得之收入。

② 資產之出售或交換,所獲得之利益。

③ 對權責關係為有利之清理,所獲得之利益。

④ 整理及財務收入。

⑤ 其他與業務有關,而應列入本期之利益。

(2) 所獲得之收入為現金以外之資產者，得依該資產之市價或供給產品或勞務之售價作為收入數額。

(3) 收入之入帳，須於交易或應負之責任完成，同時並須有資產之獲得，或債權之成立，或債務之抵銷。

(4) 由於市價上漲，而致資產價值增加者，在該項資產未售出前所增加之價值，不得列為收入。

(5) 各項收入不應於實現前憑空預測列帳，各期之收入，應予劃分清楚，並分別列帳。

(6) 支出指下列各項而言：

① 凡為獲得收入，而提供產品或勞務之成本。

② 凡為促進收入之獲得，所耗費之成本。

③ 凡為維持公司收益能力之繼續存在，所耗費之成本。

④ 雖與本期營業無關，而應由本期負擔之損失。

(7) 支出應依所支付之現金數額或耗費資產之成本計算之，支出不易為精確之計算時，得依合理估計方法為之。

(8) 當期收入應與當期支出配合，如所獲得之收入業經列帳，而與其有關之費用尚未發生，該項費用應依合理方法估計列帳。

費用業已發生而與其有關之收入尚未取得或經濟效能當未消滅，該項費用應先以預付費用列帳。

(9) 決算後預計之營利事業所得稅，應分別自該期經常損益或非常損益項下予以減除，俾個別表達其納稅後之損益結果。

4. **會計報表**

(1) 本公司之決算報表，應能正確表現本公司之財務狀況，營業結果及財務狀況變動情形。

(2) 會計報告對於下列事項應予註明：

① 重要會計政策之彙總說明。

② 會計變更之理由及對於財務報表之影響。

③ 債權人對於特定資產之權利。

④ 重大之承諾事項及或有負債。

⑤ 盈餘分配所受之限制。

⑥ 有關業主權益之重大事項。

⑦ 其他為避免使用者之誤解，或有助於財務報表之公正表達，所必須說明之事

項。

⑧ 其他經有關法令規定應加說明之特殊事項。

(3) 由於物價或其他經濟狀況之變動，致決算不能正確表示本公司之經濟狀況時，對其差異得附適當之說明或補充資料。

(4) 決算表所包括之內容與會計科目之應用及排列，應逐期相同，其有變更者，應將變更情形說明。

(5) 會計報告之編造，除另有規定者外，應先審查其需要，而決定其報表之種類與其表達之方式，尤應加強對內各管理階層報告之管制。

(6) 為加強預算之控制，對各項預算與實際數之差異，應為適當之分析及解釋。

三、普通會計事務處理程序

1. 會計事務之範圍及其執行

(1) 會計事務包括下列各項：

① 原始憑證之核簽。

② 記帳憑證之編製。

③ 會計簿籍之登記、查對與清理。

④ 會計報告之編造、分析及解釋。

⑤ 會計人員之交代。

⑥ 會計檔案之整理保管。

⑦ 其他有關會計事項。

(2) 會計事務之處理程序，應依會計制度之所訂，根據合法之原始憑證，造具記帳憑證；根據記帳憑證，登記會計簿籍；根據會計簿籍，編製會計報告。

(3) 原始憑證關係現金、票據、證券之出納者，非經主辦會計人員及各該單位主管簽名蓋章，不得為出納之執行。

(4) 特殊會計事項，依本制度處理顯有困難時，得參酌現行法令及一般公認會計原則，擬定辦法，報請管理當局核准實施。

(5) 主辦會計人員於核對帳目時，對於現金、票據、證券及其他各項財物，得隨時呈報派員盤點。

(6) 關於財物之核對與盤點事項，除特殊事故或原因外，每年至少於辦理決算時盤點。

(7) 會計人員執行職務時，須使用本名，不得用別名或別號。

(8) 會計事項使用機器處理者，其有關之各項規定另訂定之。

2. 會計憑證之處理

(1) 凡足以證明會計事項發生及其經過之文書均為原始憑證。其法令規定須具備某種條件者應依其規定。

(2) 原始憑證應先詳為審核，如有下列情形者，當視為不合法。

① 法令明定禁止者。

② 依照法律或習慣應具備之主要書據缺少或形式不具備者。

③ 書據文字或數字填計錯誤，或有塗改而未經負責人簽名蓋章證明者。

④ 支出性質或收支計算及條件與規定不相符者。

⑤ 相關經手、點收、主 管等人員簽章未齊全者。

(3) 應具備原始憑證而事實上無原始憑證，或原始憑證無法取得之會計事項，應由經辦人員及主管人員負責造具「無法取得憑證證明單」證明之。

(4) 各類原始憑證應由經辦人員依本公司規定核決權限辦理，否則應退還補正，未補正者不得據以造具記帳憑證。

(5) 記帳憑證為證明處理會計事項處理人員之責任，且為記帳所根據之憑證。

(6) 記帳憑證有下列各項情形者，不得憑以記帳：

① 根據不合規定之原始憑證填製者。

② 記載內容與原始憑證不合者。

③ 規定應記載之事項，未經具備或記載簡略，不能為記帳之根據者。

④ 所列各科目與事實內容性質不合者。

⑤ 記載繕寫錯誤，未經遵照規定更正者。

⑥ 未經規定人員簽章者。

⑦ 其他與法令章則不合者。

(7) 記帳憑證之造具，發現錯誤時，應於錯誤發現時隨即更正，並簽章證明或重新造具記帳憑證。

(8) 凡由一科目轉入他一科目時，其借貸雙方會計科目雖屬相同，而會計事項之內容並不相同；或總分類帳科目雖屬相同，而明細分類帳科目並不相同者，仍應造具記帳憑證轉正之。

(9) 記帳憑證之造具，除整理、結算及結帳等事項，事實上確無原始憑證者外，悉應根據原始憑證為之。

(10)現金、證券、票據及財務之增減、保管、移轉，應隨時根據合法之原始憑證，造具記帳憑證。

(11)記帳憑證經編製核定後，依順序編號逐張檢查各級簽章有無遺漏，若有遺漏

應予退還補正。

3. 會計簿籍之處理

(1) 會計簿籍之記載應根據合法之記帳憑證為之，但備查簿之記載及其他各項備查要點，得根據原始憑證及其他有關資料記載。

(2) 根據記帳憑證記入會計簿籍，逐日登載，至遲不得超過三日，然後根據序時簿籍過入總分類帳。另同時根據記帳憑證記入有關之明細帳，至遲不得超過十日。若採電腦作業，則根據記帳憑證逐日鍵入電腦，至遲不得超過三日，由電腦直接過序時帳，總分類帳及明細帳，爾後再列印出裝訂成冊。

(3) 帳簿內所記載之會計科目金額及其他事項，應悉與記帳憑證內所記載者相同，其由原始憑證代替記帳憑證直接入帳者，則應悉與原始憑證內容相同。

(4) 帳簿有下列情形者應更正之：

　① 序時帳簿之登記，與記帳憑證或原始憑證內之內容不相符者。

　② 明細分類帳之登記與記帳憑證或原始憑證之內容不相符者。

(5) 遇有下列情形之一時，應辦理結帳：

　① 會計年度終了時。

　② 組織變更或解散時。

　③ 其他有特別需要時。

(6) 結帳前應為下列各款之整理記錄：

　① 所有預收、預付、應收、應付各科目及其他權責已發生，而帳簿尚未登記各事項之整理記錄。

　② 折舊、攤提、呆帳及其他應屬於本結帳期內之費用等整理記錄。

　③ 料品之實際存量與帳面存量不符之整理記錄。

　④ 應歸屬本期之損益，及截至結帳日止已獲得之資產及發生之負債而帳簿尚未登載之整理記錄。

(7) 年終結帳時，各帳目經整理後，其借方貸方金額應依下列規定處理之：

　① 收入、支出各科目金額，應結轉入「本期損益」科目以便計算損益。

　② 資產負債及業主權益各科目之餘額，應轉入下期各該科目。

　③ 前項結轉應編製記帳憑證。

(8) 會計簿籍及重要備查簿內記載之錯誤而當時發現者，應由原登記員劃紅線註銷更正，於更正處蓋章證明，不得挖補擦刮或用藥水塗改。（若採電腦作業，則經有權限修改者，進入電腦修改）

(9) 前項錯誤於事後發覺，而其錯誤影響結數或雖不影響結數而已據為明細帳之記

載者，應另製傳票更正之。

(10)各種帳簿之帳頁均應順序編號，不得撕毀；總分類帳及明細分類帳，應各在帳簿前加一目錄。

(11)帳簿一般適用之簡字及符號，依下列規定：

① 號數以「#」表示之。

② 單價以「@」表示之。

③ 元以「$」表示之。

④ 核對以「‧」表示之。

⑤ 百分數以「%」表示之。

⑥ 公噸以「MT」表示之。

⑦ 公斤以「kg」表示之。

⑧ 磅以「LB」表示之。

(12)各實物帳簿同一規格細目之計算單位，應前後一致。

(13)各帳簿經管人員對於各類懸記帳項應隨時跟催清理，不使浮濫混亂。

4. 會計報告之處理程序

(1) 會計報告之編製，應根據會計簿籍之記錄或經整理分析後之會計資料編製之。

(2) 會計報告應能顯示公司之財務及經營之真實情況，如報告內所表示之項目與以往編造者不同，或限於規定過於概括者，應加附註說明。

(3) 會計報告不論定期或臨時性者，均應依規定之期限、份數，分別編送；並應存留副本備查。

(4) 會計報告有下列情形之一者，應予更正：

① 未依會計簿籍編製者。

② 其內容與會計簿籍所載不符者。

③ 編造不依程序或內容顯有錯誤者。

④ 繕寫計算等錯誤不依規定更正者。

⑤ 未經規定人員簽名或蓋章者。

⑥ 其他與法令章則不合者。

(5) 編送之會計報告應為綜合之編製，必要時並附送各所屬單位個別之各項會計報告。

(6) 會計報告或其他有關會計之資料，除法令規定或經主管核准有案外，不得隨意逕送任何機關或私人。

(7) 會計報告之內容，其表達方式，應便於一般非會計人員之了解。

(8) 會計報告法令規定必須公告者，應依法公告之。

(9) 預算及其他便於分析比較之數字得不由會計簿籍直接編入會計報告。

5. **會計檔案之處理程序**

(1) 原始憑證應附於記帳憑證之後，記帳憑證應按日依其編號順序彙訂成冊。另加封面，詳細註明年度、月份、傳票種類。原始憑證遇有實際上需要或為便於分類裝訂成冊者可免訂記帳憑證之後，但應註明其所屬記帳憑證之編號並予分別訂冊保管。

(2) 下列各種原始憑證，因其性質特殊可不附於記帳憑證之後，惟應於所屬記帳憑證上註明其保管處所及其檔案編號或其他便於查對之事實。

   ① 各種契約。

   ② 應另歸檔之文書及另行訂冊之報告書表。

   ③ 應留待將來使用之存根或保管現金票據證券財務等之憑證。

   ④ 應轉送其他機關之文件或應退還之單據。

   ⑤ 其他事實上不能或不應附於傳票訂冊之文件。

(3) 會計憑證、會計報告及已記載完畢之會計簿籍應於年度決算程序辦理終了時，交由管理會計檔案人員保管之。上述各項會計資料，應於檔案室內裝排保管。各部門如須調閱時，應填具憑條經由主辦會計人員簽章後，向保管人員領取，當面檢閱，閱畢送還時，應經保管人員檢收後，再行換回原憑條；如因特殊情形，必須取出時，應在憑條內註明，經主辦會計人員之同意後，才得取出。

(4) 各種會計憑證除權責存在之憑證或應予永久保存者外，應於年度決算程序辦理終了後至少保存五年。

(5)各種會計報告及帳簿應於各該年決算程序辦理終了後至少保存十年。

(6) 預、決算案及其他與會計事務有關之重要資料等，會計部門應設立專卷妥為保管。

6. **會計交代之處理程序**

(1) 會計人員，經解除或變更其職務時，應辦理交代，但短期給假，或因公出差，不在此限。

(2) 主辦會計人員辦理交代，應由所有部門主管人員或其代表監交。

(3) 主辦會計人員辦理交代，應於交代之日，造具試算表，交付後任，後任應即據以核對總分類帳及各種明細分類帳冊之餘額，檢查其內容，並在啟用帳簿日期表，簽名蓋章。

(4) 主辦會計人員交代時，應將助理人員名冊及經管各種圖記、文件、案卷、保管

品、傳票、帳簿報表連同經辦未了事項，造具清冊，交付後任。

(5) 主辦會計人員於接收時，對於各項帳目，如有疑問及不明瞭之處，應由前任詳加說明，必要時得要求前任以書面解答。其所接收前任各項帳目，如發現有不符情事，仍由前任負責。

(6) 主辦會計人員辦理交代完畢，應將各項移交清冊，由前後任及監交人員分別蓋章，一份存查，一份呈報總經理核示。

(7) 會計助理人員辦理交代時，應由主辦會計人員或其代表監交。

(8) 會計助理人員辦理交代時，應在經管帳簿之經管帳簿人員一覽表內，註明交出接管日期，由後任署名蓋章。如經管會計憑證會計報告或其他會計事項，應於各該項目錄最後一冊蓋章證明。

(9) 主辦會計人員之交代，應自後任接替之日起一週內，辦理清楚。會計助理人員之交代，應自後任接替之日起三日內，辦理清楚，如事實需要，或特殊情形，得呈准延長。

5-9.2 成本會計事務處理準則

1. 總 則

(1) 本公司關於成本會計事務之處理，除依普通會計事務處理之準則外，並依本準則規定辦理之。

(2) 本程序所稱成本，係指餐飲成本，即各該成本計算期間內，所發生之一切餐飲之成本。

(3) 餐飲成本係指餐點開始製做時起至可供銷售狀態時止，所耗用之直接材料、直接人工、製造費用及供客人用餐時所飲用之酒及飲料。

(4) 本公司成本帳與普通帳之連繫採合一制，於普通總分類帳內設置成本統馭科目，以統馭成本帳。

(5) 餐飲成本採分步成本計算，一個月計算乙次，其處理程序，彙總如附圖。

(6) 銷管費用不得列入餐飲成本，而列為期間費用。

2. 材料成本

(1) 材料係指供製做餐點所需之一切材料。

(2) 外購材料之成本包括：①貨價②運費③保險費④關稅⑤結匯手續費⑥簽證費⑦檢驗費⑧倉儲費⑨其他雜費

(3) 內購材料之成本包括：①貨價②運費③其他雜費。

⑷ 領用材料如有多餘或品質、規格不符須退庫時，由退料的廚務單位填列退庫單，辦理退料手續，不得任意擱置或廢棄。

⑸ 倉儲材料發生短損時，其短損數量、金額應轉列盤點虧損。

⑹ 倉儲材料發生損壞時，除倉儲單位簽報原因外，並列計損失（營業外支出）。

⑺ 材料入庫時其帳務處理如下：

會計單位依驗收單入帳，分錄：

借：材　　料　×××

　　進項稅額　×××

　　　貸：應付帳款　×××

由分公司調撥入庫分錄如下：（撥用材料之店別應做分錄如下）

借：材　　料　×××

　　貸：應付內部往來　×××

材料調撥至分公司，分錄如下：（撥出材料之單位應做成之分錄）

借：應收內部往來　×××

　　貸：材　　料　×××

⑻ 廚務單位領用材料須填寫領料單，因作業之需，先製成「半成品」，半成品完成入庫時，廚務單位應按半成品品名、料號，填製「入庫單」；另領用半成品來製作成製成品時，廚務單位亦應填製「領料單」方可領用半成品來製作。

⑼ 材料之海鮮類、肉類、蔬果花卉類、點心類、每次進料驗收後，立即直接送廚房部，由物管單位開立「驗收單」一式五聯，以第三聯為「領料聯」做為廚務單位領料憑證，其他聯數為驗收單做為入庫憑證，每月底廚務單位再盤點留置廚房各單位已領料尚未使用之材料、品名、數量，填寫當月月底之退庫單，由倉儲單位登打生產餘料入庫單，同時開立次月1日之領料單，倉儲單位即登打生產領料單。又材料之雜貨類、醬醋佐料類及冷凍食品類，皆先入庫儲存，廚務單位如需領用時再填寫領料單領用。

⑽ 年底倉儲材料經盤點發現短溢時，估計損失或盈益，並認列入帳。其分錄如下：

① 盤盈時分錄：　借：材　　料　×××

　　　　　　　　　　貸：存貨盤盈　×××

② 盤損時分錄：　借：存貨盤損　×××

　　　　　　　　　　貸：材　　料　×××

(11)材料及飲品等存貨採永續盤存制，其單位價格，採月加權平均成本法為準，年底期末存貨採成本市價孰低法。

3. 人工成本

(1) 直接人工指廚務單位人員參加製做餐點，其所支出之員工薪津、加班費、津貼、獎金等人工成本及在廚務單位非直接生產餐點，而從事協助工作者，所領之薪資、加班費、津貼、獎金均屬之。

(2) 關於人工之雇用、請假、到職、解僱、遷調、獎懲、工資率之核定增加等，應依本公司各項人事管理規定辦理。

(3) 薪資上半個月發放部分，發放時依據借支表，編製傳票入帳，其分錄如下：

借：職工借支　×××

　　貸：現　　金　×××

(4) 薪資月底依據公司總薪資表編製傳票入帳，其分錄如下：

借：（銷）薪資支出─薪資　×××

　　（管）薪資支出─薪資　×××

　　直接人工　　　　　　×××

　　　貸：職工借支　　　　×××

　　　　　應付薪資　　　　×××

薪資於次月初日發放，其分錄如下：

借：應付薪資　×××

　　貸：銀行存款　　　　×××

　　　　代收款項─所得稅　×××

　　　　代收款項─勞保費　×××

　　　　代收款項─健保費　×××

　　　　代收款項─福利金　×××

　　　　代收款項─其他　　×××

(5) 年終獎金之提列，其分錄如下：

① 每月估列：

借：（銷）薪資支出─獎金　×××

　　（管）薪資支出─獎金　×××

　　直接人工─獎金　　　　×××

　　　貸：應付費用─年終獎金　×××

② 年終發放：

　　　借：應付費用－年終獎金　　×××
　　　　　貸：銀行存款　　　　　　　×××

(6) 退休金提撥，按薪資總額之 2%-15%提撥，其分錄如下：

　　　借：（銷）薪資支出－退休金　×××
　　　　　（管）薪資支出－退休金　×××
　　　　　直接人工－退休金　　　　　×××
　　　　　　　貸：應付費用－退休金　×××

(7) 當期直接人工成本就計入當期的餐飲成本中。

4.　製造費用

(1) 製造費用係指餐點製做過程中，除直接材料、直接人工外，所發生之一切費用而言，銷售及管理部門所發生之費用為營業費用，借入款項所發生之利息支出屬於營業外費用，均不在製造費用範圍內。

(2) 製造費用係支出性質，分設費用明細科目。

(3) 製造費用之編號及名稱如會計科目說明。

(4) 各項製造費用發生時，應依據原始憑證，編製記帳憑證，記入製造費用明細帳，其分錄如下：

　　　借：製造費用－明細帳科目　×××
　　　　　進項稅額　　　　　　　　×××
　　　　　　　貸：現金或×××
　　　　　　　　　銀行存款或　　×××
　　　　　　　　　應付費用或　　×××
　　　　　　　　　其他相關科目　×××

(5) 當期製造費用計入當期的餐飲成本中。

5.　飲品成本

(1) 飲品不須加工，如飲料、酒水，於進貨後即可立刻銷售或併在客人用餐一起結帳，進貨時以驗收單為入庫憑證，餐飲單位有必要領用銷售給客人時，以領料單為領用憑證。月底結帳時，已領料尚未出售之品名、數量應開立月底之退庫單及次月 1 日之領料單來處理。

(2) 飲品之入庫、調撥等帳務處理同材料之處理方式。

6.　成本之計算

(1) 會計單位根據材料進出存月報表之領料量，加計向其他店別調撥入材料，並減去被其他店別調出材料，求出各店別材料耗用金額，及根據半成品進耗存月報

表之生產量，求出材料轉入半成品之金額，其分錄如下：（由於半成品大都屬於材料加工備料，存放時間無法太久且數量亦不能太多，又人工及製造費用所佔比率非常低且攤計不易，故未將人工及製造費用計入。）

借：半成品　×××

貸：材　料　×××

(2) 每月底將各店別所耗用材料、半成品、人工及製造費用加總計算出本月份之餐飲成本。並編製傳票，其分錄如下：

借：餐飲成本　　　　　×××

材　　料（期末）　×××

半 成 品（期末）　×××

貸：半 成 品　　　　　×××

材　　料　　　　　×××

直接人工　　　　　×××

製造費用　　　　　×××

材　　料（期初）　×××

半 成 品（期初）　×××

(3) 會計單位依據飲品其酒水飲料其出貨數量，得出餐飲成本，編製傳票，其分錄如下：

借：餐飲成本　　　×××

貸：飲　品　　　×××

餐飲成本計算處理程序簡圖

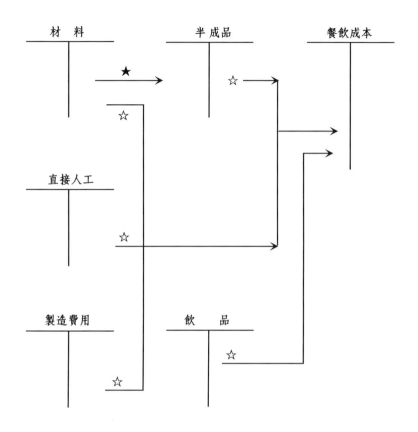

說明：

★部分材料烹煮前須經加工或混合成半成品。亦即先行領用材料製為「半成品」，後續再以領料單領用半成品來生產為完成品提供客人消費。

☆材料、半成品、直接人工、製造費用及酒水飲料之飲品隨著實際營業銷售予以轉入餐飲成本。

◉圖 5-5

5-9.3 中央廚房成本會計事務處理準則

1. **總　則**
   (1) 為使公司各營業店之生產成本能有效控制，生產品質能保持一致，適時供應滿足銷售需求，另成立中央廚房。
   (2) 本公司關於中央廚房成本會計事務之處理，除依普通會計事務處理之準則外，並依本準則規定辦理之。
   (3) 本程序所稱成本，係指由中央廚房生產之半成品或成品所耗用之材料、人工及製造費用。
   (4) 中央廚房成本一個月計算乙次，其處理程序，彙總如附圖。

2. **材料成本**
   (1) 中央廚房領用材料須填寫材料領用單。
   (2) 領用材料如有多餘或品質、規格不符須退庫時，須填寫退庫單。
   (3) 每月底中央廚房再盤點留置該單位已領料尚未使用之材料，填寫當月月底之退庫單，由倉管單位登打生產餘料入庫單，同時開立於次月 1 日之領料單。
   (4) 每月將實際耗用之材料金額以「各產品當月之產量與 BOM 用量」為基礎，攤入各產品中。

3. **人工成本**
   (1) 中央廚房之直接人工，以中央廚房單位人員之薪資加上外部調入支援人員之薪資，及扣除中央廚房調至其他單位協助支援人員之薪資，為中央廚房實際發生之人工成本。
   (2) 將中央廚房當月份實際發生之人工成本，計入中央廚房當月份有生產的產品中，原則上以當月份有生產之產品的「單位估計人工成本」，來將實際發生人工成本攤計入各該當月份已生產的產品中。

4. **製造費用**
   (1) 中央廚房之製造費用係指該單位餐點製做過程中，除材料、人工外，所發生之一切費用而言。
   (2) 中央廚房當月份所發生之所有製造費用，按估計單位人工成本之比率分攤至當月份有生產的產品內。

5. **成本之計算**
   (1) 每月底會計單位根據中央廚房生產領用明細、料品別耗用明細、半成品 BOM 及所

耗用人工及製造費用加總計算出本月份之生產成本，並編製傳票，其分錄如下：

借：半成品　×××

　　貸：材　　料　　×××

　　　　直接人工　　×××

　　　　製造費用　　×××

(2) 會計單位每月底依據各單位向中央廚房領出之半成品成本，編製傳票，其分錄如下：

借：應收內部往來－＊＊店　×××

　　應收內部往來－＊＊店　×××

　　應收內部往來－＊＊店　×××

　　　　貸：半成品　　　　　×××

5-9.4 預算管理規定

一、目的

為有效預測未來可能達成的經營成果，計畫並協調企業的各種營運活動，預先控制各種可能發生的差異項目，使當初核定的計畫得以切實執行。

二、範圍

在營業目標確定後應由預算審議委員會研商，責成各成本責任中心編擬各類收入與支出預算，經預算審議委員會審議後由董事會同意通過，供日後經營管理和績效考核評估用。

三、預算編製原則

1. 預算編製之組織構成

(1) 為使公司年度預算得以順利展開，在預算編製期間由總經理召集公司各部室之主管成立「預算審議委員會」，主導年度預算展開之工作及會審各單位所編擬之資料。

(2) 預算審議委員會之工作職掌：

① 主任委員：由總經理擔任，配合董事會進行全公司新年度董事會營運方針目標的釐訂，並據此營運方針目標統籌全公司年度預算作業的展開、會審、定

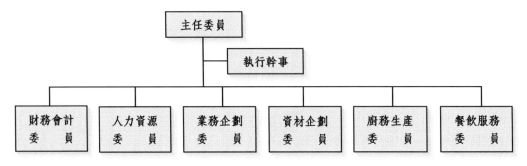

◐圖 5-6

案，送呈董事會核決。

② 執行幹事：由財會部主管擔任，協助主任委員督導董事會新年度公司營運方針目標的釐訂，公司新年度預算作業說明會的舉行，相關預算委員「會審作業」之統籌協商，預算編製過程之試算、提審、定案。

③ 人力資源委員：由管理部人事主管擔當，在董事會核訂年度營運方針目標中，各營業店年度營業額預計下，各營業店所轄各部、課、組，及總公司各部、課和總經理室、稽核室應有的人力配備予以統籌估算，轉給各成本責任中心去編擬用人費預算（含薪資、獎金、退休金、職工福利、勞健保、教育訓練費、伙食費、人事廣告等會計科目）。

④ 業務企劃委員：由總經理室行銷企劃組指定專人擔當，協助董事會進行新年度營運方針目標的釐訂，再據核訂之營運方針目標各營業店之營業收入，與各店餐飲部協商釐訂各通路在各個月份預計之餐飲收入與年度專案活動企劃內容，所引伸之行銷費用予以統籌估算。

⑤ 廚務生產委員：由總經理室廚務資材組指定專人擔當，根據董事會已核訂之營運方針目標，與各營業店廚務部協商訂出各個月份材料類與半成品應保持之庫存量、值，及各類餐飲的成本率目標的訂定，以便提供給各店編製材料成本、製造費用、直接人工成本預算。全公司新年度各店廚務單位應有之資本財設備機器用具等預算的會審。

⑥ 資材企劃委員：由資材部主管擔任，負責就董事會已核准新年度方針目標中各營業店的營業額，規劃出材料類之採購計畫與遞延資產－餐飲用品、廚房用品之採購計畫。

⑦ 餐飲服務委員：由各營業店餐飲部主管擔當之，就董事會已核定新年度方針目標中各營業店之餐飲收入預算來估算各餐飲部應印行之 DM、廣告行銷、

文宣印刷，及年度專案活動所必須之 DM 廣告用品、贈品推廣費用等估算及全公司各店餐飲設備，資本財支出預算編訂的會審。

⑧ 財務會計委員：由公司財會部主管擔當，負責將公司各成本責任中心所編出之各類支出預算和收入預算彙整編製成預估財務報表（損益表、資產負債表、現金收支預估表、股東權益變動表）試算財務結構，預估績效供預算審議委員會評估新年度預算之參考。

(3) 每年第四季開始時，預算審議委員會，必須組織設立指定專人擔任各委員工作，並由執行幹事協助主任委員，召開委員會之運作。

2.　**年度預算編製原則**

(1) 預算之編製，應配合財務會計準則第16號公報「財務預測編製要點」來辦理。

(2) 預算編製之起訖時間自1月1日起至12月31日止，原則上以「月」為單位期間。

(3) 各類預算之編製必須有其計算軌跡可循，原則上以「量」乘上「單價或單位成本」來構成預算金額。以利實績與預算比較其差異時，得分別「價差」或「量差」有效進行改善措施的訂定。

(4) 所編製的預算金額一律以「新台幣元」為貨幣單位，任何外幣的表達，均應以預期之匯率來折合成新台幣計算。

(5) 預算編製有使用會計科目時，一律由會計課訂定之「會計科目說明」為依據，將各項交易內容歸納入相關的會計科目。

(6) 公司各類型餐飲，其材料成本佔該類餐飲收入之百分比（即材料成本率）得由預算審議委員會議訂定，供新年度材料採購計畫使用。

(7) 預算編製程序，係各基層單位，根據董事會已核定的年度方針目標來釐訂出各類預算；各部室再彙總其所轄基層單位（課或組）之預算，以「月」為期間來編出預算內容（含計算明細）交付「預算審議委員會」會審議決。若有異常編列，應退回編列單位，重新編製再送審，經預算審議委員會審核後才轉交董事會核決公告實施。

3.　**預算編製之作業時間訂定**

(1) 每年 10 月底，由預算審議委員會配合總經理室召開「實績檢討會議」，針對過去 12 個月份裏，公司各單位「管理項目」之實績與目標加以比較，檢討發生負差異的要因，掌握本公司經營實力及各項迫切問題點，以供高階層釐訂新年度方針目標之參考。

(2) 每年 11 月上旬，由預算審議委員會配合總經理室召開「經營目標會議」，由公司各部主管就新年度之經營發表其目標，也就市場消費趨勢、同業競爭狀

況，政府法令規章等外部資訊提報，供予高階層釐訂新年度方針目標的參考。

(3) 每年度11月底，由預算審議委員會與總經理室協調各營業店廚務部、餐飲部、總經理室行銷企劃組、高階主管，舉行高階營運企劃會議，共同商討出「新年度營運方針目標書」，其管理項目應包括有：

① 各店年度營業額（分別按中餐收入、西餐收入、自助餐收入等表示）

② 各店各類營業額之毛利率

③ 年度全公司資本支出預算金額

④ 年度管理費用預算金額

⑤ 年度銷售費用預算金額

⑥ 年度財務費用預算金額

(4) 每年12月初公佈「新年度營運方針目標書」後，由公司各營業店、各部、室，據此方針目標開始展開各項預算表單的編製、送審。由財務會計委員試算預估損益表、資產負債表、現金收支表等資料，送預算審議委員會通過後，在每年12月下旬完成新年度各類預算的確認，送呈董事會核決之，供予新年度經營管理之依據。

4. 預算作業編製程序

(1) 當公司決策層確定「新年度營運方針目標書」後，由預算審議委員會發佈給各營業店之餐飲部、廚務部、總經理室、資材部、管理部、財會部等單位，據此新年度營運方針目標著手展開各類預算、計畫的編製。

(2) 各部、室、課就新年度之營運量，考量自己單位之任務職掌，辦事細則的達成，來編製「正職人員用人計畫表」與「部分工時人員用人計畫表」。送交預算審議委員會審查，以確定新年度各單位各月份用人人數與薪工資金額。用人計畫表中，編製人數也是供管理部人事課（含各營業店店務組）管控各單位人員增補作業依據用。

(3) 各部、室、課依新年度營運方針目標書所訂定各管理項目的目標值，評估自己部門為達成這些目標值，可能要購置之設備、用品等資本性支出，而應填製「資本支出預估明細表」及每一項資本支出亦應填出「資本支出效益分析表」一併送交預算審議委員會審查，經審查同意之資本支出，得由財會部會計課賦予預算編號，再轉由管理部彙整為「資本支出預估彙整表」，供後續之請購、採購時用。

(4) 各營業店餐飲部應根據新年度營運方針目標書，所訂定該營業店年度營業收入預計，及年度專案活動企劃內容，開始就各類行銷通路預計年度各個月份之銷

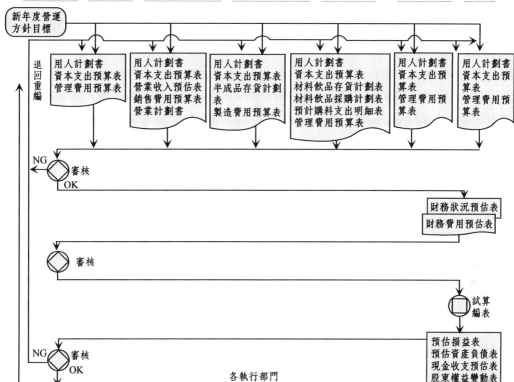

⬯圖 5-7

售量、值。

① 就喜宴（含訂婚筵席）、壽宴、新居落成之行銷通路，預計各種單價（每桌）之每月份銷售桌數，填製「喜宴月份別預計收入明細表」。

② 就公司行號、社團、政府公務機關之餐聚交誼慶典聚餐及學校謝師宴、畢業聚餐、年度校慶聚會之行銷通路，預計在各種單價（每桌）之每月份銷售桌數，填製「企業機關學校團體月份別預計收入明細表」。

③ 就一般消費大眾在平常日（週一至週五）及週末、週日、固定假日，預期在自助餐之中餐、晚餐、下午茶、宵夜可能之來客人數，填製出「自助餐月份別預計收入明細表」。

④ 考慮各個月份營業活動和季節性之特徵，估算各月份，來店消費之一般單點消費客群人數，依平常日（週一至週五）及例假日（週末、週日、固定假

日）填製出「一般單點月份別預計收入明細表」。

⑤ 各營業店餐飲部根據本條文①、②、③、④之資料加以彙整，可填製出「年度營業收入預估表」，提交預算審核委員會審查。

⑥ 各營業店餐飲部，亦就本身達成新年度營運目標時，內容預計發生銷售費用各會計子目之預算加以估算，填製出「銷售費用預算表」，提交審查。

(5) 各營業店廚務部，根據新年度營運方針目標各該店之營業收入預計，及餐飲部填製出的「營業收入預估表」中筵席訂桌數量，考量為配合各月份該營業店的營收，相對應各類半成品存貨應保有之量值，應填製「月份別半成品存貨計畫表」及廚務部內新年度各月份各會計子目發生之金額，填製出「製造費用預算表」送交審查。

(6) 公司資材部根據各營業店填出之「營業收入預估表」與新年度營運方針目標中各營業店之營業收入目標，考量中餐餐飲成本中材料成本率及自助餐餐飲成本中的材料成本率，並評估為達成次月份之營業收入時，本月份各營業店材料類之期末存貨應保持多少量、值，來填製出各營業店「材料類存貨計畫表」和「材料類採購計畫表」，送交審查。資材部再根據各營業店「營業收入預估表」中飲品類在各月份之銷售量與值；考量合理之月底庫存量，填製出各營業店「飲品類存貨計畫表」和「飲品類採購計畫表」，送交審查。資材部亦就自己部內（含各營業店倉管課）編出新年度各月份各會計子目發生之預算，填出「管理費用預算表」送出審查。

(7) 公司總經理室、財會部、管理部，亦根據新年度營運方針目標書所訂管理項目目標值之達成時，自己部門預期發生之各會計子目的金額，來編製「管理費用預算表」送審。

(8) 預算審議委員會就各部室送來上述(1)至(7)之相關資料加以審查其編製數據之合理性、可行性、必要性，若有異常應予退回編製單位，重新編製再送審，若經審查通過，再將各類計畫書、預算表，一併轉送財會部。

(9) 財會部著手編算出新年度「年度營業收入預估彙總表」、「預估損益表」、「預估資產負債表」、「現金收支預估表」、「預估股東權益變動表」，送交預算審議委員會審核，在各單位所編製的收入、支出預算下，新年度公司之財務狀況預期結果是否可接受，在審核通過後，即可將此一新年度各項收支預算書送呈董事會核決。

(10)當董事會核可新年度之預算書後，應由總經理公佈，日後即以此一預算書來進行年度營運管理的依據。各單位的營業收入、各類成本支出（材料成本、人

工成本、製造費用）、各類費用支出（銷售費用、管理費用、財務費用）資本性支出均依此預算書來執行，每月份應將發生之實績數據拿來與預算數據加以比較，就負差異立即找出要因，並下改善對策，訂定辦法追蹤改善情形，若有成效，應立即訂定作業標準，教育訓練屬員遵循，落實再發防止，達成維持經營實力。

▓表 5-65

項次	預 算 管 理 使 用 表 單	表　單　使　用　單　位						
		總經理室	資材部	管理部	財會部	各營業店		
						店務組	餐飲部	廚務部
1	用人計畫表（正職人員）	✓	✓	✓	✓	✓	✓	✓
2	用人計畫表（部分工時人員）	✓	✓	✓	✓	✓	✓	✓
3	資本支出預估明細表	✓	✓	✓	✓	✓	✓	✓
4	資本支出預估彙整表			✓				
5	營業收入預估表						✓	
6	喜宴月份別預計收入明細表						✓	
7	企業機關學校團體月份別預計收入明細表						✓	
8	一般單點月份別預計收入明細表						✓	
9	自助餐月份別預計收入明細表						✓	
10	簡餐類月份別預計收入明細表						✓	
11	月份別半成品存貨計畫表							✓
12	材料、飲品類存貨計畫表		✓					
13	材料、飲品類採購計畫表		✓					
14	預計購料支出明細表		✓					
15	銷、管、製費用明細表	✓	✓	✓	✓	✓	✓	✓
16	年度營業收入預估彙總表				✓			
17	預估損益表				✓			
18	預估資產負債表				✓			
19	現金收支預估表				✓			
20	預估股東權益變動表				✓			

圖表 5-66

____年度 正職人員 用人計劃表

店____部____課____組

項 目	元月	二月	三月	四月	五月	六月	七月	八月	九月	十月	十一月	十二月
編制人數												
(1)期初人數												
(2)本期新進人數												
(3)本期離職人數												
(4)期末人數 (1)＋(2)－(3)												
職等職級　人數												
工　資　類　小　計	$	$	$	$	$	$	$	$	$	$	$	$
非工資類　小　計												
薪　工　資　合　計	$	$	$	$	$	$	$	$	$	$	$	$

1. 本表係各個月份之該單位用人數表示於上欄位。
2. 每月份之期末人數，得按所放各類職等職級之人數來計算出金額登記於下欄位。

196

圖表 5-67

_____年度 部份工時人員 用人計劃表

店 _____ 部 _____ 課 _____ 組 _____

項目	元月	二月	三月	四月	五月	六月	七月	八月	九月	十月	十一月	十二月
編制人數												
(1)期初人數												
(2)本期新進人數												
(3)本期離職人數												
(4)期末人數 (1)+(2)-(3)												
NT$ 90/時	hrs	hrs	hrs	hrs	hrs	hrs	hrs	hrs	hrs	hrs	hrs	hrs
NT$ 95/時	hrs	hrs	hrs	hrs	hrs	hrs	hrs	hrs	hrs	hrs	hrs	hrs
NT$ 100/時	hrs	hrs	hrs	hrs	hrs	hrs	hrs	hrs	hrs	hrs	hrs	hrs
NT$ 105/時	hrs	hrs	hrs	hrs	hrs	hrs	hrs	hrs	hrs	hrs	hrs	hrs
NT$ 110/時	hrs	hrs	hrs	hrs	hrs	hrs	hrs	hrs	hrs	hrs	hrs	hrs
薪工資合計	$	$	$	$	$	$	$	$	$	$	$	$

1. 本表係由有聘用部份工時人員的單位，根據「營業收入預估表」了解各個月份的營業收入來客人數或宴席訂桌情形，藉以預測當月份各級部份工時人員擬上其上班時數（hrs）。
2. 以各級時薪乘上其上班時數，加總後可知當月份部份工時薪工資合計金額。

××× 股份有限公司

年度「資本支出」預估明細表

部門：＿＿＿　課別：＿＿＿　單位：仟元　頁次：＿＿＿

第一聯：會計單位　第二聯：申請單位

項次	設備名稱	規格	單位	數量	單價	金額	預定購置日期	使用目的範圍（另附效益分析表）	預算編號（俟核准後由會計課編號）	備註

核准

會審

會辦部門

財會部　管理部

申請部門

主管　經辦

圖表 5-69

×××股份有限公司
×××年度資本支出預估彙整表

單位：仟元

第一聯：會計單位　　第二聯：管理單位

項次	名　稱	規　格	單位	數量	金　額	申請部門	預定購置日期	預算編號	備　註

總經理：　　　　　　主管：　　　　　　製表：

圖表 5-70

店　　年度營業收入預估表

單位：仟元

項目＼月份	1月	2月	3月	4月	5月	6月	7月	8月	9月	10月	11月	12月	小計
喜宴文定													
企業機關學校團體													
一般單點													
自助餐													
簡餐飲													
其他													
合計													

說明：1.按各餐別項目之月份分別預計收入明細表，以彙整出各月份的營業收入預估金額。
　　　2.預估之營業收入金額係由各附表中的「預估來客量或訂桌數量」乘以「單位消費金額」而得知。

圖表 5-71

____店 ____年度喜宴月份別預計收入明細表

月份	平常日（喜宴）					例假日（喜宴）					合　計		
	吉日(1)	桌數（日）(2)	總桌數(3)=(1)×(2)	單價(4)	金額(5)=(3)×(4)	吉日(6)	桌數（日）(7)	總桌數(8)=(6)×(7)	單價(9)	金額(10)=(8)×(9)	總桌數（月）(11)=(3)+(8)	單價(12)	金額(13)=(11)×(12)
1月	天					天							
2月	天					天							
3月	天					天							
4月	天					天							
5月	天					天							
6月	天					天							
7月	天					天							
8月	天					天							
9月	天					天							
10月	天					天							
11月	天					天							
12月	天					天							
合計													

年度實績

平常日	月～月	桌數／吉日
	月～月	桌數／吉日
	月～月	桌數／吉日
	月～月	桌數／吉日
	月～月	桌數／吉日
	月～月	桌數／吉日
例假日	月～月	桌數／吉日
	月～月	桌數／吉日
	月～月	桌數／吉日
	月～月	桌數／吉日
	月～月	桌數／吉日
	月～月	桌數／吉日

年　　度

平常日	月～月	桌數／吉日
	月～月	桌數／吉日
	月～月	桌數／吉日
	月～月	桌數／吉日
	月～月	桌數／吉日
	月～月	桌數／吉日
例假日	月～月	桌數／吉日
	月～月	桌數／吉日
	月～月	桌數／吉日
	月～月	桌數／吉日
	月～月	桌數／吉日
	月～月	桌數／吉日

說　明：

1. 吉日仍指農民曆裏註明適宜結婚、文訂納彩、歸寧之日子，可從新年度農民曆中取得各月份之吉日日數。

2. 於各營業店根據過去年度之實績分別有平常日與例假日（週六、週日、國定假日）列出每一個吉日若干桌干桌之數據，據此來預測新年度喜宴文訂之桌數。

3. 考慮新年度，各營業店經營計劃是否改變，訂出各個月份平常日或例假日，一個吉日有多少訂席桌數，分別乘上吉日日數。

圖表 5-72

_____店 _____年公司企業機關學校團體月份別預計收入明細表

（含尾牙、春酒、家庭聚餐、謝師宴）

單位：元

項次	項目	1月	2月	3月	4月	5月	6月	7月	8月	9月	10月	11月	12月	小計
1	平均單價	5,000	5,000	5,000	5,000	5,000	5,000	5,000	5,000	5,000	5,000	5,000	5,000	
	預計桌數													
	小計													
2	平均單價	6,000	6,000	6,000	6,000	6,000	6,000	6,000	6,000	6,000	6,000	6,000	6,000	
	預計桌數													
	小計													
3	平均單價	6,500	6,500	6,500	6,500	6,500	6,500	6,500	6,500	6,500	6,500	6,500	6,500	
	預計桌數													
	小計													
4	平均單價	7,000	7,000	7,000	7,000	7,000	7,000	7,000	7,000	7,000	7,000	7,000	7,000	
	預計桌數													
	小計													
5	平均單價	8,000	8,000	8,000	8,000	8,000	8,000	8,000	8,000	8,000	8,000	8,000	8,000	
	預計桌數													
	小計													
6	平均單價	10,000	10,000	10,000	10,000	10,000	10,000	10,000	10,000	10,000	10,000	10,000	10,000	
	預計桌數													
	小計													
合	計													

※本表含含年度公司團體學校、廠慶、週年慶、春酒、尾牙、勞動節等節慶聚餐與家庭聚餐或謝師宴訂席。

圖表 5-73

＿＿＿＿店 ＿＿＿＿年度一般單點月份別預計收入明細表

	平常日（單點來客）				例假日（單點來客）				合計	
	年度＿＿	預估年度	單消金額	預估營業額	年度＿＿	預估年度	單消金額	預估營業額	預估來客人數	預估營業額
1月	＿月 人	1月 人	元		＿月 人	1月 人	元			
2月	＿月 人	2月 人	元		＿月 人	2月 人	元			
3月	＿月 人	3月 人	元		＿月 人	3月 人	元			
4月	＿月 人	4月 人	元		＿月 人	4月 人	元			
5月	6月 人	5月 人	元		6月 人	5月 人	元			
6月	7月 人	6月 人	元		7月 人	6月 人	元			
7月	8月 人	7月 人	元		8月 人	7月 人	元			
8月	8月 人	8月 人	元		8月 人	8月 人	元			
9月	9月 人	9月 人	元		9月 人	9月 人	元			
10月	10月 人	10月 人	元		10月 人	10月 人	元			
11月	11月 人	11月 人	元		11月 人	11月 人	元			
12月	12月 人	12月 人	元		12月 人	12月 人	元			
合計					合計					

說明：1. 各營業店由過去年度之各個月份，分別以平常日（週一至週五）及例假日（週六、週日、國定假日），列出實際單點來客數，與單位消費金額。

2. 考慮新年度各個月份之行銷企劃活動的舉行，可能帶動之來客數量之變動，預測各營業店在新年度各個月份單點來客成長率與單消費金額。

3. 以平常日或例假日，在各個月份之預測來客數乘上單消金額來估算各月份單點來客預估營收。

_____店　_____年度自助餐月份別預計收入明細表

單位：元

圖表 5-74

月份	平日 (1)	假日 (2)	午餐 平日				午餐 假日				下午茶 平日		下午茶 假日		晚餐 平日				晚餐 假日				宵夜 平日		宵夜 假日		小計
			大Q	小Q	大$	小$	大Q	小Q	大$	小$	Q	$	Q	$	大Q	小Q	大$	小$	大Q	小Q	大$	小$	Q	$	Q	$	
1																											
2																											
3																											
4																											
5																											
6																											
7																											
8																											
9																											
10																											
11																											
12																											
合計																											

說明：1. 列出新年度各個月份裏，平常日（週一至週五）有多少天，例假日（週六、週日、國定假日）有多少天。

2. 確定各餐別（午餐、下午茶、晚餐、宵夜）在新年度的單位訂價（分別有大人、小孩、平常日、例假日）。

3. 按照各營業店，在過去年度各個月份裏，分別列出在平常日與平常日、例假日，實際有多少來客人數，參酌新年度各營業店預計在各月份舉辦之行銷企劃活動內容，可能引伸來客量增長比率，來預估新年度各月份之來客人數。

4. 以新年度各個月份平常日與例假日預估來客人數，乘上各餐別的單位訂價，得知自助餐月份別預計收入明細表。

圖表 5-75

簡餐類月份別預計收入明細表

店＿＿＿＿　　　　　　　　　　　　　　　　　　　　　　年　月　日

月份		午餐						晚餐						非用餐時段						合計	日計
		天數	座位數	迴轉率	來客數	平均銷售單價	銷售金額	天數	座位數	迴轉率	來客數	平均銷售單價	銷售金額	天數	座位數	迴轉率	來客數	平均銷售單價	銷售金額		
1	平常日																				
	假日																				
2	平常日																				
	假日																				
3	平常日																				
	假日																				
4	平常日																				
	假日																				
5	平常日																				
	假日																				
6	平常日																				
	假日																				
7	平常日																				
	假日																				
8	平常日																				
	假日																				
9	平常日																				
	假日																				
10	平常日																				
	假日																				
11	平常日																				
	假日																				
12	平常日																				
	假日																				
合計																					

圖表 5-76

_____店 _____年度月份別半成品存貨計劃表

單位：仟元

品名（半成品）	規格表之包裝單位	BOM材料成本		1月	2月	3月	4月	5月	6月	7月	8月	9月	10月	11月	12月	合計
		$	數量													
			金額													
		$	數量													
			金額													
		$	數量													
			金額													
		$	數量													
			金額													
		$	數量													
			金額													
		$	數量													
			金額													
		$	數量													
			金額													
		$	數量													
			金額													
合計金額				$	$	$	$	$	$	$	$	$	$	$	$	

1. 由廚務單位根據各月份「營業收入預估表」了解建席桌數及各餐別桌數別預估數，以估算在各月底時，可能先行生產之各種半成品在各月底庫存以備各次月初使用之數量及金額。

2. 半成品各品名別列出後，其計量之單位，應依公司所訂的單位來填。

圖表 5-77

＿＿店＿＿年度月份別材料、飲品存貨計劃表

單位：新台幣仟元

品名	電腦代號	單位	單價	量／值	1月	2月	3月	單價	4月	5月	6月	單價	7月	8月	9月	單價	10月	11月	12月	合計
				量／值																
				量／值																
				量／值																
				量／值																
				量／值																
				量／值																
				量／值																
合計金額					$	$	$		$	$	$		$	$	$		$	$	$	$

1. 根據「營業收入預估表」各個月份營業額，由資材部倉管人員就材料類中除生鮮魚類、肉類、蔬果以外，必須庫存之乾雜貨、調味或進口冷凍貨，為考量各材料類或飲品類的品名，依規定之單位（斤、兩、公斤…等）估算出各月份的月底存貨量填入。
2. 尚考量各材料類或飲品類的品名，因季節性因素，單位價格會有變化，致同一品名每季均有單價欄位，供計算存貨金額。
3. 每一品名，每月份之存貨數量乘以單價，得知存貨金額，全部品名各存貨金額加總後得知當月份存貨合計金額。

圖表 5-78

_____店 _____年度材料、飲品採購計畫表

單位：仟元

項目 ＼ 月份	1月	2月	3月	4月	5月	6月	7月	8月	9月	10月	11月	12月	合計
預估 ___ 餐 餐飲收入×材料成本率	$	$	$	$	$	$	$	$	$	$	$	$	
預估 ___ 餐 餐飲收入×材料成本率	$	$	$	$	$	$	$	$	$	$	$	$	
加 當期 材料、飲品 期末存貨 金額	$	$	$	$	$	$	$	$	$	$	$	$	
當期 半成品 期初存貨 金額	$	$	$	$	$	$	$	$	$	$	$	$	
減 當期 材料、飲品 期初存貨 金額	$	$	$	$	$	$	$	$	$	$	$	$	
當期 半成品 期初存貨 金額	$	$	$	$	$	$	$	$	$	$	$	$	
預計本期材料、飲品採購金額	$	$	$	$	$	$	$	$	$	$	$	$	

1. 各月份各種餐別之收入資料均來自「營業收入預估表」
2. 各餐別之材料成本率（含飲品）依據過去年度之實積及廚務研發所擬定之售價政策。
3. 當期材料、飲品期末存貨與期初存貨金額，係來自「材料、飲品存貨計畫表」。
4. 當期半成品期末存貨與期初存貨金額，係來自「半成品存貨計畫表」。

圖表 5-79

預計購料支出合計明細表

單位：仟元

購料支出 \ 付現 購料支出 權責金額	1月	2月	3月	4月	5月	6月	7月	8月	9月	10月	11月	12月	1月	2月	3月
年 度 10月															
11月															
12月															
年 度 1月															
2月															
3月															
4月															
5月															
6月															
7月															
8月															
9月															
10月															
11月															
12月															
購料支出付現小計															

■表 5-80

| _____店 | □銷售費用
□管理費用
□製造費用 | 費用預算表 |

項目	會 計 科 目	1月	2月	3月	4月	5月	6月	7月	8月	9月	10月	11月	12月	小計
用人費	薪資支出													
	獎　金													
	加班費													
	退休金													
	職工福利													
	勞保費													
	健保費													
	保險費													
	訓練費													
	伙食費													
	人事廣告													
	小　　　計													
動力費	水　　費													
	電　　費													
	瓦斯費													
	燃料費													
	小　　　計													
推展費	銷售廣告													
	推廣費													
	清潔費													
	裝飾費													
	研究費													
	消耗品													
	手續費													
	捐贈費													
	佣金支出													
	小　　　計													
設備費	土地租金													
	冷凍庫租金													
	房屋租金													
	其他租金													
	折　　舊													
	各項攤提													
	雜項購置													
	修繕費													
	稅　捐													
	保險費－產物													
	小　　　計													
事務費	旅　　費													
	交通費													
	交際費													
	郵電費													
	勞務費													
	文具印刷													
	書報雜誌													
	小　　　計													
其他	進出口費													
	運　　費													
	雜　　費													
	小　　　計													
	合　　　計													

■表 5-81

──年度營業收入預估彙總表

單位：仟元

項目 月份	1月	2月	3月	4月	5月	6月	7月	8月	9月	10月	11月	12月	小計
喜　宴　文　定													
企業機關學校團體													
一　般　單　點													
自　助　餐													
簡　餐　飲													
其　他　類													
合　　計													

圖表 5-82

×××股份有限公司
預估損益表

年度　　　　單位：仟元

店	1月	2月	3月	4月	5月	6月	7月	8月	9月	10月	11月	12月	合計
營業收入													
營業成本													
營業毛利													
營業費用													
銷售費用													
管理費用													
營業損益													
營業外收入：													
利息收入													
投資利益													
其他收入													
小　　計													
營業外支出：													
利息支出													
處分資產損失													
兌換損失													
其他損失													
小　　計													
稅前利益													
預計所得稅													
本期純益													

核准：　　　　　　　覆核：　　　　　　　製表：

■表 5-83

___年度現金收支預估表

金額單位：仟元　填表日期：　年　月　日

項目	年月	1月	2月	3月	4月	5月	6月	7月	8月	9月	10月	11月	12月	合計
上年／月結存														
餐飲收現														
其他收現														(1)
本年／月收入合計														
購料付現														(2)
直接人工														
製造費用														
營業費用														
財務支出														
董監事酬勞及員工紅利														
添置固定資產														
所得稅付現														
其他支出														
本年／月支出合計														(3)
收支相抵加上年／月結存														(1)+(2)−(3)
資金調度	A銀行借款 增加													
	減少													
	B短期投資 增加													
	減少													
	C現金增資													
本年／月結存														
說明														

核准：　　　　　　　複核：　　　　　　　製表：

×××股份有限公司
預估資產負債表

年度　單位：仟元

資　產	金　額	%	資　　負　債	金　額	%	額
流動資產			流動負債			
現金及約當現金			短期借款			
應收票據（淨額）			應付所得稅			
應收帳款（淨額）			應付票據			
存貨			應付帳款			
預付款項			預付費用			
其他應收款			預收貨款			
流動資產合計			其他應付款			
基金及長期投資			一年內到期長期負債			
長期投資						
固定資產			流動負債合計			
土　地			長期負債			
房屋設備			長期借款			
空調設備						
水電消防設施						
廚房資訊設備			其他負債			
電腦資訊設備			代收款項			
餐廳設備						
辦公設備			負債合計			
運輸設備			股東權益			
其他設備			股　本			
租賃改良物			資本公積			
減：累計折舊			法定盈餘公積			
未完工程及設備款			未分配盈餘			
固定資產合計			本期損益			
其他資產			股東權益合計			
資產總計			負債及股東權益總計			

製表：　　　　　覆核：　　　　　核准：

圖表 5-84

214

▥表 5-85

×××股份有限公司

預估股東權益變動表

民國××年 1 月 1 日至 12 月 31 日

單位：新台幣仟元

項　　　　　　　　目	股　　本	資本公積	盈餘公積	保留盈餘 定未分配盈餘	合　　計
××年 1 月 1 日餘額	$	$	$	$	$
××年度盈餘分配：					
提列法定盈餘公積					
分配現金股利					
分配股票股利					
分配董監事酬勞					
分配員工紅利					
資本公積轉增資					
現金增資溢價發行					
××年度純益					
××年 12 月 31 日餘額	$	$	$	$	$

核准：　　　　　　　覆核：　　　　　　　製表：

5-9.5 管理會計事務處理準則

一、成本中心之建立

(1) 為配合預算制度之實施及明確劃分各部門職責,並有效提供管理當局評估各部門績效,乃依據組織系統之權責及其企業特性,劃分為若干成本中心,作為編製預算及績效考核之依據。

(2) 依據各部門工作性質,分設下列各成本中心。

餐飲部—中餐	餐飲部—西餐	餐飲部—自助餐
廚務部—中餐	廚務部—西餐	廚務部—自助餐
廚務部—點心部	廚務部—中央廚房	

(3) 管理單位,依其性質,分設下列之費用中心,以利預算編製,歸屬及費用之控制。

①採購課②倉管課③總務課④人事課⑤會計課⑥財務課⑦總經理室(稽核室、資訊組、經營分析組、廚務研發組、行銷企劃組等)

(4) 各中心費用(成本)於會計帳冊上單獨列計彙總,每月與預算數、上個月數比較,期能有效提供管理當局評估考核之資料,作為改進之參考或依據。

(5) 各成本中心所發生之成本及費用,應分別彙集於該中心,如無法直接歸屬,應選擇一合理之比例或分攤方法攤入各中心。

(6) 為使各成本中心主管具有自我評估之觀念,並就其權責內所發生之成本與費用負責,各中心應賦予適當合理之權限,而各中心之權限應明確地加以劃分。

二、損益兩平分析之實施

1. 成本習性之分析

(1) 公司運用損益兩平分析法評估損益,對於各項會計資料之成本習性按下列二款加以分析。

① 固定成本:係成本總額不隨產銷量之增減而變動者。

② 變動成本:係成本總額隨產銷量之增減而變動並大致成比例增減者。

(2) 公司對於餐飲成本之固定與變動宜按「帳戶分析法」測定:

將各科目會計資料詳加研判,並參酌公司本身之實際情形,按固定及變動因素加以區分為固定成本與變動成本。

(3) 成本習性分析應包括製造成本、銷管費用等,對於各項歷史成本因素可能發生

之變動必須加以選擇修正，刪除或重新估算，以求出變動與固定成本。

(4) 一般餐飲業除材料屬於變動成本外，其他各項費用很難劃分為固定成本或變動成本。

2.　「成本及利潤」分析

(1) 損益兩平點之基本計算公式如下：

$$損益兩平點 = \frac{固定成本}{1 - \dfrac{變動成本}{餐飲收入}}$$

(2) 損益兩平點計算之假定條件如下：（分析應注意假設前提與實際差異情形大小，且一般餐飲業之假定條件很難維持不變）

① 銷售價格不變。

② 所有成本可劃分為固定與變動兩種。

③ 變動成本視營業額多寡而呈同比例變化。

④ 餐飲料品種類不變。

⑤ 廚師技術、人工及機械效率不變。

(3) 計算損益兩平點時，通常可不包括營業外收支。但營業外金額頗鉅時，如利息支出，係購置設備而衍生者，或長期營運週轉所需者，可視同固定成本之增減。

(4) 公司應對成本、營業額及利潤間之相互關係適時檢討，以謀降低成本，創造利潤，進而了解經營上之若干重要問題，如：

① 營業收支平衡點為何？

② 成本變動對利潤之影響多大？

③ 售價調整對利潤之影響如何？

(5) 各管理階層於獲知損益兩平點銷售量值後，如發現兩平點過高，　即表示須獲致鉅額之營業收入始可獲利。可採下列方法改善之：

① 降低固定成本。

② 降低單位變動成本。

③ 在不影響銷量之原則下提高售價。

④ 以獲利高之餐飲料品代替獲利低的品項。

三、財務分析之應用

(1) 公司應運用財務分析方法，對經營成果、財務狀況變動作各種檢查，以加強財務管理。

(2) 財務分析之方法應視事實需要，按下列各種方法擇一或同時使用。

　① 尋求同時異事關係之方法：

　　a. 採用比率法或百分比法：以表明總數中各項目與總數間之關係，如：廣告費與營業費用總額之比較；或同一總數所屬此一項目與彼一項目間之關係，如：流動資產與流動負債之比較。

　　b. 採用比率法：以表明此一項目或總數，與不同類之彼一項目或總數之關係，如：營業成本與存貨之比較。

　② 尋求同事異時關係之方法：

　　a. 採用增減變動或趨勢分析法：表明總數之不同項目在不同時間中之變化。

　　b. 採用趨勢法或標準差法：以表明一項目在各時期中與標準、平均值或其他基數間之差異。

　　c. 採用增減變動法：以表明一項目或總數之增減變化，如比較資產負債表或損益表。

(3) 本公司按期（月、季或年）編製現金流量表以顯示資金來源與用途及現金之增減變化。

(4) 自有資金（資本及公積）與借入資金（負債）應維持適當之比例，遇有擴建計畫時更應加強注意，尋求低利率之借款。

(5) 本公司應經常注意各會計期間之下列各項比率分析，並儘可能按各部門（中心）別分析，並與不同期間或同業相比較。

　① 償債能力分析。

　② 經營流轉分析。

　③ 資產結構分析。

　④ 固定資金來源分析。

　⑤ 資本結構分析。

　⑥ 經營效率分析。

　⑦ 資產效率分析。

　⑧ 股東權益效率分析。

　⑨ 投資報酬率分析。

　　（各分析之公式參閱附表）

(6) 每期結算後，財會部應編製比較資產負債表、比較損益表，並詳加分析增減變動原因。

(7) 為使各項比較能易於了解，印象深刻，可就重要之比較分析項目，以圖表方式表示。如歷年營業額圖表、營業毛利、稅前淨利比較圖表等。

(8) 每年度結算後，並依據有關部門資料，作五力判斷分析，以便早期了解公司之缺失，五力包括：

① 收益力：重視企業之獲利能力分析。

② 安定力：重視企業之信用分析。

③ 活動力：重視企業之週轉活動分析。

④ 成長力：重視企業之成長分析。

⑤ 生產力：重視企業之產銷過程中投入與產出分析。

（五力分析表如 5-9.6）

四、統計方法在管理上之運用

(1) 本公司為經營管理上之需要，對於各種原始的、次級的或動態、靜態的資料，應視需要程度的不同，分別採用各種方法蒐集、整理、分析、及計算，以資應用。

(2) 為了解產品（料理）直接材料成本之變動原因及趨勢，可用季節變動分析，長期趨勢分析或相關性分析。

(3) 對於歷年各餐別來客人數、產品售價及盈餘之變動情形，可以趨勢法及指數法等分析觀察之。

▦表 5-86

各項分析比率公式

	名稱	公式	測驗對象	一般標準
1	流動比率	流動資產／流動負債	短期償債能力	大於 150%
2	速動比率	速動資產／流動負債	嚴格短期償債能力	大於 100%
3	存貨週轉率	銷貨成本／平均存貨	銷貨與獲利力	較大為宜
4	應收帳款週轉率	銷貨淨額／平均應收帳款	收帳能力	大於 400%
5	負債比率	負債總額／資產總額	外來資本比重	小於 50%
6	權益比率	權益總額／資產總額	自有資本比重	大於 50%
7	負債對權益比率	負債總額／權益總額	負債是否過重	小於 100%
8	固定資產比率	固定資產總額／資產總額	固定投資比率	
9	長期負債比率	長期負債／資產總額	長期負債比重	

	名稱	公式	測驗對象	一般標準
10	權益對固定資產比率	權益總額／固定資產	固定資產資金來源	大於 100%
11	長期資金對固定資產比率	（股東權益+長期負債）／固定資產	長期資金之利用程度	約略 100%
12	純益對利息倍數	（稅前淨利+利息費用）／利息費用	支應利息負債能力	愈大愈佳
13	本益比	普通股每股市價／普通股每股盈餘	上市櫃股票獲利率	愈小愈佳
14	本利比	普通股每股市價／普通股每股股利	上市櫃股票之股利比率	愈小愈佳
15	固定資產週轉率	銷貨淨額／平均固定資產	固定資產創造銷貨之能力	愈大愈佳
16	總資產週轉率	銷貨淨額／平均資產總額	整體資產創造銷貨之能力	愈大愈佳
17	股東權益週轉率	銷貨淨額／平均股東權益	自有資本創造銷貨之能力	愈大愈佳
18	總資產報酬率	利息前淨利／資產總額	整體資產創造利潤之能力	愈大愈佳
19	股東權益報酬率	稅後淨利／股東權益	自有資本創造利潤之能力	愈大愈佳
20	財務槓桿指數	股東權益報酬率／總資產報酬率	舉債經營之效果	大於 1
21	銷貨成本率	銷貨成本／銷貨淨額	每元銷售之成本比重	愈小愈佳
22	銷貨毛利率	銷貨毛利／銷貨淨額	每元銷售之毛利比重	愈大愈佳
23	營業費用率	營業費用／銷貨淨額	每元銷售之營業費用比重	愈小愈佳
24	每股盈餘（EPS）	稅後淨利／普通股股數	普通股每股之獲益能力	愈大愈佳
25	每股帳面價值	股東權益總額／流通在外股數	每股份之淨資產價值	愈大愈佳
26	損益兩平點	固定成本／（1－變動成本／銷貨淨額）	無盈虧之銷貨水準	愈小風險愈低

5-9.6 五力分析

一、收益力分析為經營績效之分析

1. 總資產營業利益率＝營業利益 ÷ 總資產 × 100%

 (1) 意義：本比率乃為企業經營成果之綜合性指標，測量投資報酬是否良好。

 (2) 判斷：初步擬定之一般標準為 12.5%。

2. **營業毛利率＝營業毛利÷營業收入×100%**

 (1) 意義：測量純粹屬於產品銷售之獲利能力，營業費用及其他營業外收支不在內。

 (2) 判斷：比率愈高，即表示利潤愈優厚，初步擬定之一般標準為 45%。

3. **營業利益率＝營業利益÷營業收入×100%**

 (1) 意義：測量企業營業收入所能獲得之利益率，財務利息等營業外收支不在內。。

 (2) 判斷：比率愈高，即表示利潤愈優厚，初步擬定之一般標準為 15%。

4. **淨值純益率＝本期淨利÷淨值×100%**

 (1) 意義：本比率表示業主自有資本在當期所能獲得之稅前淨利率。

 (2) 判斷：比率愈高，業主所獲得之利潤愈優厚，初步擬定之一般標準為 20%。

5. **邊際收益率＝邊際收益÷營業收入×100%**

 (1) 意義：邊際收益係指營業收入超過其變動費用之餘額，其超過部分表示收益之有助於抵除固定費用及提供盈利。

 (2) 判斷：比率愈高愈好。

二、安定力分析為發展潛力之分析

1. **自有資本比率＝自有資本 ÷ 總資產 ×100%**

 (1) 意義：企業所有總資產中，屬於自有之資本比率佔多少，測量企業體質是否健康。

 (2) 判斷：自有資本比率愈高，則企業體質愈健全，愈能抵抗風浪，本比率因行業不同而各異，但最低不宜低於 30%。

2. **內部保留率＝（各項準備本期增加數＋各項公積本期增加數＋本期未分配盈餘）÷本期稅前淨利 ×100%**

 (1) 意義：測驗企業在本期之積蓄程度。

 (2) 判斷：積蓄愈高，企業愈穩固。

3. **淨值與固定資產比率＝淨值÷固定資產×100%**

 (1) 意義：本比率表示企業固定資產中，自有資本佔多少比率，亦屬於測量企業體質是否健康。

 (2) 判斷：同 1.，亦因行業不同而各異。

4. **長期償債能力＝稅前淨利 ÷ 本期償還長期負債數**

 (1) 意義：測驗企業對長期償債之能力。

(2) 判斷：倍數愈大，表示償債能力愈大。

5. **企業血壓＝（流動負債－速動資產）÷ 流動負債 ×100%**

　(1) 意義：表示外來資金之壓迫程度。

　(2) 判斷：因行業不同而異，太低影響企業活力，太高則有危險。

三、活動力分析為週轉率之分析

1. **總資產週轉率＝營業收入÷平均總資產**

　(1) 意義：企業之營運是將一切資金投用於生產上所必要的各種資產，藉以製銷貨物或提供勞務，獲取利益。

　　本比率表示總投資額在一年期間內，從營業收入收回的次數有多少。

　(2) 判斷：本比率愈高表示營運活動旺盛，資本運用程度愈高。從長期觀點言之，本比率隨企業規模之擴大而將呈現下降現象。

2. **淨值週轉率＝營業收入÷平均股東權益**

　(1) 意義：測驗自己資本之活動性。

　(2) 判斷：太高表示外來資本多，安定力弱，太低表示自己資本太多或營業額太少。

3. **固定資產週轉率＝營業收入÷平均固定資產**

　(1) 意義：測驗生產設備之利用程度如何？投用於固定資產資金有無過多？

　(2) 判斷：愈高愈好，若長期呈現下降趨勢時應予密切注意。

4. **存貨週轉率＝營業成本 ÷ 平均存貨**

　(1) 意義：測驗存貨週轉速度之快慢，產銷配合是否良好等。

　(2) 判斷：週轉次數愈多，時間愈短愈好。

四、成長力之分析為發展趨勢之分析

1. **營業成長率＝（本期營業收入－上期營業收入）÷ 上期營業收入×100%**

　(1) 意義：了解營業之成長情形。

　(2) 判斷：愈高愈好，隨企業規模之擴大，成長率會慢下來。

2. **附加價值成長率 ＝（本期附加價值－上期附加價值）÷ 上期附加價值 ×100%**

　(1) 意義：以往所謂「成長」大都指「營業成長」，但由於營業收入係包括「外購價值」在內，不能代表企業之真成長，因此以此比率作為企業成長之代表性指標較為合理。

　(2) 判斷：愈高愈好。

3. 純益增加率＝（本期稅前淨利－上期稅前淨利）÷ 上期稅前淨利×100%

  (1) 意義：了解純益之增加情形。

  (2) 判斷：愈高愈好。

4. 固定資產增加率＝（本期固定資產－上期固定資產 ÷ 上期固定資產 ×100%

  (1) 意義：了解固定資產之增加情形。

  (2) 判斷：配合政策任務及市場需要情況而增加較宜。

5. 淨值增加率＝（本期股東權益－上期股東權益）÷ 上期股東權益 × 100%

  (1) 意義：了解自有資本之充實程度。

  (2) 判斷：愈高愈好。

五、生產力分析為經營效能之分析

1. 附加價值率＝附加價值 ÷ 營業收入×100%

  (1) 意義：測計營業收入中附加價值之比率

  (2) 判斷：愈高貢獻愈大，支付用人費能力亦較大。

2. 每人附加價值＝附加價值÷從業人數

  (1) 意義：測計每個從業人員所生產之附加價值。

  (2) 判斷：愈高貢獻愈大。

3. 設備投資效率＝附加價值 ÷（固定資產－未完工程－非營業固定資產）× 100%

  (1) 意義：測計所投入之營運資產，能產出附加價值之比率。

  (2) 判斷：愈高愈好，隨行業不同而有異。

4. 每人營業額＝營業額÷從業人數

  (1) 意義：測計每個從業人員所獲致之營業額。

  (2) 判斷：愈高愈好。

5. 每人邊際收益＝邊際收益 ÷ 從業人數

  (1) 意義：測計每個從業人員所貢獻之邊際收益額。

  (2) 判斷：愈高獲利能力愈大。

餐飲業內部控制

6-1 營業及收款循環 CS-100

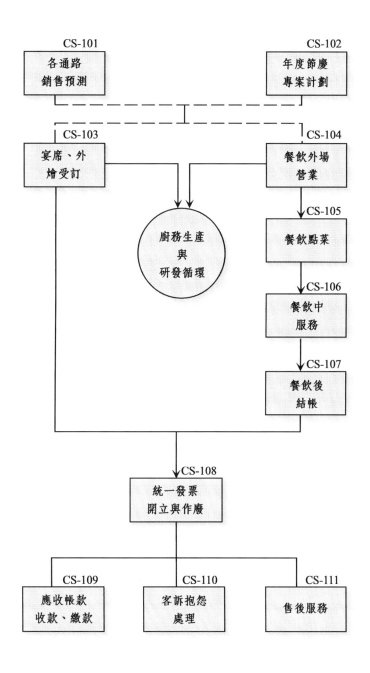

◍圖 6-1

6-1.1 年度節慶專案企劃 CS-102

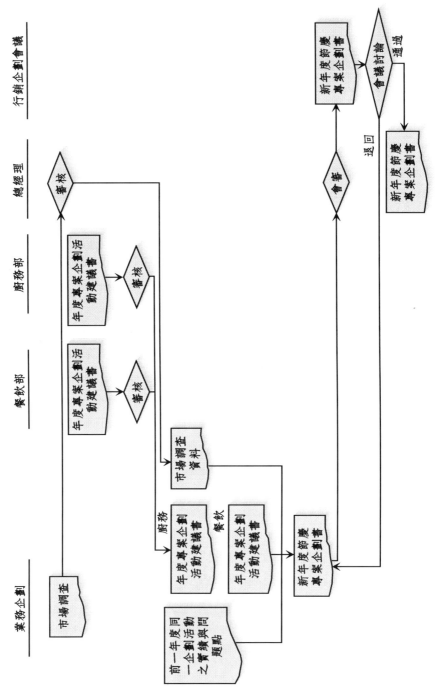

◎圖 6-2

6-1.2 年度節慶專案企劃 CS-102

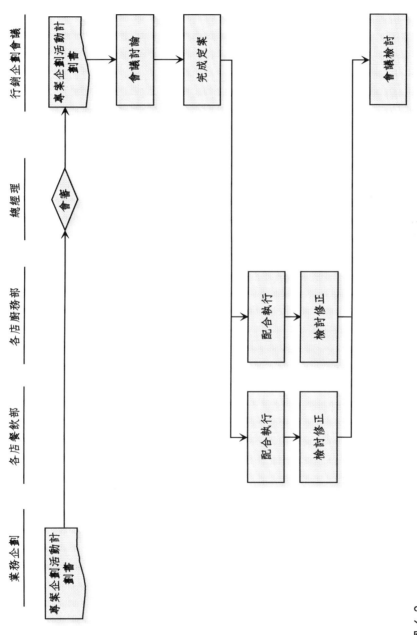

圖 6-3

6-1.3 宴席、外燴受訂作業 CS-103

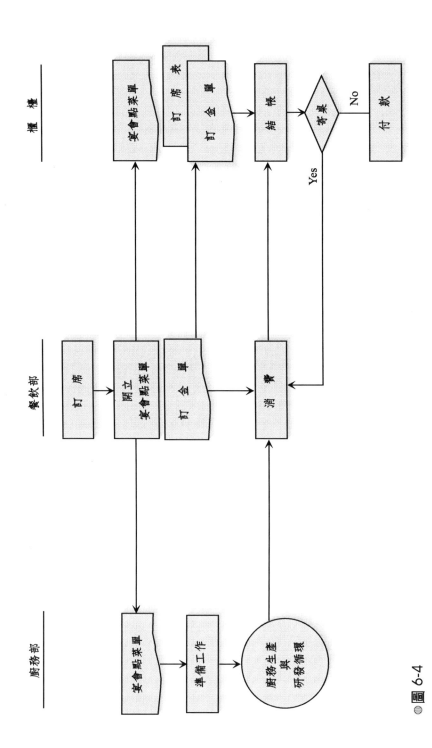

● 圖 6-4

6-1.4 餐飲外場營業作業 CS-104

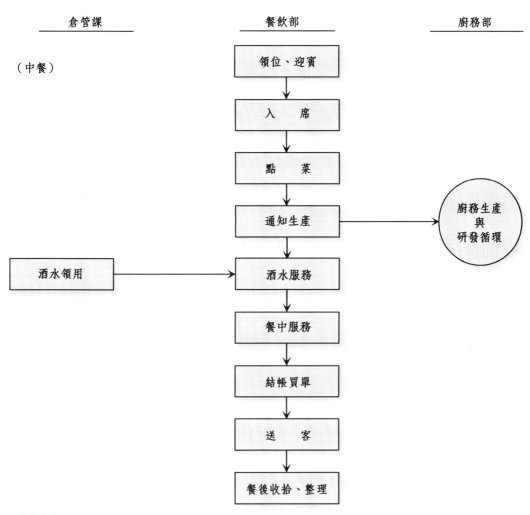

◍圖 6-5

6-1.5 餐飲外場營業作業 CS-104

（自助餐）

餐飲部

```
        ┌──────────────┐
        │   餐前準備    │
        └──────────────┘
               │
               ▼
        ┌──────────────┐
        │   領    檯    │
        └──────────────┘
               │
   ┌───────────┼───────────┐
   ▼           ▼           ▼
┌────────┐ ┌────────┐ ┌────────┐
│茶餚區服務│ │ 用餐服務 │ │吧檯區服務│
└────────┘ └────────┘ └────────┘
               │
               ▼
        ┌──────────────┐
        │   開    單    │
        └──────────────┘
               │
               ▼
        ┌──────────────┐
        │   餐後收拾    │
        └──────────────┘
```

◑圖 6-6

6-1.6 客訴抱怨處理作業 CS-110

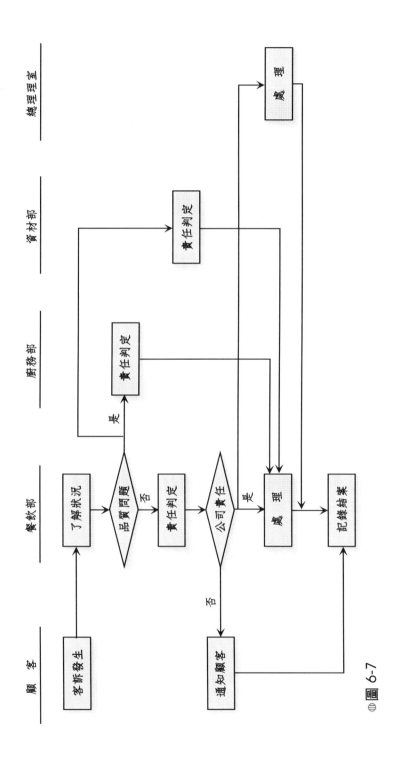

圖 6-7

餐飲會計與內控

編　號	作業項目	作業程序及控制重點	依據資料
CS-101	各通路銷售預測	一、作業程序： 1.由各營業店餐飲部主管與行銷企劃人員藉由行銷企劃會議討論出本公司營業之行銷通路應分有那些類別，以供進行市場競爭生態和市場需求情形之資料蒐集，做為本公司營業收入預測的基礎。 2.於每年第四季蒐集公司各營業店各類餐飲收入（按通路類別）過去 12 個月之經營實績，加以檢討，列出公司經營上的迫切問題點，供訂定次（新）年度銷售預測之參考。 3.在每年 11 月底以前完成各通路別次（新）年度各月份的銷售預測〔列出桌數或來客人數及每桌消費金額或每位來客消費金額〕，彙總出各月份各店之營業收入。 4.由總經理室將次（新）年度各店各個月份銷售預測金額配合財會部編擬出新年度之預估財務報表－預估損益表、預估資產負債表，提供給經營決策會議討論，此一預測銷售金額所預估之財務報表之財務結構是否可以接受？若可接受時，所編出之各通路銷售預測金額即正式完成。經核可之「新年度各通路銷售預測」應公佈，並依此做為年度經營預算之基礎。 二、控制重點： 1.銷售預測是否考慮經濟、地理環境不同通路別之差異性。 2.銷售預測是否訂定有數量與單位消費金額。 3.各企劃專案活動是否有按規定的時程來執行作業，並於活動結束後進行檢討。 4.銷售預測是否均按通路別預測數量與單消金額，以彙總成銷貨預測金額。	1.依據資料： (1)預算管理辦法 (2)書面會計制度 (3)財務會計準則公報第 16 號財務預測編製要點 2.使用表單： (1)年度營業收入預估表 (2)喜宴文定月份別預計收入明細表 (3)企業機關學校團體月份別預計收入明細表 (4)一般單點月份別預計收入明細表 (5)自助餐月份別預計收入明細表 (6)簡餐月份別預計收入明細表
CS-102	年度節慶專案企劃	一、作業程序： 1.每年 10 月初由行銷企劃單位彙總各個月份或各個時期，透過各種管道（主計處、公會等等）取得外部資訊，以供公司經營決策與年度營業策略之參考。 2.市調之資料彙總後，應先送呈總經理簽核後，提供業務企劃作為「年度節慶專案企劃作業」之依據。 3.企劃單位則依據呈送總經理簽核後之「市場調查資料」與經各營業店審核完畢之「年度專案企劃活動建議書」，並檢附前一年度同一企劃活動之實績與	

234

編　號	作業項目	作業程序及控制重點	依據資料
		問題點，於每年 10 月中旬擬案提呈總經理會審，並將新年度節慶專案企劃書送交行銷企劃會議討論。 4.新年度節慶專案企劃書經行銷企劃會議討論通過後，由總經理室公佈。 5.行銷企劃人員根據已公布之新年度節慶專案企劃書中，選出最近期應推行之個案，提出該專案之企劃活動計畫書，交由總經理會審，並呈報於行銷企劃會議，討論該專案企劃活動之細部作業計畫。 6.個案專案企劃活動完成定案後，即交付予各營業店之餐飲部、廚務部開始配合，展開該專案企劃活動之推廣。 7.各營業店之餐飲部、廚務部在專案企劃活動之期間，召集該店之活動參與人員進行該專案企劃活動之期中檢討修正。 8.應針對該專案企劃活動實施成果於行銷企劃會議中進行檢討，並做差異分析與改善對策供下次活動之參考。 二、控制重點： 1.年度節慶專案企劃是否就各通路別積極蒐集市場資訊資料，並儘可能量化來提供企劃決策用。 2.年度節慶專案企劃是否經總經理會審後，提交行銷企劃會議來討論出決議案。 3.個案專案活動是否在期限內經總經理會審，經行銷企劃會議定案。 4.個案專案活動是否依各階段之完成期限進行，並做事後實行結果之差異分析及改善對策。	
CS-103	宴席、外燴受訂作業	一、作業程序： 1.不論是現場訂席或電話訂席，皆應先了解客戶之宴客性質、日期、時間及桌數及消費預算，俾使達到最完善之服務。 2.訂席前應先使客戶了解菜色、場地安排，並了解是否有其他或特殊之要求，避免事後引發爭議。討論菜色配菜，應評估價位組合，若是合菜應注意是否自備水酒。 3.顧客要求較為繁瑣且需特別註明配合事項時，接洽訂席者得使用「宴會同意書」作為雙方之確認依據。 4.簽訂同意書及收受訂金時，應詳實填寫資料，包括	1.依據資料： (1)宴席訂席作業要領 (2)外燴服務標準作業規定 2.使用表單： (1)訂席表 (2)訂金單 (3)宴會同意書 (4)宴會點菜單 (5)客戶寄桌卡

編　　號	作業項目	作業程序及控制重點	依據資料
		受訂金額、聯絡人資料並開立訂金單；在收妥訂金後，立即開給客人統一發票。 5.訂席後，應將所訂席位、房間號碼立即填入訂席表中，以免發生重複排入同一房號，並供廚務單位提出請購需求量之計算。 6.各店餐飲部在接訂外燴時，應先了解外燴之性質為何（喜宴、新居落成、喬遷、廠慶、壽宴、社團等）以便準備適用之器具及相關之材料。 7.外燴受訂後，餐飲部與廚務部人員須至現場視察，以了解現場狀況、場地佈置需求、人力需求及環保安全衛生之要求。 二、控制重點： 　　1.收受訂金時，是否已將訂金單交予櫃檯並且開出統一發票給客人，同時收買款項交予出納人員。 　　2.簽訂宴席，是否已立即填入訂席表中，以免發生重複登錄同一房號。 　　3.宴會點菜單簽訂後，若桌數（修改超過 5 桌以上時）、日期異動是否已同時修改訂席表及宴會點菜單。 　　4.餐飲部、廚務部在外燴前是否已先至現場了解場地狀況。 　　5.外燴前，餐飲部與廚務部是否已由主管監督準備外燴用物品及人員安排。	
CS-104	餐飲外場營業作業	一、作業程序： 中餐： 　　1.事先檢查各項餐前準備工作，餐具、餐巾、餐桌均已排列整齊，俾使顧客來時能順利入座。 　　2.迎賓領位時應親切有禮，將顧客順利帶至座位旁，協助入座。 　　3.主動親切介紹菜單目錄及各菜色之特點。了解客人口味喜好，技巧性了解客人預計消費預算，協助客人點菜、配菜，滿足客人品味、價位的需求。（主動介紹本公司今日名菜或推薦料理） 　　4.顧客點菜後，將點菜單廚務聯交至廚務部，供做生產作業。 　　5.廚房作業人員應針對所有點菜單內容做適當的出菜安排。 　　6.餐中之服務、加退菜、餐後結帳前、結帳後之服務作業，悉依營業場所顧客服務作業規定與餐飲席中	1.依據資料： (1)營業場所顧客服務作業規定 (2)餐飲席中服務作業要領 (4)自助餐餐飲服務作業要領 2.使用表單： (1)中餐點菜單 (2)自助餐人數單 (3)酒水領用單

編　號	作業項目	作業程序及控制重點	依據資料
		服務作業要領來執行作業。 7.送客時應有禮貌並留意是否有物品留下，若有打包物品，應集中一處後交由客人帶回。 自助餐： 　8.餐前，需要注意環境整理、菜餚區檢查、桌面佈置並注意回收餐車等事前準備工作。 　9.領檯人員在接待顧客前要先確認是否訂位及做好座位安排，使顧客能順利入座。 　10.顧客用餐時，服務人員應先對用餐環境或用餐方式介紹，協助顧客順利用餐。 　11.隨時注意菜餚區及吧檯區的整潔，適時通知廚務單位補充食物、飲品、水果。 　12.自助餐餐飲服務人員必須隨時收拾客人用畢之餐具，讓客人擁有舒適的用餐空間。 二、控制重點： 　1.中餐外場人員點完菜後是否將點菜單交至廚房及櫃檯。 　2.中餐廚房人員接獲點菜點單後，是否依序安排出菜。 　3.餐廳入口處應隨時保留一位接待人員，以接待隨時光臨的顧客。 　4.外場主管應依來客狀況隨時調整人員服務，使來客能在舒適環境下順利用餐，接受賓至如歸的服務。 　5.自助餐之外場幹部檢查負責區域時，應正確地核對每桌用餐人數，並注意是否與結帳單上記載相符。 　6.自助餐服務人員於來客用餐中，應儘速清理用畢的餐具使來客保持舒適的用餐空間。 　7.自助餐之菜餚區及吧檯區人員應隨時檢查及補充相關器具及菜色，並注意客人需求。 　8.餐飲外場同仁的服裝儀容及服務態度禮節是否合宜。	
CS-105	餐飲點菜作業	一、作業程序： 　1.點菜人員應態度親切有禮地向來客詢問需求並依其需要推薦菜色，或主動介紹公司菜單及每道菜之特色。 　2.點菜人員應隨身攜帶名片，向來客自我介紹或交換名片，以蒐集來客資料。 　3.點菜人員應了解菜色做法與內容，以利介紹給客人，配合今日名菜及推薦料理，來加以促銷，或與廚務	1.依據資料： 　(1)點菜作業要領 2.使用表單： 　(1)點菜單 　(2)加（退）菜單 　(3)招待單

編　號	作業項目	作業程序及控制重點	依據資料
		單位聯繫可促銷之菜色。 4.負責點菜幹部，必須熟記菜名和單價，點菜單書寫菜名字體力求工整，數量標示應明確清楚。 5點菜人員應顧及來客之需求及限制（人數、口味、忌食種類、金額…），建議適當的價位及菜色。 6.點菜時，應注意同類型的菜餚，勿重複點、點菜份量或道數，若有超過用菜人數之份量，要告知客人，避免吃不完造成浪費。所費。所點菜餚快上完時，可提醒客人是否須加菜。若有加（退）菜時，加（退）菜單必須經由櫃檯人員會簽後，才可送廚務單位去生產。 7.如客人所點之菜色已賣完或缺貨時，應婉轉告知，並主動建議類似之菜色或推薦菜色。 8.客人點菜完後，應再複誦菜色予以確認，並就有特別要求的調味（酸、甜、辣……）加以註明強調。 9.外場幹部應隨時注意各餐食之出菜情形，若發現有較慢出菜情形或客人有特別要求時，須向廚房催菜。 10.點菜人員應注意來客人數與點菜量的搭配。5人以下為小份，6-8人為中份，9-12人以上則屬大份的原則，13人以上則視實際需要加量。 11.客人訂合菜時，應先開立菜單予客人參考，若不合意時，再作修改。 12.招待之餐食應經區域幹部同意，填寫招待單及相關資料，送交櫃檯及廚房。 二、控制重點： 1.負責點菜人員是否熟記菜色價格、當季推薦菜色或當日名菜之促銷。 2.客人對料理有特別要求調味，是否有註明強調。 3.接受點菜後，是否曾複誦菜色內容向來客再確認。 4.外場幹部是否隨時注意出菜情形，並在需要時向廚房催菜。加（退）菜單有否經由櫃檯會簽。 5.點菜人員是否能依來客數建議適當的大、中、小份量。 6.點菜人員是否有能力依客人之需求搭配合適之合菜菜單。 7.招待單之填寫是否依權限並經相關幹部簽名，招待之來客及原因是否為正常之需要。	

編　號	作業項目	作業程序及控制重點	依據資料
CS-106	餐飲中服務作業	一、作業程序： 　1.服務人員在客人用餐時應站立於適當位置，站立時舉止端莊，與客人洽談態度親切，和藹有禮，聲音溫和。 　2.上菜時，服務人員應介紹其菜名，並保持桌面清潔，適時更換餐盤、毛巾等物。 　3.服務人員分餐及送餐時，不可用手抓取食物，須使用食品夾子。分食餐食時，應自主客人開始依順時針方向順序分送。 　4.偶發事件切忌大驚小怪，如遇有不易處理之為難事情，必須立即請求上級主管協助處理。 　5.餐中催菜時，先向客人確認是否未出菜，若客人願意等候，則立即向廚房催菜或先用電話詢問廚房是否已開始作菜。 　6.酒水之點用，依規定開立酒水領用單。有未開封之酒水，應開立酒水退回單，以利買單結帳。 　7.客人用餐當中，如需增加任何餐食，均須填寫加（退）菜單，先經櫃檯會簽後，第一聯送至廚房，第二聯櫃檯留用，第三聯夾於帳卡上。 　8.用餐時如有退菜情形，必須填寫退菜單，先經櫃檯會簽後，第一聯送至廚房，第二聯櫃檯留用，第三聯留查（帳卡上）。 　9.結帳買單前應再確認加、退菜數量、品名及酒水明細後，送至櫃檯結帳。 　10.自助餐之服務人員應於客人入座後，主動介紹餐廳內之用餐環境、位置及用餐方式。 　11.自助餐之服務人員於來客用餐中，應隨時注意收拾餐具。 二、控制重點： 　1.現場人員是否依規定親切主動有禮節地服務客人，偶發事件之應變處理是否合宜。 　2.服務人員是否能視客人需求，適時更換餐具、毛巾等用品，並保持桌面清潔。 　3.服務人員對上菜時食物的處理方式是否皆能依規定處理。 　4.加（退）菜單填寫時，是否經幹部查明確認後簽名。〔加（退）菜單需由櫃檯核蓋章後再送單〕 　5.結帳買單前，服務人員是否確實清點菜及酒水數量，並檢附相關單據結帳。	1.依據資料： 　(1)餐飲席中服務作業要領 　(2)營業場所顧客服務作業規定 2.使用表單： 　(1)加（退）菜單 　(2)酒水領用單 　(3)酒水退回單

編　　號	作業項目	作業程序及控制重點	依據資料
		6.自助餐之服務人員於收拾餐具前是否已詢問顧客可否收拾。 7.自助餐人員是否依作業標準書要求之標準換盤動作，及時並適當地服務顧客。	
CS-107	餐飲後結帳作業	一、作業程序： 　1.顧客要求買單後，服務人員應將點菜單、加（退）菜單、酒水領用單、酒水退回單拿至櫃檯，櫃檯人員應依點菜內容加減酒水數量、品名、小菜盤數後，填於結帳單上，加計服務費後計算出應付金額，填製結帳單。 　2.顧客結帳付款時，櫃檯人員若須扣除訂金，應將顧客之訂金單收回銷帳。 　3.顧客結帳時，若以信用卡支付，先辨識是否為偽卡，並向信用卡銀行取得核准或授權，再列印帳單交予客人簽名，待簽完名後，櫃檯人員應核對帳單簽名是否與片卡背面簽名一致。 　4.顧客結帳時，若要求簽帳時，櫃檯人員應先判斷是否為可接受簽帳之顧客，否則應請顧客直接付現或刷卡。 　5.喜宴顧客結帳時，若支付支票，應先確認是否為本人之票據，並檢查票據上之大、小寫是否正確，票期則要求開立 7 天內為限。 　6.顧客餐後有寄桌之情形時，應將寄桌卡一聯交予顧客。 　7.顧客用餐使用寄桌卡結帳時，應先將寄桌卡收回核對相關資料，扣款時並應由顧客與買單人員於寄桌卡上簽認。 　8.各營業店櫃檯人員，根據點菜單來填製結帳單，並立即開立統一發票給客人。 　9.當日營業結束後，櫃檯人員以電腦列印「營業日報表」及「每日結帳明細表」核對「結帳單」，交由櫃檯主管覆核正確後，送交財會部會計課進行帳務作業。 　10.自助餐之顧客若使用餐券結帳，櫃檯人員應檢視該餐券是否有本公司之戳印及有效期限，並應將餐券號碼輸入電腦以便查核確為本公司所發行之餐券。（但不再開立統一發票，因出售餐券時已開立之） 　11.自助餐顧客若使用免費推廣餐券結帳時，應檢查	1.依據資料： 　(1)中餐櫃檯結帳作業要領 　(2)自助餐櫃檯結帳作業要領 2.使用表單： 　(1)自助餐結帳單 　(2)自助餐結帳明細表 　(3)中餐點菜單 　(4)結帳單 　(5)訂金單 　(6)本票 　(7)寄桌卡 　(8)營業日報表 　(9)酒水統計表 　(10)結帳明細表 　(11)加（退）菜單 　(12)酒水領用單 　(13)酒水退回單

編　號	作業項目	作業程序及控制重點	依據資料
		戳印、有效期限，並開立發票。（開給公司本身） 12.自助餐之櫃檯人員應每日列印營業日報表，每日結帳明細表來和連號的結帳單相核對，櫃檯主管覆核正確後，送交財會部會計課執行帳務作業。 二、控制重點： 　1.櫃檯結帳人員是否在核對桌號、點菜單、加（退）菜單及酒水數量等資料後，才正式計算總額。 　2.櫃檯結帳人員是否依付款別不同，而依其必要程序處理，輸入電腦作業。 　3.櫃檯人員接受簽帳時，是否判斷簽帳別（第一次簽帳、常客、員工），並依其手續辦理。 　4.中餐發生寄桌時，是否有在電腦上輸入寄桌客戶名稱、金額、日期，並在寄桌卡上紀錄。 　5.銷寄桌時，是否核對相關資料並於簽帳卡上由顧客簽認。 　6.櫃檯人員是否定時於每日結帳後將相關報表交主管複核後交至財會部執行帳務作業。 　7.中餐與自助餐之結帳單單號是否連號控管並據此輸入電腦的營業日報表中。 　8.自助餐顧客使用餐券結帳，是否檢查其必要要項，確保其正確性，並鍵入電腦消帳。 　9.電腦系統是否對已出售，未出售及推廣之餐券號碼控管，以供消費者持餐券來店消費時，可以覆核確屬本公司發行銷售之餐券，及控管有效時間。 　10.每筆交易在付款結帳時，必須立即開立統一發票給客人。	
CS-108	統一發票開立與作廢作業	一、作業程序： 　1.顧客結帳時，應先確認開立金額後再行開立發票。 　2.發票開立後，應將三聯式之二、三聯交予顧客，第一聯則為留底核對用。 　3.發票開立後，若開立錯誤需作廢時，應將原發票取回，訂於存根聯上，並加蓋作廢章後始可重新開立新發票。 　4.櫃檯人員應將已開立發票之存根聯及作廢發票送交會計課供帳務核對及申報營業稅用。 二、控制重點： 　1.發票開立時，內容與金額是否與結帳單上相符合。 　2.發票作廢時，是否將二、三聯收回訂於原存根聯上，才開立另一新發票。	

編　　號	作業項目	作業程序及控制重點	依據資料
		3.櫃檯人員是否按時將已開立發票存根及作廢發票交至會計課供查核申報用。	
CS-109	應收帳款收款、繳款作業	一、作業程序： 　1.當本公司業務人員向簽帳客戶收回現金或票據時： 　　a.由各營業店出納人員點收「現金」或「應收票據」並填入「資金日報表」中的「應收帳款明細表」裏及「庫存現金」欄內。 　　b.若是收回應收票據，將應收票據正本交出納人員，填入「銀行代收簿」，連同應收票據正本立即(最遲在第二天上午)送交代收銀行，且將代收票據填入「資金日報表」之票據代收欄內。 　　c.由會計課帳務人員轉製記帳傳票。 　2.當客戶將應收帳款電匯入本公司帳戶時： 　　a.各營業店出納人員與往來銀行核對帳戶餘額，了解電匯款之客戶名稱、金額，填入「資金日報表」中。 　　b.由會計課帳務人員轉製傳票。 　3.各營業店出售餐券收入時： 　　a.各櫃檯人員就自助餐分別之午餐、晚餐、下午茶、宵夜等餐券發行規定，向客人銷售收取款項，並在出售的餐券上蓋章填妥出售日期，填寫入營業日報表與餐券出售表單。 　　b.櫃檯人員在電腦輸入出售餐券的起訖號碼、張數、有效日期，以便日後消費時買單結帳沖帳時用。 　　c.櫃檯人員在出售餐券時，必須立即開立統一發票給客人。 二、控制重點： 　1.逾期未收之帳款是否查明原因，並立即告知本公司各營業店相關人員，避免該客戶再簽帳。 　2.收款人員現款後是否立即將現款繳回公司入帳。 　3.出售餐券時，有否立即開立統一發票給客人。 　4.收帳人員所收之票據是否有立即交予各店出納人員，並立即送往銀行代收。 　5.各店出納人員每日點收現金或應收票據是否立即填入「資金日報表」中。	1.依據資料： 　(1)營業收款作業規定 　(2)應收帳款作業辦法 2.使用表單： 　(1)應收帳款明細表 　(2)資金日報表
CS-110	客訴抱怨處理作業	一、作業程序： 　1.當有客訴問題發生時，應先由各店之餐飲部了解狀況。	1.依據資料： 　(1)客戶抱怨處理規定

編　號	作業項目	作業程序及控制重點	依據資料
		2.若發生狀況為一般常見者，則應由餐飲部直接進行了解處理。 3.顧客之抱怨事項及處理過程均記錄在「客戶建議記錄表」上，並應提出對策及改善建議。 4.若發生狀況為重大者，則應報請部門最高主管或店擔當主管處理，並填寫「重大事件客戶申訴處理單」。 6.接受客訴後，餐飲部應儘速判斷責任之歸屬是否為本公司。 7.若客訴之責任應歸於本公司之生產單位，則應將「客戶建議記錄表」交由廚務及資材單位了解，並立即追查發生原因。 8.客訴原因發生單位應依發生原因分析之結果進行改善，並擬訂防止再發生方案。 9.若屬於營業場地現場有客訴事件發生時，應將「客戶建議記錄表」交由餐飲部，再由服務人員及幹部至現場了解排除，並擬定防止再發措施。 10.客訴抱怨處理事後應以電話或 E-mail 向顧客報告處理結果。情節重大關係重要者，應由營業店派員親自登訪說明。 11.客訴事件發生後，若判定為本公司之責任，且需賠償時，應依客訴事件之獨立狀況做適當之理賠。並追究責任，列入檢討防止再發。 二、控制重點： 　1.傾聽顧客抱怨時應心平氣和，不可不耐煩。 　2.對顧客質疑之事項，是否均有適當解說。 　3.顧客所提之意見，是否分類統計並於事後做不定期之改善追蹤，防止再發。 　4.「重大事件客戶申訴處理單」是否都有提報改善措施。 　5.對於需理賠或其他賠償行為之案件，有否詳加檢討並採取適當之改進措施。 　6.客訴後對該事故之負責人員是否進行合宜之獎懲行為。	(2)營業場所顧客服務作業規定 2.使用表單： 　(1)客戶建議記錄表 　(2)重大事件客戶申訴處理單
CS-111	售後服務作業	一、作業程序： 　1.來客用餐結束時，可由顧客自由填寫「顧客意見調查表」，以了解用餐之服務品質，公司應再改善之事項。 　2.每個月應於餐廚會議時提出顧客之意見調查彙總資	1.使用表單： 　(1)顧客意見調查表

編　　號	作業項目	作業程序及控制重點	依據資料
		料，並以此訂出改進之工作項目，做為教育訓練之改善項目之一。 3.餐飲部之業務人員應擬定年度計畫，定期拜訪顧客（含機關行號、社團、個人），以了解顧客之需求及市場趨勢、客人之意見及改善建議。 4.各店之業務人員應定期對社團、機關行號及個人等之生日、紀念日、週年度或廠慶等節日，進行業務推廣，並給予適當的建議，以達良好的互動關係。 5.本公司之業務人員應適時提供公司之專案活動資訊予顧客，包括公司推出之季節性活動，新菜推出及其他的特別計畫，讓顧客享有多元化的資訊及服務，提高餐飲業之服務水準。 二、控制重點： 1.業務人員是否擬定年度計畫拜訪客戶，事後並檢討計畫，提出改善建議。 2.業務人員是否能隨時注意顧客之相關資訊適時給予需求建議，並對自我之專業素養不斷提昇。 3.公司電腦檔案中，客戶資訊是否有保持最新維護。	

6-2 採購及付款循環 CP-100

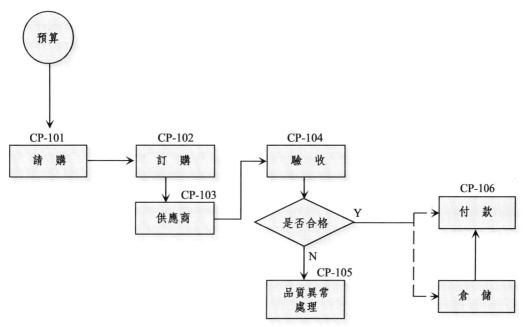

◉圖 6-8

6-2.1 請購作業 CP-101

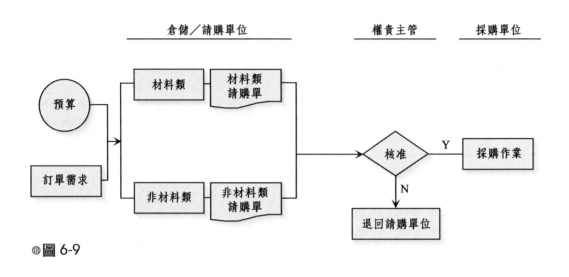

◍圖 6-9

6-2.2 訂購作業 CP-102

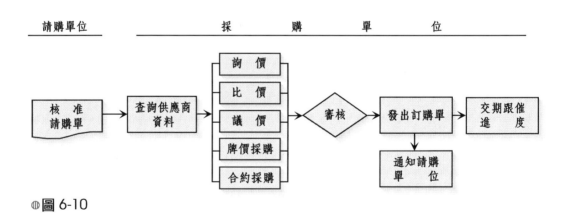

◍圖 6-10

6-2.3 驗收作業 CP-104

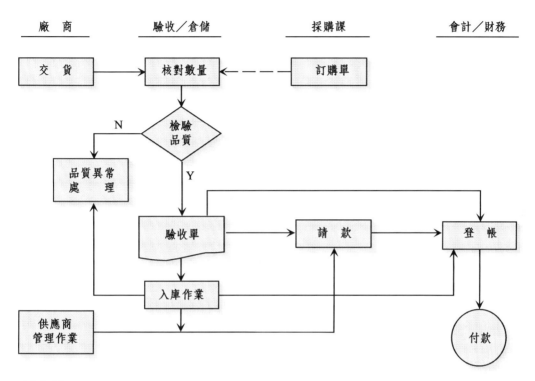

◍圖 6-11

6-2.4 品質異常處理作業 CP-105

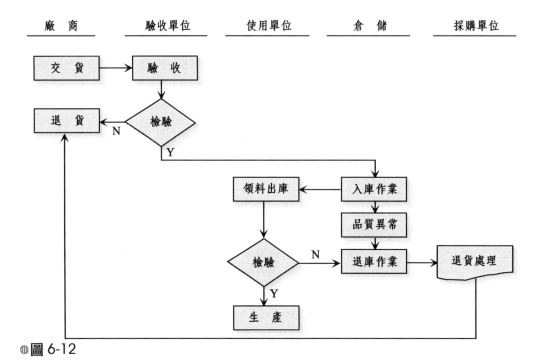

⊕圖 6-12

6-2.5 付款作業 CP-106

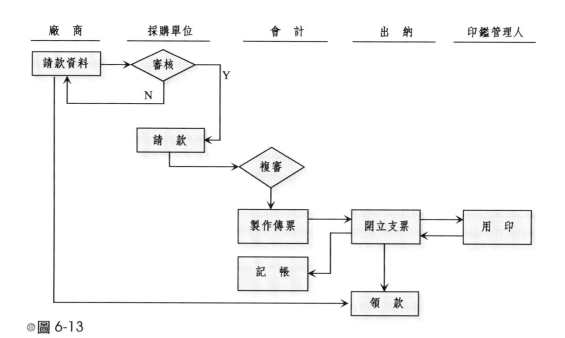

| 廠　商 | 採購單位 | 會　計 | 出　納 | 印鑑管理人 |

◉圖 6-13

編　號	作業項目	作業程序及控制重點	依據資料
CP-101	請購作業	一、作業程序： 　1.材料類請購： 　　(1)申請單位依庫存量及預約訂席(宴)桌數，計算相關材料需求用量，於事前填寫「材料類請購單」，註明材料品名、數量、單位，由請購人簽名後送交廚務主管彙總。 　　(2)廚務主管應依每一製成品或半成品之用料清表，並參酌庫存量來審核請購單上之請購品名、數量。 　　(3)廚務主管審核各廚務單位請購內容後，將各單位蔬果類及海鮮肉類之請購分別彙總。填寫「材料類請購單彙總表」並由廚務部主管簽核。 　　(4)材料類請購單之分類： 　　　①材料類請購單：供各廚務單位提出請購需求	1.依據資料： 　(1)資材管理規定 　(2)分層負責作業管理辦法 2.使用表單： 　(1)材料類請購單 　(2)材料類請購單彙總表 　(3)倉庫請購單 　(4)非材料類請購單

編　號	作業項目	作業程序及控制重點	依據資料
		之用。	
		②「材料類請購單彙總表」：為廚務部門整理匯總各廚務單位所提出之蔬果花卉類與海鮮肉類請購彙總表。	
		③「倉庫請購單」為資材倉庫所使用之材料類請購單。	
		(5)請購單之提出時間：原則上每日中午下班前由各廚務單位就未來天數之營業需求預估，另考量目前已有之庫存量，提出請購作業，又倉管課就庫存之乾雜貨、料品庫存量已達請購點，提出請購作業，各廚務單位可再於每日晚上下班前，得因實際需求再提出請購作業。「材料類請購單彙總表」必須經由廚務部門主管簽核（倉管課提出者應有倉管單位主管簽核）。	
		2.非材料類請購：	
		(1)固定資產類：依「固定資產循環」作業規定辦理。	
		(2)用品盤存、商品、遞延資產與費用類（製造費用、銷售費用、管理費用）：由需求單位於事前填寫「非材料類請購單」，註明請購或修繕內容、規格、數量及需求日期，經部門主管審核後轉核決權限主管核准交採購單位辦理。	
		3.申請單位請購前應先檢查是否有下列情形：	
		(1)目前存量尚未達到請購時點。	
		(2)請購之品名、規格是否有庫存品或替代品可供替代。	
		(3)凡倉庫備存有之材料、物品，應向倉庫領用。	
		(4)廚務單位主管，必須依各材料品名（含半成品）庫存量及餐飲單位預約訂席數和單點來客預估人數，審核請購單上之品名、規格、數量。	
		二、控制重點：	
		1.請購需求單位是否事前提出請購單。	
		2.請購項目是否符合實際需要及已就現有庫存品或代用品有效撥用後不足再提出請購作業。	
		3.請購單據填寫是否詳實。	
		4.請購單之核准是否符合核決權限之規定簽核。	
CP-102	訂購作業	一、作業程序：	1.依據資料：
		1.材料類訂購：	(1)資材管理規定
		(1)資材部採購課依經核准之請購單，彙整需求量，	

編　號	作業項目	作業程序及控制重點	依據資料
		了解過去採購供應商來源與單價並按不同類別分別進行採購作業。 (2)大量或經常性採購之主要材料，應保持二家以上同時供應商，以免受到供貨品質或數量之限制。 (3)如遇各項原物料之市場供應或價格將有大幅變化時或逢市場例行休假時，採購單位須通知相關部門，以採取應變措施，提前或增量請購作業。 (4)大批採購或魚市、蔬果批發市場的採購，應由採購課人員進行詢、比、議價或單一品項之採購應與供應商簽立合約採購（屬於經常性或鉅額採購得以買賣雙方協商訂合約方式在合約條件內向供應商下訂單，以節省採購成本。） (5)為有效降低採購成本，採購人員得於魚市、果菜之批發市場中，就現撈魚貨及蔬菜水果，在授權範圍內視現貨之品質和當日合宜之拍價執行作業。 (6)材料類之採購，由採購單位依據核准之請購單，輸入電腦轉成訂購單，經主管審核後，始得向供應商傳真訂購。 (7)採購單位平時即應建立各項詢價資料；供應商資料亦應隨時更新，保持正確之採購資訊。 (8)訂購單發出後，採購人員應主動積極跟催供應商交貨進度、品質水平，避免交期延誤及品質不良影響營運，採購人員定期與收料驗收人員和廚務單位人員會同了解交期、品質，以便對供應商進行評鑑作業。 2.非材料類訂購： (1)負責採購單位於「請購單」核准後對供應商進行詢價、比價、議價，將其記錄於「非材料類訂購、驗收單」之廠商報價欄內，並填寫訂購品名、規格、數量、交期等交易條件，經核決權限主管核准後決定供應商，始得向供應商以傳真方式訂購。 (2)「非材料類訂購、驗收單」一式四聯，第一聯：會計，第二聯：採購→物管，第三聯：請款，第四聯：供應商，於訂購核決後，將第四聯交予供應商或傳真給供應商，完成訂購作業。日後驗收作業時，亦由收料驗收單位會同使用單位，一起在「非材料類訂購、驗收單」第一.二.三聯會簽。	(2)分層負責作業管理規定 2.使用表單： (1)訂購單 (2)非材料類訂購、驗收單

編　號	作業項目	作業程序及控制重點	依據資料
		3.屬日常性之採購（例如文具印刷、水電五金之修繕用品），仍應定期做詢價、比價、議價；而長期配合之優良廠商經核決權限主管核准後，得逕行採購。 4.興建或修繕大額工程或資本財支出，可簽報權限主管或以招標方式請廠商報價，經公司評估後，由核決權限主管核定採購廠商。 二、控制重點： 　　1.訂購標的品名、規格、數量、入店日期是否符合請購需求。 　　2.訂購單是否詳實填寫且經核決主管依核准權限核准。 　　3.交易條件（付款期、含稅與否、統一發票之給予、品質、單價等）是否符合公司規定。 　　4.採購人員有否主動跟催交期與品質水平。 　　5.採購單位是否有經常維護供應商之資料，市場行情資訊之保持。	
CP-103	供應商管理作業	一、作業程序： 　　1.材料類、飲品類、商品類、遞延資產之餐務及廚務用品、清潔用品、消耗品由資材部採購課擔當；文具印刷、事務用品、固定資產則由管理部總務課擔當負責供應商之開發及管理。 　　2.為確保供貨來源不虞匱乏，且利於採購價格與品質之比較，每一單一品項應登錄二家以上之供應商。 　　3.驗收人員每日針對供應商送來之材料、物品進行驗收作業，若有品質不符，交期延誤、數量短缺與不按照公司要求填寫驗收單時，則應予以記錄在「供應商進貨評核登記表」，交採購主管審核後，提報資材部主管簽核。 　　4.供應商未達評核標準者，應要求其改善，或簽報取消供應資格。 二、控制重點： 　　1.重要材料供應商是否有二家以上供貨。 　　2.供應商評核是否確實。 　　3.供應商評鑑是否確實執行。	1.依據資料： 　(1)資材管理規定 2.使用表單： 　(1)供應商進貨評核登記表
CP-104	驗收作業	一、作業程序： 　　1.材料類驗收： 　　　(1)每日廠商交貨時，倉管課驗收人員應會同廚務單位（即使用者）辦理驗收。	1.依據資料： 　(1)資材管理規定 　(2)材料驗收作業管理辦法

編　號	作業項目	作業程序及控制重點	依據資料
		(2)驗收人員負責點收材料、數量、重量及規格；廚務驗收人員則針對品質予以查驗。 (3)材料類之驗收作業應依「材料驗收作業管理辦法」規定辦理。 (4)倉管驗收人員於品名、數量、品質無誤後，將點收數量或重量記入「驗收單」之驗收數量欄內，於驗收單上簽名以示收訖，廚務單位驗收人員亦應簽章以示品質合乎公司要求。 (5)倉管人員每日針對人工開立之「驗收單」，來核對電腦列印出之「廠商別採購驗收明細表」上之資料是否正確，再將「廠商別採購驗收明細表」附上人工開立之「驗收單」送交資材部人員審核，再轉財會部會計課覆核。 2.非材料類驗收： (1)採購單位確定廠商交期後通知申請部門。 (2)採購單位會同使用單位依「訂購、驗收單」上半部訂購欄之品名、規格、數量、單價、金額等各項交易條件進行驗收，並記錄於下半部「驗收記錄」欄內。 (3)使用單位驗收人員應於「訂購、驗收單」之「使用單位會簽」欄簽章，確認驗收貨品與請購需求相符。 3.廠商隨貨附發票時，驗收人員應審核發票內容（抬頭、統編）、品名、單價、數量、金額須與「驗收單」相符。 4.交貨數量超過訂購部分應予退回，但以現撈魚貨、蔬果花卉、進口海鮮之鱈魚下巴類之料品，其超交量在 20% 以下，由驗收人員於收料時，在驗收單註明超收重量，經使用部門主管同意後可予驗收存庫。而乾什貨與進口海鮮料品、肉品、酒水，交貨數量不得大於訂購量。 5.分批交貨之料品，驗收人員仍應每批辦理驗收。 6.扣款允收之處理：在驗收時，認定品質有瑕疵，規格不符，數量不足，但尚可克服而得允收，基於急用，雙方同意扣款允收，驗收單位應在驗收單上註明扣款原因、金額，經採購主管簽核處理之。 二、控制重點： 1.材料類品質檢驗是否依相關規定執行。 2.驗收品名、規格、數量是否與訂購單所載明細相符。	2.使用表單： (1)驗收單 (2)廠商別採購驗收明細表 (3)訂購、驗收單 (4)退貨單

編　號	作業項目	作業程序及控制重點	依據資料
		3.驗收作業是否由驗收單位會同使用單位共同辦理。並會簽於驗收單上。 4.倉管人員是否按時就驗收作業及領料作業、移轉、調撥作業、半成品入庫作業、退庫、退貨作業輸入電腦入帳。 5.倉管人員之出入庫登記作業是否按時送主管審核才送會計課。	
CP-105	品質異常處理作業	一、作業程序： 　1.經驗收人員會同使用單位認定品名、品質、規格不符或交期延誤已失使用時機者，應不予驗收，但若尚達允收標準，則由驗收人員於驗收單上註明異常原因交由採購單位對單價、數量酌減處理。並登入「供應商進貨評核登記表」。 　2.料品經點收入庫、驗收單登帳後，發現品質不符或其他因素決定退貨時，倉管人員應填寫「退貨單」，連同退貨品交採購單位處理。 　3.使用單位於生產領料出庫後，發現品質異常不合使用時，則先填寫「退庫單」退回倉庫，再由倉庫人員填寫「退貨單」連同待退品交採購單位處理。 　4.採購單位應將待退品交還廠商，並請廠商於「退貨單」上簽認以為退貨除帳之依據。 　5.採購人員針對各廠商供應之不合格品，依「供應商管理辦法」予以做例行記錄與評核。 二、控制重點： 　1.採購單位是否對異常之允收貨品予以處理。 　2.不合格品之退貨是否依規定辦理。 　3.退貨單是否請廠商簽認，並予以登錄除帳。 　4.廠商供貨品質、數量、交期異常時，是否有予以記錄、評核並追蹤改善情形。	1.依據資料： 　(1)資材管理規定 2.使用表單： 　(1)退貨單 　(2)退庫單 　(3)供應商進貨評核登記表
CP-106	付款作業	一、作業程序： 　1.材料類請款： 　(1)廠商於每月初將上月份之本公司人工開立驗收單（廠商請款聯）附上合法且符合規定之統一發票或收據，交至採購單位辦理請款作業。 　(2)資材部請款承辦人員應審查請款相關憑證： 　　①廠商驗收單請款聯是否檢附且為正本。 　　②發票、收據之品名、規格、數量、單價、稅項、金額等明細是否與驗收單之數量、金額相符。	1.依據資料： 　(1)付款審核作業規定 2.使用表單： 　(1)請款單 　(2)材料類請購單 　(3)材料類驗收單 　(4)非材料類請購單

編 號	作業 項目	作業程序及控制重點	依據資料
		③發票、收據之公司抬頭、統編、地址、金額大小寫是否正確。 ④廠商開立之發票或收據是否與驗收入帳之廠商名稱相同。 ⑤依本公司開立之驗收單請款聯其單據編號，查詢電腦是否為尚未請款之單據。 (3)請款承辦人員審查無誤後，填寫「請款單」，檢附驗收單請款聯，發票或收據，編訂送採購主管審核與複核。 (4)經採購主管認定請款金額有因品質異常或延遲交貨或價格偏高而予以扣款時，應於請款單上註明處理方式，並簽章後呈核決權限主管核准。 (5)會計課人員覆核請款單內之每一筆驗收單內容確實無誤，再轉製成記帳傳票，經會計主管複核後轉送財務課。 (6)財務課將會計課審核過之每筆請款單，確定付款方式沖帳並轉製記帳傳票。 2.非材料類請款： (1)採購單位承辦人員於每月五日前審查廠商發票及相關憑證之內容明細是否正確，如 1-(2)所述作業內容去執行。 (2)採購單位承辦人員填寫「請款單」並將正確且符合公司規定之發票或收據、「非材料類請購單」、「訂購驗收單」，經主管審核後，轉核決權限主管核准。如 1-(3)、(4)、(5)、(6)之作業內容執行之。 3.資本支出付款審核規定： (1)平常當所訂購之資產設備送來本公司時，由本公司管理部總務課會同申請單位使用單位（如屬資訊設備應會同資訊單位）點驗收其品名、規格、品質、性能、數量合格後由管理部開立非材料類「訂購、驗收單」之下半部驗收欄位，經使用單位會簽之，做為日後付款之依據。若屬工程類（建築工程營繕工程）時，開立「工程類驗收單」，經管理部總務課與使用單位會簽之。 (2)每月初 5 日前，供應商將上月份之本公司手寫非材料類「訂購、驗收單」正本附上廠商統一發票收據送至管理部總務課初審帳款整理，確認品名、規格、數量價格與採購合約或訂購單相符，又本公司內部憑證－驗收單已經有使用單位（或	(5)非材料類訂購 　驗收單 (6)切結書

編 號	作業項目	作業程序及控制重點	依據資料
		資訊單位）和管理部人員簽核，發票或收據均符合規定後，由管理部總務課開出「請款單」轉呈總經理核可，然後後將請款單附上驗收單、發票或收據，轉送會計課。 (3)會計人員核對發票或收據及「非材料類請購單」、「訂購、驗收單」與書寫於「請款單」上之貨品、數量、金額是否相符，確定資料正確後，編製傳票及列印傳票，再由會計主管審核後，送至財務課開立票據。 (4)財務人員須審查「請款單」上是否已蓋核准章始可開立支票，並列印傳票再將傳票、請款單連同票據交由財務課主管審核及財會經理核簽，再由印鑑保管者在票據上用印。用印完之票據交由出納人員發放，請款單、「訂購、驗收單」、發票或收據及傳票則由會計課歸檔。 4.預付款之付款審核規定： (1)申請單位書寫「請款單」註明預付之目的、對象、內容並將發票或訂金單合約書相關之外來或內部憑證等裝訂於後，經單位主管會簽再由總經理核准後，交由會計課編製轉帳傳票，再轉財務課。 (2)會計人員將已核准的請款單附上發票、憑證送至財務課，開立票據。 5.若廠商要求現金支付或以非「禁止背書轉讓」支票支付時，出納人員應請廠商填具「切結書」經核決權限主管核准後辦理。 6.開立之支票轉交支票印鑑保管人用印後交出納人員發放。 7.出納人員取得支票後應登錄於「付款登記簿」，於支票支付時由廠商簽收。 8.付款方式為現金或匯款時，財務人員將傳票及請款單交由財務課主管審核，經財會部主管複核才可付款或匯款。 9.請款單、發票或收據，傳票及相關憑證由會計課予以歸檔。 二、控制重點： 1.申請付款所檢附之憑證是否齊全、正確。 2.請款手續是否經核決權限主管核准後開立支票或付款。 3.應付款項以票據支付時，是否一律開立抬頭，禁止	

編　號	作業 項目	作業程序及控制重點	依據資料
		背書轉讓與劃線；如取消「禁止背書轉讓」是否經 核決權限主管核准，並要求受款廠商填具切結書。 4.付款是否有讓廠商簽章之憑證。 5.是否有避免重覆請款之勾稽作業。	

6-3 廚務生產與研發循環 CO-100

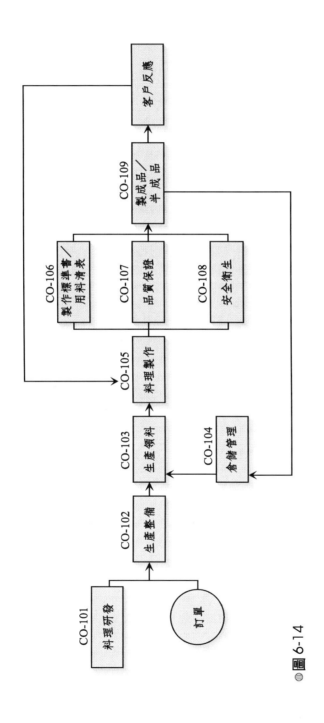

◎圖 6-14

258

6-3.1 料理研發 CO-101

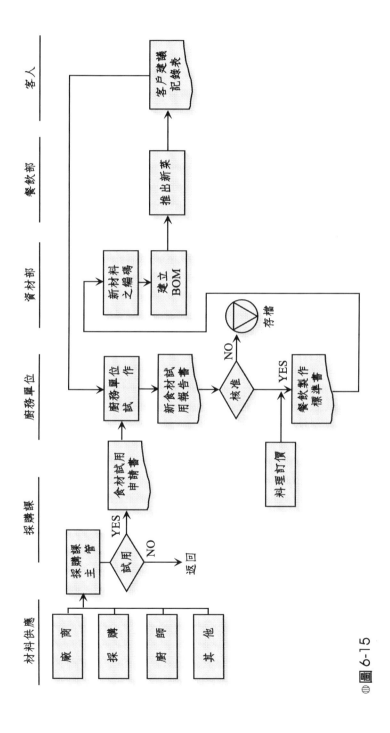

⊕ 圖 6-15

6-3.2 倉儲管理 CO-104

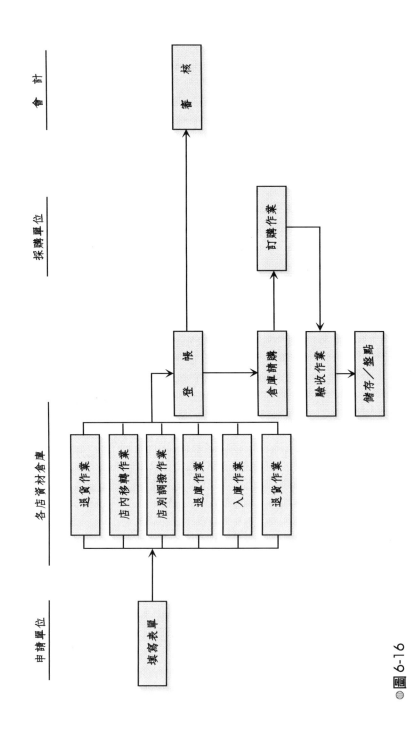

●圖 6-16

6-3.3 料理製作 CO-105

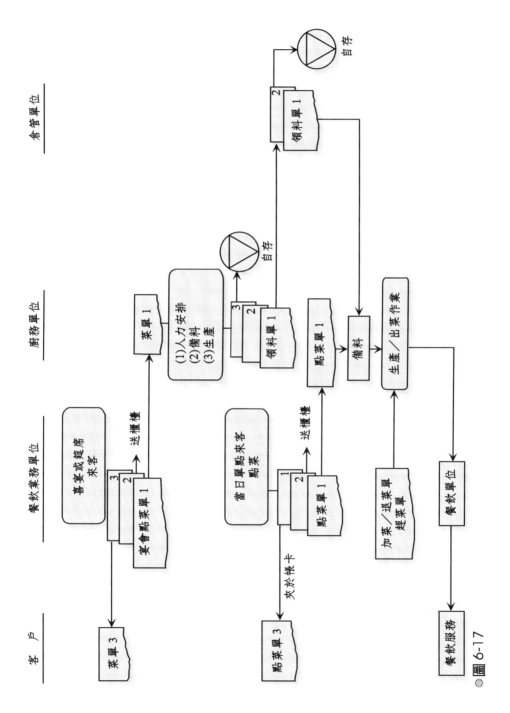

⊕圖 6-17

編　號	作業項目	作業程序及控制重點	依據資料
CO-101	料理研發	一、作業程序： 　　1.料理研發之方向：新材料、新烹飪方法與新包裝。強調材料保健功能之料理或以新材料代替原用材料之料理，以滿足消費者求新求變的需求。 　　2.採購課自行開發之新材料或接到廚師、廠商提供材料後，確定其品質及價格為更具競爭力之材料後登記入「新食材試用申請表」，交予廚務主管指定廚師烹調試作，同時由試作人員填寫「新食材試用報告書」，通知相關主管，以便進行評鑑工作。 　　3.「新食材試用報告書」應填寫該料理所使用之材料、料理方法、成本估算、預估售價、毛利率及評語等。 　　4.經決議採用之新料理，應由廚務部門撰寫「餐飲製作標準書」，送交廚務研發管理組核可，再交由資材部建檔。 　　5.經決議採用之新料理其材料若屬於新材料，則應交由資材部按資材管理規定材料類各品名編號原則予以編碼，供請訂購、收發料作業使用。 　　6.新料理的訂價，由廚務研發管理組以料理投入之直接材料和直接人工為計算基礎，再加計一定比率的管銷費用，並參酌公司的利潤率、市場行情、消費者接受度來訂定。 　　7.料理開發完成後應對全體廚師進行教育訓練，以使新料理得以標準化，並對外場餐飲部人員舉行說明會，讓其了解新料理之特色，由餐飲部配合推廣，並請餐飲部與廚務部追蹤客人反應及評價。 　　8.廚務部門若收到餐飲部所提供之「客戶建議記錄表」有關新菜之反應，應予以參考客人意見，再提報廚務部門討論改善對策。 二、控制重點： 　　1.料理研發是否有計畫性的推動，每季是否有新創意之提出。 　　2.新材料試作是否有填入「新食材試用報告書」並在廚務會議中檢討之。 　　3.新料理的訂價是否經權限主管之核准。 　　4.新菜無論是製成品或半成品是否有建立餐飲製作標準書。 　　5.廚務部門是否有追蹤新菜推出後之客人反應，並對客戶意見加以改善。	1.使用表單： 　(1)新食材試用申請表 　(2)新材料試用報告書 　(3)餐飲製作標準書

編　號	作業項目	作業程序及控制重點	依據資料
CO-102	生產整備	一、作業程序： 　1.中餐： 　　(1)餐飲單位，必須每日主動向廚務單位提供三日後的訂席表或「宴會點菜單」，讓廚務單位能預知未來日期的訂席數量和食材需求內容（品名、數量）。 　　(2)廚務單位主管得參酌公司最近可能推出之行銷企劃活動或季節性之消費需求特徵（母親節、情人節…），來預估未來一日或數日內，單點來客人數和消費金額 　　(3)廚務單位彙總統計 1 日或數日內，相關材料品名的用量預測，再考量目前庫存之數量（廚務現場與材料倉庫），得知預估之請購數量，填製「材料類請購單彙總表」，經廚務單位核決權限主管會簽後，送資材部採購課執行採購作業。 　2.自助餐： 　　(1)由廚務單位主管每日定時審閱餐飲單位的訂席狀況表，了解未來一日或數日內訂席來客人數。 　　(2)廚務單位參酌公司目前已知的專案企劃活動和消費市場節慶需求特徵，來預估未來一日或數日之消費情形。 　　(3)依主廚當期開立的「菜譜」內容，及預估來客之人數，換算出各食材品名和需求量，再考量目前於廚務單位與材料倉庫單位的存貨數量，填製出「材料類請購單彙總表」，經廚務單位核決權限主管會簽後，送交資材部採購課執行採購作業。 　3.勞務人力之安排計畫： 　　(1)廚務單位主管於每月第四週，預估次月份之訂席和單點來客之消費數量，編製出次月份人員公休表（內含正班專職人員和部分工時人員）。 　　(2)根據月份別的人員公休表，廚務單位主管於每日中午時再就實際營業需求，確認明日應出勤之人員數（正班人員及部分工時人員），以利人工費用的控管。 二、控制重點： 　1.廚務單位是否依照訂席表和訂席菜單來預估各項食材請購數量。 　2.廚務單位是否參考庫存量再提出請購需求。 　3.廚務單位主管是否配合每月行事曆，安排人員排班表。	1.依據資料： 　(3)資材管理規定 2.使用表單： 　(1)宴會點菜單 　(2)材料類請購單彙總表

編　號	作業項目	作業程序及控制重點	依據資料
CO-103	生產領料	一、作業程序： 　1.宴席消費：餐飲部應於宴席三日前與客戶確認訂席之菜單、桌數、價格及其他交易條件，將宴會點菜單，預訂桌數會知廚務部。 　2.單點消費：客戶每日來店點菜時，餐飲部現場服務人員將經確認之「點菜單」交廚務單位生產料理。 　3.廚務部主管接獲菜單後，應先檢查欲使用之材料、乾雜貨是否須事前請購、領料；半成品是否已備料；人力亦應先行規劃；如為外燴則應派人勘查現場生產環境及準備相關廚務用具。 　4.「領料單」由領用人員填寫，註明領用單位材料品名、單位、請領數量，經廚務主管核准後，據此向倉管領用；若有大量之領料時，應先註明需求日期，事前填「領料單」，以資倉管備貨。 　5.材料之領用應依規定之材料名稱、用量及用量單位為領用依據，半成品之領用亦應依資料管理規定之半成品規格表之品名名稱、包裝單位來填寫。 　6.「領料單」材料品名、數量、單位有塗改時，廚務主管應於修改處簽名確認。且材料、乾雜貨類之領料應與其他費用類之「領料單」分別開立，領料單上請領數量與實領數量不一致時，帳務作業以實領數量為準。（實領數量由倉管課人員來填寫） 　7.製成品、半成品或材料，因故須向其他分店借調時： 　　(1)廚務單位相互間的調撥：調入單位之經辦人欲調借他店物品時，應向調出單位協調，經調出廚務主管同意，開立「領料單」向該倉庫領取；調出單位之經辦人則填寫「退庫單」經其廚務主管核准後，連同物品給該店倉管點收入庫，再由彼此倉庫作調撥。 　　(2)不同營業店資材倉庫間的調撥：調出資材倉庫之承辦人員填寫「店別調撥單」，經該單位主管簽核；調入資材倉庫承辦人員及主管亦應於「店別調撥單」簽章。 　8.製成品、半成品及材料須向同店之不同成本單位調借時： 　　(1)製成品、半成品：調出單位先做生產完成入庫，再由調入單位領用。 　　(2)材料：調出單位先做生產餘料退庫，由調入單位領用。	1.依據資料： 　(1)資材管理規定 2.使用表單： 　(1)領料單 　(2)退庫單 　(3)店別調撥單 　(4)店內移轉單

編　號	作業項目	作業程序及控制重點	依據資料
		二、控制重點： 　1.訂席菜單是否於規定時間送交廚務單位。 　2.生產領料是否填寫「領料單」並經廚務主管核准。 　3.「領料單」之內容，明細是否填寫清楚。 　4.製成品、半成品、材料之店別調撥是否憑單依規定作業辦理。 　5.出入庫之登帳作業是否確實。	
CO-104	倉儲管理	一、作業程序： 　1.倉管課的冷（藏）凍庫與乾雜貨倉庫存取作業，一律要憑已核准之單據（如入庫單、驗收單、退庫單、領料單等）來存放或領用。 　2.半成品入庫： 　(1)製作半成品要填寫「半成品製作標準書」及生產完成擬先繳入冷（藏）凍，應開立「入庫單」方可入庫，入庫單上所填之品名、單位，必須依半成品規格表所示內容作業。 　(2)要入庫之半成品，廚務單位要依「半成品規格表」之規定包裝，並開立入庫單經廚務單位主管簽核，隨半成品繳庫，倉管人員審核品名、數量、包裝、規格無誤後方可入庫。 　3.加工有餘料退回倉庫時要填寫「退庫單」交給倉庫人員查收。 　4.酒水調撥作業： 　飲料、酒等，由資材倉庫轉到餐飲部吧檯，倉管帳務人員根據經餐飲主管簽准之「店內移轉單」來作業。 　5.倉管人員每月將「逾期未用呆料表」予各廚務單位時，各廚務主管應針對尚可使用之材料、半成品主動提出消化對策或建議處理方式。 　6.屬於重要的乾雜貨、冷凍食材及半成品，宜訂定請購點存量與安全存貨量，當庫存量降至請購點存貨量時，應由倉管人員提出請購作業。 　7.凡料品因毀損、遺失、超過保存期限或品質變質者，需由倉管人員填寫「料品報廢單」，經其主管簽閱送權限主管核准，並與財會單位知會配合做必要之處置作業。 　8.倉管人員應對各項進出庫之表單應予以控管及彙整保存。 　9.盤點作業：	1.依據資料： 　(1)資材管理規定 　(2)年度「盤點計畫書」 　(3)倉儲作業管理辦法 2.使用表單： 　(1)半成品規格表 　(2)半成品製作標準書 　(3)入庫單 　(4)逾期未用呆料表 　(5)料品報廢單

編　　號	作業項目	作業程序及控制重點	依據資料
		(1)年度盤點： 　①由財會部撰寫年度「盤點計畫書」經總經理核准後實施。 　②盤點前，公布年度盤點計畫書，並由財會部資材部共同舉辦盤點說明會。 　③盤點後，資材部倉管課應將盤點結果呈報總經理，並進行改善作業。 (2)月盤點： 　①廚務人員於每月月底針對當月以「領料單」所領未用之乾雜貨、冷凍冷藏冰箱之海鮮、肉類、蔬果，水槽之海鮮魚貨類進行盤點，並於帳上做當月月底生產餘料之退庫；同時於帳上記入做為下月初一之生產領料，以正確計算當月份實際耗用材料成本。 　②倉管人員每月不定期進行盤點，將倉庫、凍庫之庫存貨品，與帳載數量核對，若有料帳不符應追查原因，以杜絕人謀不臧情事。 10.帳務處理作業要點： (1)倉管課帳務人員每天根據各項人工開立且經核准主管確認之憑證（驗收單、領料單、退庫單、入庫單、退貨單、店內移轉單、店別調撥單、料品報廢單等）輸入電腦。 (2)倉管課帳務人員在每天 12:00 前列印出前一日出入庫各項表單，連同人工開立之各項表單，經資材部人員審核再轉會計覆核。 (3)帳務表單經資材部人員審核或會計課人員覆核有誤時，則應退回給倉管課帳務人員更正。 二、控制重點： 　1.倉庫料品是否依經核准之人工開立單據，來出入庫。 　2.各項表單填寫是否完整、正確。 　3.半成品生產入庫是否依規定之包裝規格、重量入庫。 　4.逾期未用之呆料，是否適時處理，以免造成損失。 　5.倉庫管理是否確實做到清潔、衛生與整理整頓。 　6.冷凍冷藏庫溫度是否設定在標準範圍內，並定期除霜保持清潔無味。 　7.倉庫、冰箱材料或半成品領用時是否採先進先出原則。 　8.料品報廢是否經核決權限主管核准。	

編　號	作業項目	作業程序及控制重點	依據資料
		9.年度盤點計畫書是否經總經理核可後實施，並對盤點結果加以檢討改善。 10.帳務作業是否有原始人工開立之憑單為依據，每日依規定輸入電腦。 11.各項倉管帳務表單是否經主管審核轉會計覆核。	
CO-105	料理製作	一、作業程序： 1.廚房依每日單點客戶之「點菜單」及「加菜／退菜單」與預先有訂席之「宴會點菜單」進行烹調作業。 2.「點菜單」於客人確認後交予廚房部依生產單位別－熱炒、烤、冷、蒸、炸、點心等單位分別予以製作。 3.廚務部位料理製作時，應依各製成品及半成品「餐飲制作標準書」之用料及烹調方式，非經餐飲主管同意者，不得擅自更改菜色內容及烹調方式。 4.廚務單位接到餐飲部之「退菜單」時，應立即停止生產。 5.廚務單位生產出製成品在送出餐飲部給客人前，應由廚務主管不定時抽檢該製成品之色（外觀擺飾）、香（嗅覺感觀）、味（查試味道），以符合品質水平。並由生產單位人員在點菜單上記錄已生產出菜。 二、控制重點： 1.廚務單位是否依點菜單或訂席單生產。 2.出菜是否依菜單順序出菜。 3.「加菜／退菜」是否有經餐飲幹部確認。 4.料理製作是否依公司所訂規範領料生產。	1.依據資料： 　(1)餐飲製作標準書 2.使用表單： 　(1)點菜單 　(2)加菜／退菜單 　(3)宴會點菜單
CO-106	製作標準書	一、作業程序： 1.經決議採購之新材料，不論是否生產為製成品或半成品，均應由指定之廚務部門撰寫「餐飲製作標準書」。 　「餐飲製作標準書」填寫應含： 　(1)菜名／規格。 　(2)使用之主材料、副材料、調味料之料品名稱與單位標準用量。 　(3)作業內容及需用時間（即料理製作流程）。將材料、半成品，使用何種炊具，在何時，以何種條件（溫度、火侯）用多少時間，用什麼方法來記錄執行作業的內容。	1.依據資料： 　(1)資材管理規定 2.使用表單： 　(1)餐飲製作標準書

編　號	作業項目	作業程序及控制重點	依據資料
		(4)管制重點就每一作業動作，其相對應必須注意之要點，逐一敘述之。 2.「餐飲製作標準書」由料理製作人填寫後交廚務主管審核，交廚務研發管理組核可。 3.「餐飲製作標準書」經核准後，由廚務單位將核准之「餐飲製作標準書」轉交資材部，且由廚務研發管理組輸入電腦，供日常管理之依循。 4.當原有的製成品、半成品，因故變更修改配方料理時，應由廚務單位重新填製「餐飲製作標準書」附原「餐飲製作標準書」一併送廚務主管審核，交經廚務研發管理組核准後，再由廚務研發組修正電腦資料。 5.經修改餐飲製作標準書，即表示菜色內容已經變更，廚務部門應知會餐飲等相關單位適時進行說明會，配合調整，並考量成本是否有增減而必須變更該製成品之單位售價。若有必須調整售價，應依規定經由廚務研發組決議之。 6.自助餐料理依季節或專案性定期變換菜色，各取食區（熱食區、現炒區、西冷區、點心區等）之負責廚師將預計更換之菜名先提報給主廚，主廚得審核整體菜色之搭配及成本，彙總成當期之「食譜」，經廚務研發管理組核可後，各取食區廚師依核准之食譜來製作料理： 　(1)未經主廚核准不得任意變換單期菜色。 　(2)不得擅自更改菜色內容及烹調方式。 7.每年定期由廚務研發管理組就現有全部之成品、半成品「餐飲製作標準書」，指定廚務部人員進行查核，是否為最新資料。 二、控制重點： 　1.「餐飲製作標準書」之制訂是否經核決權限主管核准。 　2.每道料理之訂價是否經核准權限主管核定。 　3.廚務單位是否依製作標準書製造生產。 　4.「餐飲製作標準書」一經修改後，是否同時更正電腦檔案資料。 　5.定期查核製成品、半成品之耗用量是否合理。	
CO-107	品質保證	一、作業程序： 　1.材料進料儲存之管制： 　　(1)採購課依據各請購單位之需求，採購符合其適用	1.依據資料： 　(1)餐飲製作標準書

編　號	作業項目	作業程序及控制重點	依據資料
		之品質、規格及價格；非經廚務與倉管單位驗收品質合格之材料不得簽收驗收單入庫。 (2)倉管人員於海鮮、乾雜貨驗收入庫後，應注意衛生，妥善貯存，冷凍冷藏海鮮則分開予以存放，每日定時檢查記錄冷凍（藏）庫之溫度，確保其品質及鮮度；乾雜貨應採通風良好、防潮、防濕、定期查檢品質時效，並採先進先出之存貨管理。 (3)驗收及廚務人員應依「餐飲製作標準書」所訂之材料用量、規格，並參照資材部所訂「原材料檢驗標準」之規定辦理品質檢驗。 2.料理製作之管制： (1)烹調前之備料作業人員應檢查材料是否適質適量，不合規定者應予以更換或調整。 (2)廚務人員烹調料理時應依該道菜之製作標準來作業，不得依個人喜好擅自變更材料品名、用料或改變烹調方式。並由主任級以上廚師進行製程中之抽驗，及出菜前色香味之抽測。 (3)廚務幹部於出菜前應先行目視檢查器皿與料理之盤飾，有破損、缺角、不潔之餐具不得用來盛裝料理，料理外觀未合乎餐飲製作標準書所示之外形時，應加以調飾之。 (4)廚務主管定時做料理盤飾口味之抽查，有異常狀況時，予以記錄，並要求廚師改進。 (5)廚務生產所使用之炊具、刀具、砧板等，必須每餐生產後，立即做好衛生處理，又廚務空間使用之油水分離槽、攔污網等，必須於餐後立即清理。 3.上菜後之品質改善： (1)上菜後，如有客人對所服務之料理品質、口味、份量、上菜時間、餐具清潔衛生或料理有異物等之反應時，應由餐飲部人員填寫「客戶建議記錄表」反應客戶具體之意見。 (2)「客戶建議記錄表」由餐飲單位主管簽章後交廚務部主管簽認。 (3)廚務部門主管應追查缺失原因，要求該製作單位主管針對缺失加以改善。立即在「客戶建議紀錄表」上說明改善對策由主管簽認，列入日常管理，並於每月廚務會議中提報改善結果。 4.有關人員、材料、用水、設施、設備、器具之安全	(2)材料驗收作業管理辦法 (3)安全衛生作業規定 2.使用表單： (1)客戶建議記錄表

編　　號	作業 項目	作業程序及控制重點	依據資料
		衛生依「安全衛生作業規定」辦理。 二、控制重點： 　　1.材料驗收是否符合規定之品質與規格。 　　2.料理是否依標準作業製作。 　　3.安全衛生之相關規定是否執行。	
CO-108	安全衛 生作業	一、作業程序： 　　1.本餐廳設安全與衛生管理員負責安全與衛生管理工 　　　作之執行，衛生管理人員及急救人員應受專業訓練 　　　機構訓練合格，持有結業證明者。 　　2.衛生查核項目區分為： 　　　(1)環境與設施衛生作業 　　　(2)廚房人員衛生作業標準 　　　(3)廚房設備衛生作業 　　　(4)儲運衛生作業標準 　　　(5)廢棄物處理作業 　　　(6)餐具與容器衛生作業 　　　(7)飲水衛生標準 　　3.消防安全作業： 　　　(1)編訂自衛消防組織，應設通報班、滅火班、避難 　　　　引導班、安全防護班。 　　　(2)每半年至少實施一次消防訓練講習，訓練員工使 　　　　用滅火器、消防栓及熟識一切消防工具裝備和存 　　　　放位置及逃生方向。 　　　(3)消防用各項設施每個月由使用單位員檢查及保養 　　　　維護，總務單位則不定時抽驗各項設備是否堪 　　　　用。 　　4.防止意外安全作業： 　　　(1)廚房人員每日應就廚房水電、瓦斯等安全措施檢 　　　　查。 　　　(2)如遇停電狀況，自動發電機未能自動切換供應電 　　　　力時，應改由人工操作啟動發電機；發電系統應 　　　　每月定時指派專人保養。 　　5.危險機械使用之安全防護作業： 　　　(1)載貨昇降設備，每月定期檢查保養。 　　　(2)小型鍋爐每四個月定期保養，每日開機、關機檢 　　　　查。 　　　(3)各種緊急小型急救箱應放置適當之固定位置，並 　　　　經常檢補藥品以利方便使用。 　　　(4)廚房員工須注意刀傷、燙傷、燒傷、骨折、滑倒	1.依據資料： 　(1)安全衛生作業 　　規定

編　號	作業 項目	作業程序及控制重點	依據資料
		摔傷等意外發生，一旦發生時，各級主管一面處 　　理患者，一面須注意操作意操作安全，以維持作 　　業流程順暢。 　6.天然氣使用之安全防護： 　　(1)點火前聞試有無臭氣以確定有無漏氣。 　　(2)裝置瓦斯偵測器以事前預警。 　7.客人安全保險作業：公司投保第三人責任險，以保 　　障客人來店用餐之權益。 　8.管理部總務課定期督導各單位進行設施、器具之維 　　修保養，並於每月廚務會議中提報各單位執行之缺 　　失，並列入改善追蹤。 二、控制重點： 　1.是否設置衛生管理人員督導廚務衛生工作之進行。 　2.各項安全、衛生之表單是否落實執行。 　3.廚房從業人員每年是否有做健康檢查。 　4.消防訓練講習是否定期實施。	
CO-109	半成品 作業	一、作業程序： 　1.廚務單位為配合大量訂席之料理供應，除於宴席當 　　日生產外，部分半成品或加工作業可提前生產。 　2.半成品之單位成本，如有升高現象，則廚務主管應 　　反應給採購課外，必要時可提報核決權限主管調整 　　售價，或因毛利過低而予以停產或尋找其他可用之 　　代替材料。 　3.廚務單位每次按「餐飲製作標準書」做半成品時， 　　應依「半成品入庫包裝標準」包裝後，填「入庫 　　單」連同「半成品製作標準書」一併交倉管入庫； 　　領用時填「領料單」經核可後向倉庫領用。 　4.半成品之庫存量由倉管人員管控，定期提供庫存餘 　　量予廚務主管製做備料之依據，即半成品之存量得 　　以保持合理庫存，滿足成品量產的需求且不積壓過 　　多庫存量。 二、控制重點： 　1.半成品是否有先入庫，並依規定包裝規格入庫，並 　　填製「入庫單」以供帳務作業，又領用半成品時亦 　　應開立「領料單」以供帳務作業。 　2.半成品庫存數量是否定時提供生產單位。 　3.半成品成本之增加是否反應在產品售價上或做相關 　　之處理。	1.依據資料： 　(1)半成品入庫包 　　裝標準 　(2)餐飲製作標準 　　書 2.使用表單： 　(1)半成品製作標 　　準書 　(2)入庫單 　(3)領料單

6-4 薪工資人事管理循環 CW-100

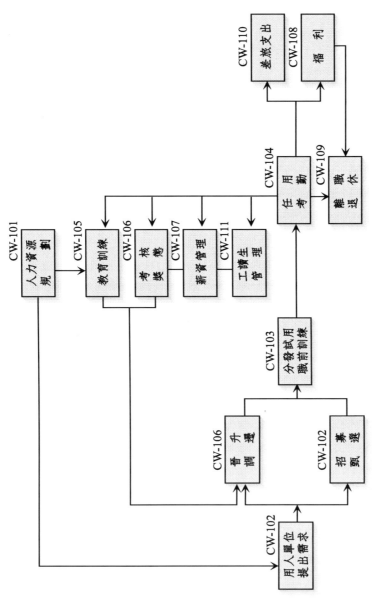

◎圖 6-18

6-4.1 用人需求與招募甄選 CW-102

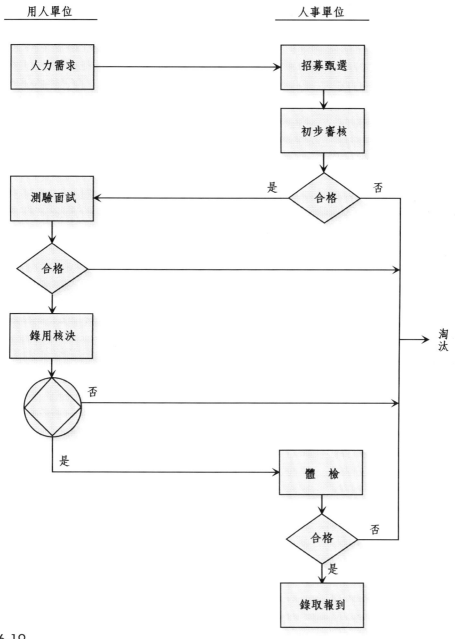

 圖 6-19

6-4.2 任 用 CW-104

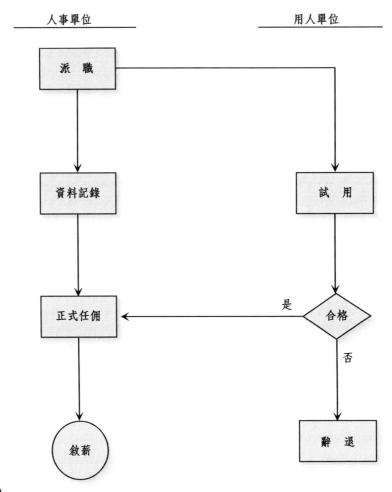

◉圖 6-20

6-4.3 考 核 CW-106

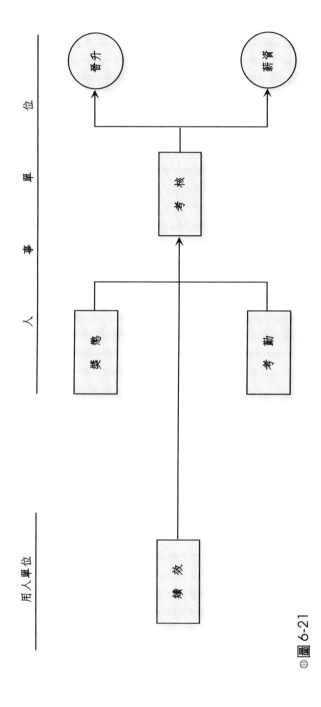

◉圖 6-21

6-4.4 薪資管理 CW-107

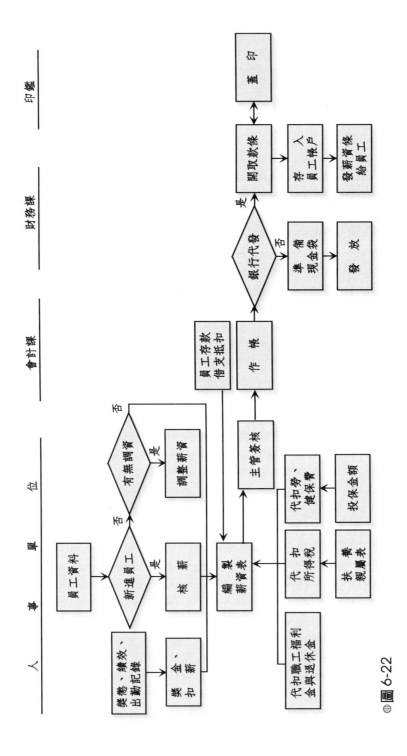

⊕ 圖 6-22

6-4.5 離 職 CW-109

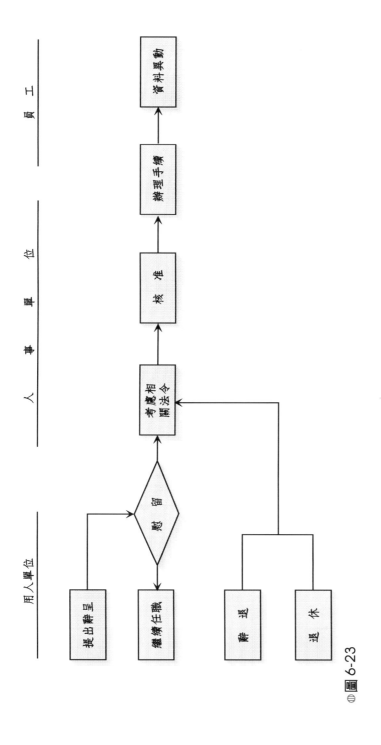

◎圖 6-23

編　號	作業項目	作業程序及控制重點	依據資料
CW-101	人力資源規劃	一、作業程序： 　1.管理部人事單位在每年第4季，根據公司新年度之營業方針計畫，主動和各店、各單位檢討新的年度之用人計畫，包括用人人數，需用日期及各個用人之薪工資預計。 　2.人事單位依據與各單位商討之人力需求情形，統計各成本責任中心之人力需求，並填寫「年度用人計畫表」，呈總經理會審，董事長核可。 　3.若年度中間，因業務變更之需，各成本責任中心用人需求因而有增或減之必要時，亦依程序送審並由董事長核可之，以做為全公司用人之依據。 　4.人事單位應定期評估員工供需預測，並與實際執行狀況做比較分析，以作為次年度用人計畫之參考。 　5.為配合各機能別人力資源的培植，以符合公司營運目標的達成，管理部人事課應做好人員教育訓練之計畫和執行。 二、控制重點： 　1.人力資源計畫須依營業方針需求來加以更新。 　2.人力資源計畫是否有經過核決程序。 　3.年度用人計畫為公司全年度各單位用人之基本依據；日常營運之用人是否有依此管理。 　4.各項員工人事資料記錄是否符合其內容之完整性及正確性，並製成檔案妥為保存。	1.依據資料： 　人事管理規定 2.使用表單： 　「年度用人計畫表」
CW-102	用人需求與招募甄選		
	用人需求	一、作業程序： 　1.人力需求申請：各單位主管依據年度用人計畫表之單位用人數，在指定之需求條件下，填寫「人力需求申請單」提出申請，並經核決權限主管簽核。 二、控制重點： 　1.人力需求申請單於送核准前須先統一知會管理部，以便審核用人數、用人條件等，並辦理相關事宜（例如：統一報徵）。 　2.人力需求申請單未經核決權限主管核准，不得招募增補人員。	1.依據資料： 　(1)人事管理規定 　(2)分層負責管理辦法 2.使用表單： 　(1)「人力需求申請單」 　(2)「全職人員應徵履歷表」 　(3)「員工敘薪表」

編　號	作業項目	作業程序及控制重點	依據資料
	招募甄選	一、作業程序： 　1.甄選方式： 　　(1)自公司各部門內部甄選適任之人員調遷。 　　(2)自公司各關係企業甄選適任之人員調遷。 　　(3)對外招募甄選或甄試適合之人員，並經審核同意後，方得雇用。 　2.甄選作業： 　　(1)依人力需求條件擬定廣告稿，刊登於相關媒體或與就業服務中心洽談或上人力供應網站徵詢。 　　(2)將應徵信函分類整理、送審、安排面試時間。 　　(3)應試人員須完整填寫「全職人員應徵履歷表」，必要時得安排相關測驗後，再進行面試，面試作業應由用人單位之主管負責，以謀甄選合宜人才。 　　(4)有技術性之職務，應由面試擔當主管適度施以實際測試了解應徵人員的實力，檢視其各項證照。 　　(5)面試主管須記錄面試內容與結果及敘薪內容，並經核決權限主管核准後，方得雇用。 　　(6)凡違反本公司雇用條件者，不得雇用之。如有特殊情況，須以專案方式呈送核准後始得雇用。 二、控制重點： 　1.必須依分層負責管理辦法之規定，經核決權限主管來執行作業。	
CW-103	分發試用、職前訓練	一、作業程序： 　1.任用資格：各編制內之職務，依受雇者之學歷、經歷或證照資格及本公司之需求任用之。 　2.報到作業： 　　(1)錄取通知：經核准錄用後，人事單位以電話或書面通知錄取者，並確認報到日期與時間。 　　(2)報到時應繳驗相關證件與資料並填寫相關人事資料。 　　(3)人事單位製作資料卡、名牌與出勤卡片。 　3.職前教育訓練： 　　(1)公司組織介紹 　　(2)工作環境介紹 　　(3)公司各項規章制度說明 　　(4)新人介紹 　4.領取制服、文具： 　　(1)制服之領取及保管	1.依據資料： 　(1)人事管理規定 　(2)制服管理作業辦法 　(3)保管品管理辦法 2.使用表單： 　(1)「全職人員應徵履歷表」 　(2)「正職人員人事資料表」 　(3)「保管品登記卡」 　(4)「新進員工試用期間考核表」

編　　號	作業項目	作業程序及控制重點	依據資料
		(2)文具之領取及保管 5.單位分發： 　(1)由任用主管安排新進人員工作位置 　(2)用人單位主管依任務職掌表分派工作給新進人員，並安排單位內資深人員協助相關事務。 6.試用： 　(1)新進員工試用期間以三個月為原則，試用合格後正式任用或得以延長試用期，但試用期間最長以不超過六個月為原則，試用不合格者得隨時停止試用。 　(2)新進員工因表現績優，雖然尚未達試用期滿，可以專案方式提報，經核准後可提早正式任用。 二、控制重點： 　1.報到時應繳驗與填寫之相關資料，除身分證影本於報到當日繳交外，其餘資料需於一週內繳齊。 　2.制服、保管品之領取須填寫「制服領用單」及「保管品登記卡」，以利人員或工作異動及離職時之控管。 　3.試用期滿須經考核，方得作為停止試用、延長試用或正式任用之依據。	
CW-104	正式任用、考勤		
	正式任用	一、作業程序： 　1.新進人員試用期滿，由其主管依其任務職掌與工作績效進行考核，考核通過並經核准始得正式任用。 　2.人事單位對於核准正式任用人員得依規定發佈「人事令」。 　3.正式任用之員工按其學識、成績、能力及職等職級敘薪規定給予核薪。	1.依據資料： 　(1)人事管理規定 2.使用表單： 　(1)「延長工作時間需求申請表」 　(2)「請假卡」 　(3)外出登記表
	考　勤	一、作業程序： 　1.正常工時：員工每日工作時間為八小時。 　2.出勤時間： 　　各店上班時間採輪班制。其起時、終時時間依各店之上班時間表為之。 　3.休息：連續工作四小時，至少應有三十分鐘之休息，但實行輪班制或其工作有連續性或緊急性者，得另調配其休息時間。	

編　號	作業項目	作業程序及控制重點	依據資料
		4.延長工時或提早下班：	
		(1)如因業務需要而須加班者，應事前申請並以「延	
		長工作時間需求申請表」經核准後始得為之；如	
		主管須員工加班時亦應事先告知，並經員工同意	
		後始得為之。	
		(2)因營業狀況或個人因素而須提早下班或晚到上班	
		時，須事前經主管核准始得為之。	
		(3)延長之工作時間以　　　分鐘為計算單位，並可於	
		事後補休。	
		5.出勤管理：	
		(1)除特別指定人員或特殊情況外，員工上、下班均	
		須親自打卡。每月之出勤分三階段（以一旬為一	
		階段）記錄考核，凡階段內按時出勤且無請假、	
		遲到、早退者，則發給全勤獎金。	
		(2)因故漏打卡該階段無全勤獎金，且須由主管於卡	
		片上簽核，其上班時間始生效。	
		(3)上班時間內因公外出，應填具外出登記表，經主	
		管核准後方可外出。	
		(4)託人、替人打卡或虛報忘打卡，雙方各記乙大過	
		處分。	
		(5)私自塗改卡片，不發給當月全勤獎金。	
		(6)打錯卡片立即由主管簽核後補之，不列入漏打	
		卡計。	
		(7)員工上班時間未能進入公司打卡而須直接外出洽	
		公者，應於事前向主管報備且於返回公司時於卡	
		片上註明上班時間並由主管簽核。	
		6.曠職處理：未經辦理請假手續或假滿未經續假，而	
		擅不出勤者；或在工作時間內未經主管准許或辦理	
		請假手續，擅離工作場所或外出者，均以曠職論。	
		二、控制重點：	
		1.加班或提早下班、晚到上班（遲到除外）之時間，	
		須經主管於其卡片上簽核始生效。（亦即須事前經	
		主管核可）	
		2.單位主管及人事單位應實施不定期查勤，平時員工	
		的出勤資料應列入考核評比。	
		3.彈性調整上、下班時間，調整後的時間須經主管於	
		其卡片上簽核始生效。	

編　號	作業項目	作業程序及控制重點	依據資料
CW-105	教育訓練	一、作業程序： 　1.全員之教育訓練由人事課主辦、會商各部門主管，針對訓練需求而擬訂訓練方案並推動執行。各單位主管在其本身職務範圍內，亦有對其部屬施予教育訓練之責任與義務。 　2.人事課於每年第4季開始時實施次年度教育訓練需求調查。 　3.人事課依各需求單位填妥之「員工教育訓練需求調查表」彙整出教育訓練需求及學員清單，配合公司次（新）年度之經營目標與計畫，擬訂出全公司新（次）年度之教育訓練計畫呈總經理核決。全公司各單位教育訓練費之預算，由管理部根據核可之計畫來彙編出。 　4.各單位依核准之公司新（次）年度教育訓練計畫安排每月自己單位內之教育訓練計畫。依計畫進度實施，並完成單位訓練成效記錄。 　5.公司年度教育訓練計畫之執行： 　　(1)教育訓練資源之建立及配合營運政策之需求來編列課程。 　　(2)教育訓練之型態： 　　　a.內部訓練－公司自行舉辦之各類教育訓練 　　　b.外部訓練－員工參加外界所舉辦之教育訓練 　　　※參加外訓須先提出申請，經核准後始可為之。課後須提出書面心得報告及上課教材，必要時得對企業內相關人員進行演講或講習。 　6.委外訓練結束時，應對學員進行意見調查，以便對此教育訓練作一整體性的評估。 　7.委外訓練成效評鑑： 　　(1)課後須完成學員上課資料之登錄，以供日後人員調遷考核之參考。 　　(2)課後檢討缺失，必要時修正教育訓練相關作業內容，以提昇整體之訓練成效。 　　(3)依需求追蹤學員之訓練成效。 二、控制重點： 　1.在每年第4季開始，管理部人事課應完成新（次）年度教育訓練問卷調查，並在第4季中確定全公司新年度教育訓練計畫內容。 　2.教育訓練結束後須作成記錄，以利評估成果、加強改善。	1.依據資料： 　(1)員工教育訓練作業辦法 　(2)預算管理規定 2.使用表單： 　(1)「員工教育訓練需求調查表」 　(2)「派外訓練心得報告書」 　(3)「外訓申請單」 　(4)「學員課後意見調查表」

編　號	作業項目	作業程序及控制重點	依據資料
		3.參加外訓須事前申請並經核准始有效。	
		4.凡經公司補助參加外訓者，其補助達規定金額時，其受訓期間及結訓後一年內不得離職，如離職須償還公司所補助之費用。	
		5.經由對學員之課後意見調查，得以掌握委外教育訓練之評價，以作為改善或修正之參考。	
		6.員工個人教育訓練記錄資料應作為考核或未來安排教育訓練之參考。	
CW-106	考核、獎懲、晉升、調遷		
	考　核	一、作業程序： 　1.考核的種類： 　　(1)試用期滿考核：指新進員工自到職日至試用期滿期間之考核，以作為是否任用或延長試用之依據。 　　(2)平時考核：指員工於任職期間之考核，以作為其日後培訓發展之參考及年度考核之依據，由單位主管執行之。 　　(3)年度考核：以平時考核之記錄作為年度考核之參考，另配合當年度之獎懲記錄，而成為年度考核之成績，並以此作為個人年終獎金發放、調（降）薪與晉（降）級之參考依據。 　2.考核實施期限： 　　(1)試用期滿考核：試用期滿前 　　(2)年度考核：次年 1 月 20 日以前完成。 二、控制重點： 　1.考核主管應於日常工作中定期記錄屬員職務達成過程的實際情形，以使考核儘量做到公正與負責。 　2.表現異常者，應由主管當面約談，協談改善要點。 　3.有關考核之相關資料，考核承辦人員應保密，不得對外透露，以維護員工權益，並避免不必要之困擾。	1.依據資料： 　(1)人事管理規定 　(2)人員考核作業辦法 　(3)分層負責管理規定 2.使用表單： 　(1)「新進員工試用期間考核表」 　(2)「行政人員考核表」 　(3)「餐飲部員工考核表」 　(4)「廚務部員工考核表」
	獎　懲	一、作業程序： 　1.獎勵分為五種： 　　(1)嘉獎：嘉獎三次作為記小功一次 　　(2)小功：記小功三次作為記大功一次 　　(3)大功：記大功三次給予特別調薪	

編　號	作業項目	作業程序及控制重點	依據資料
		(4)獎金、獎品 (5)特別調薪 2.懲罰分為五種： 　(1)申誡：申誡三次作為記小過一次 　(2)小過：記小過三次作為記大過一次 　(3)大過：記大過三次應予以免職 　(4)降調 　(5)免職 3.獎懲之提出，由直屬主管依其表現等級而提報，經核決權限主管核准後，送交管理部人事單位據此填寫獎懲令，並公告周知。 4.功過相抵之規定： 　(1)申誡得以嘉獎抵銷。 　(2)記小過得以記小功抵銷。 　(3)記大過得以記大功抵銷。 　※功過相抵以考績當年度所發生者為限，先過後功才可抵銷。 二、控制重點： 　1.獎懲之提報，應依分層負責管理規定立、會、審、決，才由人事單位公告周知。	
	晉　升	一、作業程序： 　1.依營運或組織編制需求與表現特優員工之績效，由權責主管提報員工晉升之。 　2.各級人員之晉升由各用人單位主管提報，並經「分層負責管理規定」，所訂之核決權限主管核准始生效。 二、控制重點： 　1.各級人員之晉升須經核決權限主管核准始生效。	
	調　遷	一、作業程序： 　1.調遷與移交： 　(1)遇有主管職務出缺，應自全公司遴選學經歷適當，績效優良有潛能勝任者擔任。人員出缺原則上以公司內部適宜人員予以補充之為主，對外招考新進為輔。 　(2)員工於調動前須由其單位主管填寫「人事異動申請單」，經核決權限主管核准後，始可調動。員工於調動時，必須將其工作確實辦理移交。如有個人保管品卡或經管之固定資產亦需交接完成，始可至新服務單位報到。	

編　號	作業 項目	作業程序及控制重點	依據資料
		(3)人事單位依核准之「人事異動申請單」，發佈人 　　事令公告周知。 　2.公司因業務之需，選任適宜人員擔任，被選任員工 　　不得拒絕接任，經協調溝通並發佈人事命令仍不願 　　接受時，得視為自動離職。 　　被調遷員工應於生效之日就任新工作，除有正當理由 　　得申請覆議外，不得藉故推諉。 二、控制重點： 　1.公司內各職務出缺，應以內部適宜人員優先調用， 　　對外招募為輔。 　2.人員欲調動前須於事前提出申請，並經核決權限主 　　管核准後，始可調動。 　3.人員調動必須確實辦理移交。	
CW-107	薪資 管理	一、作業程序： 　1.薪資結構： 　　(1)本公司各階層員工之薪資採月薪制，新進員工之 　　　薪資以實際到職日起薪。 　　(2)薪資之名目分為固定性（經常性）薪資與非固定 　　　性（非經常性）薪資兩種： 　　　a.固定性薪資：包括本薪、職務加給、主管津 　　　　貼、技術津貼等項目。 　　　b.非固定性薪資：包括各項獎勵金、全勤獎金、 　　　　年終獎金、未休假獎金等項目。 　　(3)本公司各階員工之本薪係依個員之職等職級在 　　　「本薪表」所列之薪點範圍，由核決權限主管核 　　　定之給薪點數，乘上該年度之薪點值（即每一點 　　　價值新台幣若干元）而計算出該項本薪金額。 　　(4)職務加給： 　　　依各職等別之不同並考量個人擔任之工作所必須 　　　具備之經驗、技術、技能、費力程度與情況等， 　　　而訂定出各單位之職務加給表。 　　(5)主管津貼分直線主管與幕僚主管津貼。 　　(6)全勤獎金：分為三階段評核（即一旬為一階 　　　段），在評核期間內無任何遲到、早退、請假或 　　　曠職者，則有該段之全勤獎金。 　　(7)年終獎金：公司於年終時依年度盈虧狀況設定年 　　　終獎金核發基數，及個人之考核成績，來核發年 　　　終獎金。 　　(8)未休假獎金：年假、累計加班時間及公休如因單	1.依據資料： 　(1)人事管理規定

編　號	作業 項目	作業程序及控制重點	依據資料
		位內工作職務關係無法如期休完,亦無法給予補休者,可於次年初提出申請,經核准後補發薪資。 2.發薪與停薪: 　(1)人事單位於每月二日前核對上月正職員工(三日前核對上月兼職員工)出勤記錄,並送交薪資主辦人員核算薪資,經核決權限主管核准後,再利用銀行轉帳方式,將薪資轉至員工帳戶內。 　(2)本公司員工於離職時,應依程序辦妥離職手續,如離職手續未於離職前完全辦妥或仍有職務未交接或交接不清之情事,公司得暫時保留其薪資,俟其離職手續或職務交接完成後再發放。 3.薪資調整: 　(1)本公司於每年依據物價指數並參考同業狀況與本公司營運情況及員工績效等因素,得酌予調整「本薪表」內之薪點值。 　(2)本公司員工之工作職務、責任或勤務方面有所調整或符合獎懲規定之獎懲事由時,得由主管提報,經核准後予以調薪。 　(3)績效優異或不佳者,得由主管提報,經核准後予以調整職等、職級與薪資。 4.薪資之代扣: 　(1)薪資所得之代扣:依每年財政部所發布之「年度薪資所得扣繳稅額表」,按照員工每月薪資所得及扶養親屬人數,照表代扣薪資所得稅。 　(2)勞保費及健保費,依勞保及健保相關法規,計算應由員工自行負擔部分,自薪資中代為扣繳。 　(3)職工福利依「職工福利金管理辦法」之規定代扣。 　(4)請事、病假及曠職依「請休假作業管理辦法」之規定扣薪。 　(5)財會單位於每月1日將員工借支逾期未歸還之金額知會核薪人員於其薪資中扣回。 5.員工薪資之稽核:每名員工之敘薪表內各名目金額必須依分層負責管理規定之核決主管核簽。各店權責主管在發薪前予以審核薪資表,才可開立「記帳傳票」及「支出票據」,以銀行轉帳方式入員工帳戶。 二、控制重點: 　1.公司員工薪資之發放,是否經有人事單位在每月三	

編　號	作業 項目	作業程序及控制重點	依據資料
		日以前核對員工上月份之出勤記錄，使正確計算應 付之薪資金額。 2.薪資主辦人員應於每月發薪後列印個人之薪資明細 表並交予本人，以利所領薪資之核對。 3.本公司之薪資作業採保密政策，員工或承辦核薪之 人員與相關主管，不得私自公開員工薪資明細。 4.任何職等（級）或薪資之調整，均須經核決權限主 管核准始生效。	
CW-108	福　利	一、作業程序： 　1.福利之種類：包括保險、退休準備金、職工福利金 　　等。 　2.保險： 　　(1)勞工保險：依政府相關法令規定，所有員工均享 　　　有勞保，費用由員工及公司按勞工保險條例規定 　　　之比例負擔。 　　(2)全民健康保險：依政府相關法令規定，所有員工 　　　均享有健保，費用由員工、公司及政府按全民健 　　　康保險條例規定之比例負擔。 　　(3)團體保險：此乃勞保、健保外，本公司為進一步 　　　照顧員工生活，提供額外之保障，其費用由公司 　　　全額負擔。 　3.退休準備金：退休準備金之提撥，依退休準備金條 　　例規定辦理。 　4.職工福利金：本公司按規定組織職工福利委員會。 　　員工個人按每月所得固定提撥福利金，公司亦依每 　　月營業收入總額固定提撥福利金。 　5.免費提供員工制服，其管理依「制服管理作業辦 　　法」執行之。 二、控制重點： 　1.是否每月依規定由公司提撥福利金與員工自行提撥 　　存入職工福利委員會帳戶，福利金之收支，由財務 　　幹事於每季季初將上季收支列表提交職工福利委員 　　會審核並公佈。 　2.每位員工是否就勞健保均依規定投保，並如期將員 　　工繳納與公司負擔之保費存入帳戶繳納。	1.依據資料： 　(1)人事管理規定 　(2)職工福利金管 　　理辦法 　(3)制服管理作業 　　辦法 　(4)勞工退休準備 　　金提撥及管理 　　辦法
CW-109	離職、 退休		1.依據資料： 　(1)人事管理規定 2.使用表單：
	離　職	一、作業程序： 　1.離職申請：	(1)「離職單」

編　號	作業項目	作業程序及控制重點	依據資料
		(1)員工因故自行辭職者，應依規定自行填寫「離職單」並按職稱於一定期限前提出辭呈。 (2)員工所提出之辭呈經核准後，由申請人依離職單上〝移交作業〞之內容流程，完成各單位之點交與簽認，離職手續始告完成。 (3)人事單位依離職單上移交作業內容，統計離職人員之應扣/補款項總額，將有必須加款（例如：給予不休假獎金）或扣款（因借支、請假欠勤等）者之離職單影本轉給核薪單位，據以扣/補其離職當月份薪資，離職單正本留於人事單位存檔，並據此辦理退保手續。 　2.離職規定： (1)員工自行辭職者，不得請求發給資遣費，但仍須依照規定辦妥一切離職移交手續後，方得離職。 (2)員工離職時，必須依各項規定就①個人工作上負責之業務、文件、存檔資料、電腦檔案（權限）、磁片等，②個人保管品卡內經管之品名、固定資產列管項目、制服之清點交接繳回，③應收帳款票據、暫支借款、違約補款（如教育訓練），辦妥離職手續。 　3.免職、停職： (1)本公司員工違反本公司人事管理規定中定之免職條例時，應予以免職。 (2)單位主管需要求被免職人員填寫離職單並辦理移交手續，未完成移交績，核薪單位暫不核發該月薪資；免職之簽呈經核決主管簽核，人事單位發佈免職令，即刻辦理退保手續。 (3)員工因案經法院起訴或受羈押時，應予停職，至獲不起訴處分或無罪判決時，得請求復職。 二、控制重點： 　1.未依離職規定期限申請離職且於離職前辦妥離職手續者，如因此致使公司遭受損失，離職者是否應負損害賠償之責任。 　2.員工於辭職時，有職務未交接或交接不清之情事時，公司是否有暫時保留其薪資，並催促其完成手續之辦理。 　3.免職、停職作業有沒有依核決權限作業之。	
退　休		一、作業程序： 　1.自請退休—員工有下列情形之一者，得自請退休： (1)工作十五年以上，年滿五十五歲者。	

編　號	作業項目	作業程序及控制重點	依據資料
		(2)工作二十五年以上者。 2.強制退休－員工非有下列情形之一者,公司不得強制其退休: 　(1)年滿六十歲者。 　(2)心神喪失或身體殘廢不堪勝任工作者。 3.退休金之給予標準: 　(1)勞基法實行以後: 　　a.前 15 年每年二個基數。 　　b.超過 15 年者,每滿一年給予一個基數之退休金,其剩餘年資未滿半年者以半年計,滿半年以一年計。 　(2)退休金基數最高以 45 個基數為限。 　(3)退休金一次給予並於退休之日起 30 日內給付之。 　(4)退休基數之標準,係指核准退休時之平均工資計算為準。 4.員工請領退休金之權利自退休之次月起,因五年間不行使而消滅。 5.員工因違犯報經主管機關核准之工作規則,情節重大而遭解催者不發退休金。 二、控制重點: 　1.員工依規定向退休準備金監督委員會申請退休時,是否有依自請退休之條件與退休金給予計算標準,審核發放。 　2.計算退休金之相關資料只有退休員工、相關承辦人員與主管方得接觸。 　3.用以計算退休金的資料須經核決主管核准後始可修改。	
CW-110	差旅支出	一、作業程序: 　1.出差依其性質分類如下: 　　(1)國外出差:對因公派遣國外出差或受訓者稱之。 　　(2)國內出差: 　　　a.出差:對因公外出處理公務,行程跨越二日以上,需在外住宿者稱之。 　　　b.公出:對因公外出處理公務,當天往返不需在外住宿者稱之。 　2.員工出差申請程序: 　　(1)國外出差:由總經理或董事長專案派遣,出差人填具「出差申請單」,並經核決權限主管核准始	1.依據資料: 　(1)員工出差管理辦法 　(2)分層負責管理規定 　(3)零用金管理規定 2.使用表單: 　(1)「出差申請單／出差旅費報告表」

編　　號	作業項目	作業程序及控制重點	依據資料
		生效。 (2)國內出差： 　　a.出差：由直屬主管派遣，出差人填具「出差申請單」，並經核決權限主管核准始生效。 　　b.公出：由各直屬主管派遣，出差人填具「出差申請單」送部門主管核准始生效。 　3.出差人員填列「出差申請單」時，要註明使用何種交通工具，是否住宿，經核准才得報銷。 　4.出差人員行程前得預支相當數額之旅費並填妥「零用金借支單」，出差後7日內依照規定填具「出差旅費報告表」、連同有關單據、「零用金請款單」，已核准之「出差申請單」及「員工國外出差心得報告」，經核決權限主管簽核後，送人事單位將「員工國外出差心得報告」整理歸檔，再將其餘單據、資料轉送會計單位核銷旅費。 　5.員工出差需要支領特別費用時，須報明原因，會報總經理核准後始得支給之，並於歸回後檢具憑證單據報銷。 　6.與主管同行出差，其旅費可依同行主管之規定標準報支。 　7.國內、外出差旅費報支依「員工出差管理辦法」之規定辦理。 　8.出國人員於其出國期間之保險，除依本公司現有之勞工保險及全民健保辦理外，本公司另外加保旅遊意外險。 　9.出差旅程應按照出差必經之最捷近路程計算，非經事先核准，不得故意繞道延滯或在非公差任務所在國家或地區停留。 　10.出差期間除因傷病事故而需延長出差期外，不得因私事藉故延長差期，否則不予報支任何出差旅費。前項事故發生時，除採緊急措施外，應由出差本人或委請他人立即通知公司，裨便協助處理。 　11.奉派出國考察人員之交際應酬費用，除奉請總經理核准由公司開支外，概由個人負擔。 二、控制重點： 　1.出差人員逾期不報銷者，其零用金借支應由其薪資扣回。 　2.奉派出國考察或進修人員應依規定期限歸國，否則停支薪資及旅費並按情節輕重酌予懲處。	(2)「零用金借支單」 (3)「零用金請款單」 (4)「員工國外出差心得報告」

編　號	作業項目	作業程序及控制重點	依據資料
		3.奉派出國考察或進修人員除董事長、總經理外，歸國後應留任本公司繼續服務至少一年，否則追還其出國期間所領全部薪資及差旅費，但有特殊理由經總經理或董事長核准者不在此限。	
CW-111	工讀生（部分工時）管理	一、作業程序： 　1.人員招募方式及對象： 　　(1)由同仁推薦前來面試。 　　(2)前往各學校分發或張貼徵人海報。 　　(3)刊登徵人廣告或電腦網路徵人尋才。 　　(4)分散招募對象（包括：大學、專科、高中職學生及社會人士等），以配合各校考試日期。 　　(5)招募之同校在學生，依科系予以分類運用，以達人員控管之靈活性。 　　(6)面試得依基本要求項目（如：外貌、談吐、體型、品性等）做選擇並填寫「工讀人員應徵履歷表」。 　2.新人報到： 　　(1)須在上班前三天通知新人報到。 　　(2)新人上班第一天須讓其了解工作守則及工讀生管理規定之相關事宜。 　　(3)報到手續： 　　　a.填寫人事資料表－工讀人員。 　　　b.核對身分證正本、影本及學生證影本。 　　　c.繳交二吋相片3張。 　　　d.告知領薪時，需帶印章。 　　　e.分發制服及相關配件，依「制服管理作業辦法」辦理相關事宜。 　4.工作時間之安排： 　　(1)每月由排班幹部依「工讀人員公休表」負責安排人員班表。 　　(2)工作時間得依營業需要作調整，並於前一天通知上班人員。 　　(3)工作時間均以15分鐘為一計算單位。 　　(4)上班遲到亦以15分鐘為一計算單位。 　5.教育訓練： 　　(1)各店應於每月月底前排定次月之教育訓練計畫，並經主管簽核後公佈實施。 　　(2)新進臨時工讀生（工作未滿10小時），每次集合完後須作5分鐘教育訓練，時間以不超過15	1.依據資料： 　(1)工讀生管理規定 　(2)制服管理作業辦法 2.使用表單： 　(1)「工讀人員應徵履歷表」 　(2)「人事資料表－工讀人員」 　(3)「兼差人員請假單」

編　　號	作業項目	作業程序及控制重點	依據資料
		分鐘為限，此項由負責工讀生教育訓練之幹部執行。 (3)訓練步驟： 　　a.解說講義。 　　b.播放示範錄影帶。 　　c.訓練員示範與說明。 　　d.學習者練習與解釋重點，並由訓練員糾正錯誤。 　　e.測驗（口試、實做或筆試）。 　　f.追蹤考核。 6.請假基本規則： 　(1)事假需於三天前填妥請假單，並覓妥代理人，經主管核准始生效。 　(2)未依規定請假視同曠職，曠職三次則予以開除。 7.獎懲： 　(1)每二個月由各店選出優秀之兼職工讀生若干名，發給獎金，計入當事者薪資表中列帳。 　(2)在公司內帶頭滋事或集體曠職，則予以開除。 　(3)私藏小費被發現者開除。 　(4)不聽從幹部指揮調度，先以約談方式告之，若限期改善不佳則以降薪方式處理，再三告誡依舊不改，則予以開除。 8.考核： 　(1)現場主管須對工讀生加以考核評估，並將考核結果記錄之。 　(2)依考核結果，如有薪資調整須填寫「工讀生薪資調整表」，並經核決權限主管簽核，以便依此核算薪資。 　(3)表現特優者於相關會議中予以表揚或調薪；表現差者先以口頭警告，再以降薪方式處理。調薪或降薪皆以每小時＿＿元為一單位。 9.薪資制度： 　(1)新進人員試用期間為＿＿小時，每小時給薪＿＿元。 　(2)新進人員試用期滿經考核合格，成為正式工讀人員後，每小時給薪＿＿元。 　(3)薪資的發放：每月5日分批發放。 10.離職手續： 　(1)辭職需一週前提出辦理並填妥「離職單」，經工讀生總負責幹部核准始生效。	

編　號	作業 項目	作業程序及控制重點	依據資料
		(2)離職時，必須繳回制服、配件及經管之相關文件 　　或物品。 (3)若上述經管項目於離職時有遺失或損壞時，得照 　　價賠償。 二、控制重點： 　1.工讀生之招募應掌握學校及科系分散的原則，以達 　　人員控管之靈活性。 　2.工讀人員班表之安排是否順暢。 　3.各店排定之每月教育訓練計畫，有否相關人員負責 　　追蹤稽核其執行成效。	

6-5 融資循環 CR-100

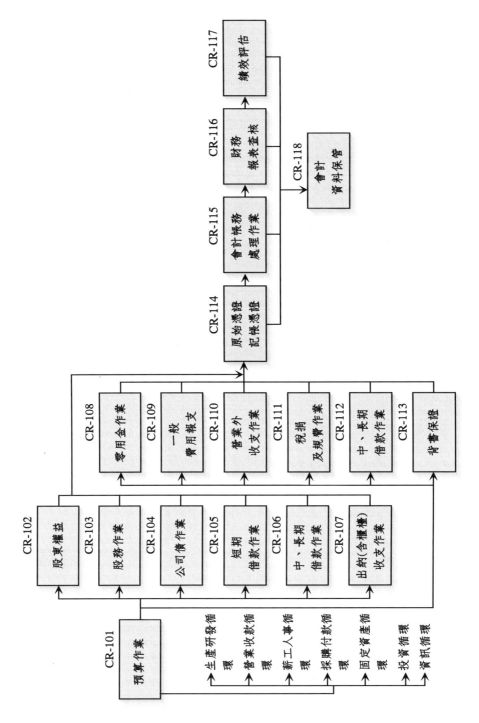

圖 6-24

294

6-5.1 預算作業 CR-101

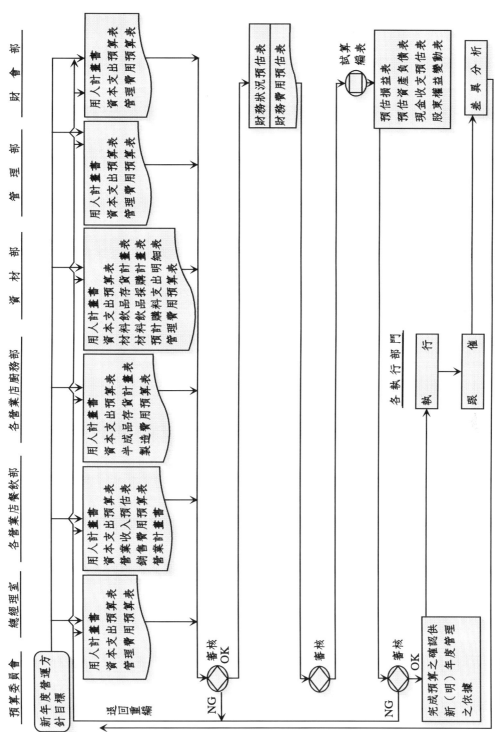

● 圖 6-25

6-5.2 股利發放 CR-103

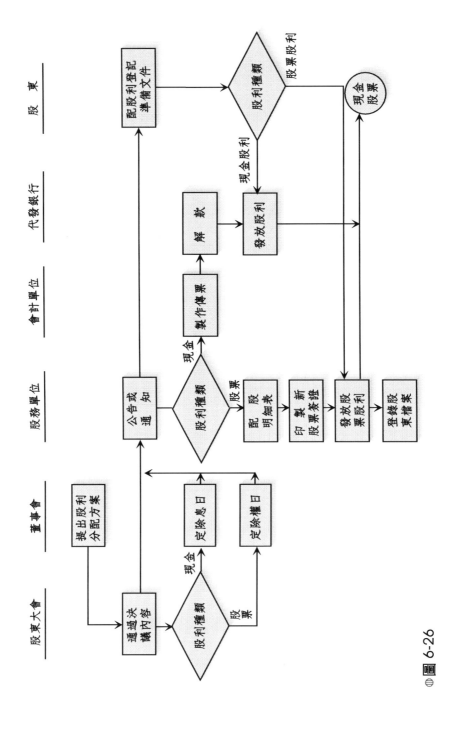

◉圖 6-26

6-5.3 股務作業 CR-103

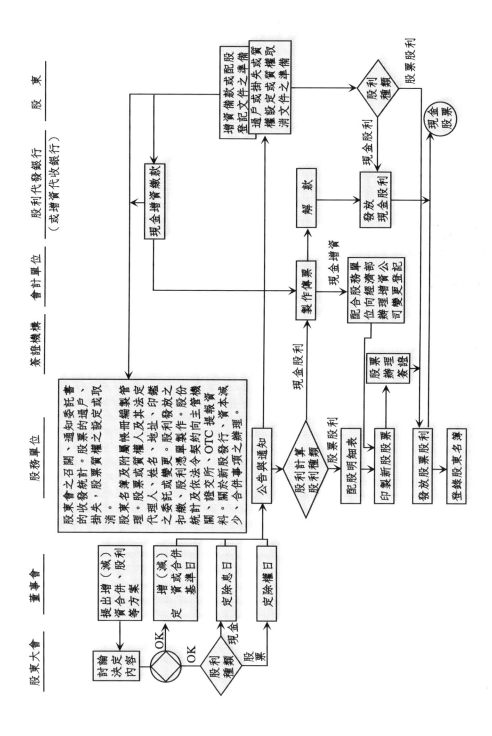

編　號	作業項目	作業程序及控制重點	依據資料
CR-101	預算作業	一、作業程序： 1.在每年 11 月下旬，由總經理室協調各營業店廚務部、餐飲部、行銷企劃組、高階主管舉行高階營運企劃會議，了解本公司過去實績、現有實力和面對之外部競爭生態，於明（新）年度應行之經營重點，共同商討出管理項目及經營目標，如下所述： 　(1)年度營業額（分別出各餐別收入） 　(2)各餐別營業額之毛利率 　(3)年度資本支出預算金額 　(4)年度管理費用預算金額 　(5)年度銷售費用預算金額 　(6)年度財務費用預算金額 　(7)年度平均人員流動率 2.於每年 12 月上旬，公司各部門開始展開各項預算表單的編製、送審。 　(1)各單位均應編製「用人計畫表」，以便了解在各個月份僱用人員數及薪資金額及編製「資本支出預算表」以了解在達成新年度營業收入目標時，應會有多少資本性支出之配合。 　(2)營業單位應編製各月份營業收入的預算表，及編製「銷售費用預算表」。 　(3)廚務單位應考慮在各個月份營業收入的預估下，應編出「半成品存貨計畫表」及廚房內發生之「製造費用預算表」。 　(4)資材部應考量在各個月份的營業收入預估下，應編出「材料飲品存貨計畫表」及「材料飲品採購計畫表」。 　(5)總經理室、管理部、財會部、資材部等管理單位均應編製自己部門的「管理費用預算表」及「財務費用預算表」。 5.以上各單位編出之預算書表，在各部門主管簽核後，一律送交預算委員會來審核，若有不合理處，應退回重編；各單位各類預算書、表經審查通過後，應全部送交財會部進行彙總。 6.財會部將全公司經有預算委員會審核通過之各類預算書、表予以整理，編製出「預估損益表」、「預估資產負債表」、「現金收支預估表」、「預估股東權益變動表」送董事會審核，以確定在各單位預估之營收、支出情形下，新年度的財務結構是否可	1.依據資料： 　(1)公司會計制度 　(2)財務會計準則第 16 號公報財務預測編製要點 　(3)預算管理規定 2.使用表單： 　(1)用人計畫表 　(2)資本支出預算表 　(3)營業收入預估表 　(4)半成品存貨計畫表 　(5)材料飲品存貨計畫表 　(6)材料飲品採購計畫表 　(7)銷售費用預算表 　(8)管理費用預算表 　(9)製造費用預算表 　(10)預估損益表 　(11)預估資產負債表 　(12)現金收支預估表 　(13)預估股東權益變動表

編　號	作業項目	作業程序及控制重點	依據資料
		達成目標值，若可行，就確定完成新年度之預算編製，以此做為新年度經營管理之依據。 7.預算經核准後須向各單位說明預算編製精神與要點。 8.交由各部門實施。 9.實際支出時，各成本責任中心隨時注意控制預算。 10.每月將預算金額與實際金額作單月比較與累計比較。 11.分析差異原因，予以糾正，防止再發。 12.若差異係不可控制因素而產生，則應據以修正營業目標。 13.如遇市場狀況變化或其他特別事故，對預算產生重大影響等，呈董事會核准後修正實施。 14.各預算單位應就預算與實績差異理由，配合營運方針，研討對策改進。 二、控制重點： 　1.事先應有充分之說明與溝通。 　2.儘量使支出不要超過預算，但也不可宥於預算而減少原本當支用的部分。 　3.日常之經營管理，是否以年度預算做為實績檢討之依據。	
CR-102	股東權益作業	一、作業程序： 　1.記錄及表達股東股本在本期內增減變動情形，並對股本等作業保持完整記錄及妥善保存。 　2.公司辦理增資案，應經主管機關核准或申報生效，就公司章程、公司變更登記事項卡、營利事業登記證之變更，應於主管機關核准增資後，再行向各相關機關提出辦理。 　3.各項公積提列成數應依公司法第二三七條規定於完納一切稅捐後提10%法定公積，並依公司章程或股東會議決提列特別公積。 　4.特別公積之動用情形，依原指定用途使用。 　5.若特別公積提撥之特定目的已完成時，則轉消或供作其他用途。 　6.帳列資本公積應純屬非營業結果所產生之權益。 　7.下列各項，均轉入「資本公積」科目： 　　(1)超過票面金額發行股票所得之溢額。 　　(2)受領贈與之所得。 　　(3)資產重估增值。	1.依據資料： 　(1)公司章程 　(2)公司法

編　　號	作業項目	作業程序及控制重點	依據資料
		8.法定公積及資本公積，僅供彌補虧損及增加資本之用，不可用於他途。 9.年度盈餘，依公司章程規定分配股利、董（監）事酬勞及員工紅利。 10.當年度之盈餘未作分配者，應就該未分配盈餘加徵 10%營利事業所得稅。 二、控制重點： 　　1.各項增資計畫（含現金增資、盈餘轉增資、公積轉增資），是否經由董事會討論後提交股東大會議決。 　　2.已經主管機關核准之增資案件，是否有著手進行公司章程、公司變更登記事項卡、營利事業登記證之變更。 　　3.特別盈餘公積之動用是否與原指定用途相符。 　　4.資產重估增值之計算公式，是否與固定資產重估價辦法、土地法、及平均地權條例之規定暨財稅機構核准標準相符。 　　5.有關股東權益變動各項目是否經過適當核准、其帳載記錄是否正確無誤。	
CR-103	股務作業（股票已公開發行及上市上櫃）	一、作業程序： 　　1.股票之簽證可委託銀行或信託公司辦理。 　　2.股務部門負責辦理下列各項股務：必要時得委託代理機構辦理。 　　(1)股票之過戶、掛失、遺失補發、質權之設定或消滅。 　　(2)股票或質權人及其法定代理人之姓名、地址及印鑑等之登記或變更登記。 　　(3)股票及其關係人就股務關係申請或報告之受理。 　　(4)股東名簿及附屬帳冊之編製與管理。 　　(5)關於股票（包括權利憑證）之保管、換發、交付及簽證。 　　(6)股東會召開通知書或股東會出席證之寄發及股東會出席通知書或委託書之收發與統計，以及其他對於股東之通知或報告之寄送。 　　(7)關於股務之照會或事故之報告受有關詢問事項之處理。 　　(8)關於股利（包含配股）之計算及發放。 　　(9)關於股份之統計及依法令或契約向主管機關或證券交易所簽證機構提出之報告、或資料之編製。	1.依據資料： 　(1)證券交易法

編　號	作業項目	作業程序及控制重點	依據資料
		(10)關於新股發行、資本減少、股票分割與合併之事項。 (11)關於上列各項附帶其他事項。 3.依有關法令公佈下列各項有關資料： 　(1)開股東會時： 　　A.股東會召開日期。 　　B.停止過戶日期。 　　C.盈餘分配內容。 　　D.配息基準日。 　(2)增資配（認）股時： 　　A.配（認）股基準日。 　　B.停止過戶日期。 　　C.繳款期限及代收股款機構。 　　D.配（認）股內容。 　(3)增資股票製作及發放： 　　A.交付股票日期。 　　B.股票發放日期。 4.按期將下列資料上網公告，並送證券暨期貨管理委員會、證券交易所或櫃檯買賣中心。 　(1)每月董事、監察人、經理人、財會主管及持有股份達股份總額百分之十以上之股東股權變動表。 　(2)董事、監察人、經理人、財會主管及股份持有股份達股份總額百分之十上之股東辦理質權設定公告通知書及解除登記情形。 5.記錄並製作下列資料： 　(1)扣繳稅款報繳書。 　(2)除息後股東名冊（融資、非融資）。 　(3)除息後股利清冊（融資、非融資）。 　(4)除權後股東名冊（融資、非融資）。 　(5)除權後配股及號碼清冊（融資、非融資）。 二、控制重點： 　1.發行股票種類、張數、日期及金額與帳簿記錄是否相符，是否經信託機構加以簽證。 　2.股票由何家印刷廠承印，印製多少數量，除發行外尚存空白股票張數。 　3.股票股利發放之根據及日期是否保有記錄可循。 　4.股東名冊是否依照公司法規內容設置，不可不實記載。是否依規定按期公告應行公告之事項，並送相關主管機關。	

編　號	作業項目	作業程序及控制重點	依據資料
	股利發放作業	**董事會提案** 一、作業程序： 　　1.董事會依公司財務及營利狀況和公司章程所訂之股利政策考慮是否發放股利、發放方式及數額。 　　2.財務部門調度規劃發放現金股利之財源及採股票股利發放，對公司未來每股盈餘之稀釋影響加以考量。 　　3.經管理決策決定發放股利、種類、金額、提由董事會討論後，始可向股東大會提出決議。 二、控制重點： 　　1.本期內如無盈餘可資派充股利時，其由公積項下撥充股利之條件，應合於公司法與本公司公司章程之規定及報經證券主管機關核准。 　　2.現金股利的發放，財務單位是否有確實規劃其財源。 **股東大會通過** 一、作業程序： 　　股東大會通過或修正董事會提出發放股利議案，將發放股利內容向主管機關報備。 **公告及發放通知** 一、作業程序： 　　1.公告並通知股東下列事項： 　　　(1)股東大會決議內容。 　　　(2)現金股利之除息日。 　　　(3)股票股利之除權日。 　　2.編製基準日後之股東名冊。 　　3.造具股利發放清冊或配股明細表。 **現金股利之處理** 一、作業程序： 　　1.若為現金股利，依股務部門之股利清冊，由會計部門製作傳票。 　　2.記帳傳票核准後入帳。 　　3.若請金融機構代為支付或自行支付，均須在發放前一日解款入發放帳戶。 　　4.代付之金融機構每日或每週向股務結帳一次。 　　5.代支機構月報表或週報表經核對無誤後，除股務單位留一份外，並轉會計部門乙份，據以銷帳，若是由公司之即期票據開立支付時，以支出作業程序核決主管簽核後，始可開立以股東名冊上之股東名稱相符之抬頭、禁止背書轉讓之劃線票據，由股務單	

編　　號	作業項目	作業程序及控制重點	依據資料
		位向財務單位簽收領取，由股務單位核對股東之發放股利通知書、印章、身分證明無誤後，寄發各股東。 6.股東須在除息基準日前過戶者，始可領取股利。 7.股東領取股利時，印鑑應與登記印鑑相符。 8.股東領取股利時，應具股利發放通知書、身分證、印章核對無誤後領取。 9.股東領取股利時應在股利清冊上蓋章，若由金融機構代支，則應填入代支日期、銀行。 二、控制重點： 　1.股利發放清冊應複核正確。 　2.已領股利者是否確實記錄。 　3.發放程序之記帳傳票是否有依核決權限主管簽核。 　4.股利之支付是否與股利發放清冊相符。 　5.是否有按期和股利發放銀行存款帳戶對帳，了解支付兌現情況。 股票股利之處理 一、作業程序： 　1.若為盈餘轉增資或資本公積轉增資，於經主管機關核准或申報生效後，股務單位應造具配股名冊，已經有主管機關核准後，涉及公司章程、公司變更登記事項卡、營利事業登記證等相關證照之變更，應分送各相關機關辦理。 　2.經承印廠商印製新股票，並由股務單位檢核後，送交簽證之信託機構簽證。 　3.股東在除權基準日前過戶者，始可領取股票股利。 　4.股東領取股利時，印鑑應持與登記印鑑相符。 　5.股東領取股利時，應具股利發放通知書、身分證、印章，核對無誤後領取。 　6.股務單位應定期編製已領取股票之明細表，對於尚未領取之股票必須妥善保管，並由稽核人員不定期抽點。 二、控制重點： 　1.調閱印刷廠承印合約、交貨日期及發行日期。 　2.查核股息發放程序及本公司股東會董事會通過會議記錄。 　3.查閱股東名簿、抽查辦理更換印鑑、股票過戶、股票掛失、質權設定、股票遺失補發、戶籍或通訊處地址變更等其根據及辦理時效。	

編　號	作業項目	作業程序及控制重點	依據資料
		4.已發行股票核對股票存根及是否有金融機構信託單位簽證，未發行股票盤點空白股票之張數。 5.抽查換發收回作廢股票，並查核其作廢原因，作廢股票之銷毀，應經呈報批准後由財務主管監督股務部門會同稽核人員派員辦理。	
	現金增資之處理	一、作業程序 　1.由管理當局列出現金增資用途目的、發行價格及股數，交於董事會討論。 　2.董事會同意現金增資計畫後，送交股東會議決議通過增資發行價格、股數及授權董事會執行增資之細項工作。 　3.股東會通過現金增資計畫後，應向主管機關申請核准。 　4.在主管機關核准後應洽定增資收款金融機構，由股務單位告知增資基準日、停止過戶日、繳款期限、代收股款機構。 　5.股務單位就本項增資案涉及之公司章程、公司變更登記事項卡、營利事業登記證進行變更登記之辦理；在公司變更核准三個月內，洽詢印刷廠印製股票送交簽證機構辦理簽證事宜。 　6.股東憑股票發放通知書，經股務單位核對印章、身分證無誤後，發給或採集保作業方式發放股票。 二、控制重點： 　1.現金增資是否有提董事會討論股東會決議。 　2.在公司辦妥變更登記三個月內有沒有印製增資股票發放給股東。	
CR-104	公司債作業	公司債作業 一、作業程序： 　1.了解公司在整體營運與投資需求上，確實有中長期資金的需求。 　2.確定當時資本市場債券市場是否有利於發行公司債（利率水準、還本付息方式、投資人保護條款、發行人保護條款擔保情況）。 　3.洽詢發行公司債之承銷商並進行市場認購的調查，與承銷商簽訂公司債發行顧問契約。 　4.召開公司董事會，將發行條件提出討論決議通過募集公司債議案。 　5.由財務單位洽訂公司債發行之保證機構簽訂保證契約，另找尋金融機構締結還本付息代理契約。	1.依據資料： 　(1)公司法 　(2)發行人募集與發行有價證券處理準則 　(3)財務會計公報

編　號	作業項目	作業程序及控制重點	依據資料
		6.向財政部證期會申請募集公司債案,待證期會核准後,由財會部訂定公司債發行日,並著手印行公司債債券送交簽證機構簽證開始進行募集作業。 7.在募足公司債款項應先向財政部證期會報備,再向經濟部報備,然後提報公司股東會議。 8.於付息日前十日,計算付息金額,並製作傳票,經核准後於付息前一日解款至金融或代支機構。 9.依發行辦法於付息日憑息票付息。 10.若為溢價發行,按利息法於付息時攤銷。 11.贖回之息票,予以註銷,並妥為記錄,若須燒毀,應會同稽核室人員始可進行。 12.一年內到期應償債券若準備用流動資產清償者,轉列流動負債。 13.公司債指定用途者依原規定運用。 14.計畫還本,財務部門應籌妥還款來源,定期之還本付息,應列入財務單位每月之現金收支預估表中,做好資金調度規劃及作業。 15.還本或收回前十日,計算所需金額,收回清冊等,經總經理核准,於還本前一日解款。 16.收回之債券登記債券號碼,並蓋收回章,妥為記錄。 二、控制重點: 　1.公司債發行程序應依公司法第二四六條至二六五條規定辦理。 　2.公司債發行前,是否已對債券市場做好市調,確定有利之發行條件。 　3.公司債登記、保管,與簽發人員,是否分別由不同人員擔任。 　4.對於未發行公司債券,均應預先編妥號碼,並由專人負責保管。盤點未發行債券張數與金額,與總額扣除已發行後餘額是否相符。 　5.債券收回,是否有重覆付款。 　6.若非提前還款之債券,溢折價是否攤銷完畢。 　7.財務單位將債券銷毀,應會同稽核室人員。	
CR-105	短期借款	一、作業程序: 　1.公司根據營業收支預估,若有短期(期限一年內)的資金需求時,得在下述短期借款項目中,選擇最經濟之資金成本來承做短期借款。 　(1)短期信用借款 　(2)客票融資或貼現	1.使用表單: 　(1)借款申請書 　(2)銀行存借月報表

編　　號	作業項目	作業程序及控制重點	依據資料
		(3)國內或國外購料借款 (4)發行商業本票 (5)銀行承兌匯票之發行 (6)短期擔保借款 (7)透支 (8)其他短期融資借款 2.在融資需求之前與融資來源機構建立良好關係，並保持該關係，且與借款金融機構洽談短期借款時，在互惠原則下，以本公司之營收業績相對存款實績，優良之財務結構下，宜以信用借款為優先。 3.若必須提供擔保品，必須考慮目前資產價值爭取合理的估算。 4.在市場利率看跌時，短期借款之利率，宜採「浮動利率」為宜，反之市場利率看漲宜採固定利率為宜。 5.各筆短期借款額度、貸款條件，應送公司董事會議決議，方可正式向貸款銀行提出。 6.各筆短期借款核准後，應登錄入「銀行存借月報表」中，並註明額度屆期日、借款之條件，抵押品內容利率水平，於營運有資金需求，應備妥借款文件，填具「借款申請書」經財會部主管會審，總經理核可，方得撥用，並由財會部編製「記帳傳票」依核決權限呈核入帳。 7.財務課每月底編製「銀行存借月報表」填上動用金額，以了解資金狀況。 8.各筆借款合約書（借據）必須妥善保管當債務屆期償清，應由財務單位向金融機構債權人取回還款本票或押票蓋上作廢章，並將抵押之擔保品提出塗銷設定之登記。 9.各項短期借款應由財務課審查，每月份利息費用之正確性及是否準時支付。每筆本金應注意到期日前，由財務課籌措資金準時償還。 二、控制重點： 1.借款合約是否妥善保存，並作適當記錄。 2.借入之款項是否依合約規定妥善運用。 3.利息之給付及其核算，是否正確合理，本金是否如期清償。 4.融資款項之償還作業後，原先開立之還款本票、押票是否取回作廢。	

編　號	作業項目	作業程序及控制重點	依據資料
		5.借款清償後抵押擔保品是否立即辦理塗銷設定之手續。	
CR-106	中長期借款作業	一、作業程序： 1.公司營業需求及資本財支出或投資支出之需求，產生對一年期以上資金之需求而向金融機構辦理一年以上的借款稱之。 2.在融資需求之前與融資來源機構建立良好關係，並保持該關係。 3.因中長期借款而與金融機構洽商時，必須爭取最經濟之資金成本及有利之借款條件；並呈送公司董事會決議核可。 4.若有抵押品的提供，其估計之資產價值應合理公平。 5.各筆中長期借款核准後，應將借款額度、抵押品、借款條件、償還本金方式、利率、到期日、記錄於「銀行存借月報表」中，因資金需求必須撥用時，由財務課填具「借款申請書」經財會主管會審，總經理簽核才可撥用，由財會部編製「記帳傳票」依核決權限呈核入帳。 6.財務課每月應編「銀行存借月報表」填上動用金額，掌控資金狀況。 7.各筆中長期借款合約書（借據），必須妥善保管，屆期本金償清，財務課應向債權銀行取回還款本票或押票予以作廢，並立即將抵押品辦妥塗銷設定作業。 二、控制重點： 1.資金調度是否必須，來源之選擇是否適當。 2.借款合約是否妥善保存，並作適當記錄。 3.借入之款項是否依合約規定妥善運用。 4.利息之給付及其核算，是否正確合理。 5.融資款項完成償還作業後，是否立即辦理抵押品塗銷及取回還款本票。	1.使用表單： 　(1)借款申請書 　(2)銀行存借月報表
CR-107	出納收支作業（含櫃檯作業）	一、作業程序： A.公司櫃檯收入或出納收入作業程序： 1.櫃檯收入現金或信用卡款（餐飲收入）時： 　(1)各營業店櫃檯人員，根據「點菜單」來填製「結帳單」，客人買單結帳時，就①現金②信用卡，選擇其一輸入金額，若以信用卡結帳則要再輸入信用卡銀行名稱與卡號，同時開立統一發票給客人。	1.依據資料： 　(1)付款審核作業規定 　(2)營業收款作業規定 　(3)櫃檯結帳作業要領 　(4)會計制度

編　號	作業項目	作業程序及控制重點	依據資料
		(2)櫃檯人員以電腦列印出「營業日報表」及「每日結帳明細表」交由櫃檯主管複核正確後，送交會計課進行帳務作業。 (3)會計課人員在每日結帳作業複核正確後，再核對每筆交易金額正確性。 (4)會計人員就買單當時或收現金或收信用卡款或收票據或沖寄桌、訂金、餐券，而去沖銷應收帳款，轉製成記帳傳票。 2.當各信用卡銀行，把應收信用卡款項匯入本公司銀行帳戶時： (1)各營業店財務出納人員和銀行對帳時，可確認是否有信用卡款額入帳戶，確認信用卡銀行別、進帳金額（各信用卡銀行日後會寄來扣取之手續費憑證）。 (2)出納人員輸入銀行轉帳資料。 (3)會計課人員審核後轉製成記帳傳票。 3.當日各營業店櫃檯有收到訂金時： (1)各營業店櫃檯人員應填訂金單，輸入聚餐性質、付款別。同時開立統一發票給客人。 (2)會計課人員在每日結帳作業核對正確後，再轉製成記帳傳票。 4.當本公司業務人員向簽帳客戶收回現金或票據時： (1)各營業店出納人員點收「現金」或「應收票據」並填入「資金日報表」中的「應收帳款明細表」裏。 (2)若顧客以支票付款，要求顧客開立之支票為禁止背書轉讓，並指明本公司為收款人，凡收到支票，均予檢查指明收款人及禁止背書轉讓之記錄。 (3)將所收回之應收票據正本交出納人員，填入「銀行代收簿」，連同應收票據正本立即（最遲在第二天上午）送交代收銀行，且將代收票據填入「資金日報表」之票據代收欄內。出納人員於電腦輸入資料並確認。 (4)會計課人員審核後轉製記帳傳票。 5.當客戶將應收帳款電匯入公司帳戶時： (1)各營業店出納人員與往來銀行核對帳戶餘額，了解電匯入款之客戶名稱、金額。填入「資金日報表」中。	2.使用表單： (1)結帳單 (2)每日結帳明細表 (3)營業日報表 (4)應收帳款明細表 (5)現金、銀行存款、應收票據明細表 (6)資金日報表 (7)餐券售出日報表 (8)客戶寄桌卡 (9)訂金單

編　號	作業項目	作業程序及控制重點	依據資料
		(2)出納人員於電腦輸入資料及確認。 (3)會計課人員審核後轉製記帳傳票。 6.各營業店出售餐券收入時： 　(1)各櫃檯人員就自助餐分別依午餐、晚餐、下午茶、宵夜等餐券發行的規定，向客人銷售收取款項，並在出售的餐券上蓋章填妥出售日期、填寫餐券售出日報表單。 　(2)櫃檯人員於電腦輸入出售餐券的起訖號碼、張數、有效日期，以便日後消費時買單結帳沖銷時用。 　(3)櫃檯人員在出售餐券時，必須立即開立統一發票給客人。 7.客人消費後買單結帳時，有超付而發生寄桌情形時： 　(1)櫃檯人員根據「點菜單」填製「結帳單」，因所付金額大於實際消費金額（擬開桌數比實際開桌數多），就有寄桌情形發生，且要填寫客戶寄桌卡表單將寄桌金額輸入電腦中，可供該客戶日後再來消費時得以沖帳。 　(2)其餘之作業同本作業程序 1.(1)至 1.(4)的內容。 8.公司的應收票據，送交往來銀行託收與屆期兌現時： 　(1)各營業店出納人員，每日收達應收票據正本應填入「銀行票據代收簿」，連同票據正本交銀行代收，並填入「資金日報表」之票據代收欄內。 　(2)財務課人員每日與往來銀行核對帳戶餘額就已到期兌現之票據金額，立即填入「資金日報表」中之銀行存款欄內，並在票據代收欄減去兌現票據金額。 　(3)財務課人員轉製成記帳傳票。 9.應收票據屆期，發生退票未兌現時： 　(1)財務課人員應立即通知本公司各營業店餐飲單位人員拒絕該客戶簽帳或開立票據消費，並進行索賠追討保全措施。 　(2)財務課人員轉製成傳票。 B.公司出納支出作業程序： 1.本公司支出付款時，除零用金報支外，應依本作業程序辦理。 2.公司之支出帳款，在採購及付款循環之付款作業程	

編　號	作業項目	作業程序及控制重點	依據資料
		序中，均有就材料類或非材料類的費用支出、資本支出與預付款有明確的流程，應予以遵循。 3.支出款項除特殊情形，經本公司總經理核可，得即時整理審核付款外，應依規定於固定時間送來本公司整理審核付款。 4.凡是公司之支出帳款整理，必須逐筆附上本公司之「請款單」，後再附上各類外來及內部憑證，送呈內部核決權限主管簽核於請款單上。 5.各營業店日常發生之公共事務費用支出如水費、電費、電話費、勞健保費，直接由公司銀行帳戶逕行扣款付帳時：財務人員每日與銀行核對帳戶餘額，發現有款項被扣，立即查明內容複核外來請款單據金額，補行開立本公司請款單交予核決權限主管簽核。 6.整理帳款在支付後，必須將該筆帳款之內外憑證蓋上付訖印章。 7.財務課開立票據，應該按票據順序使用，如有票據作廢應將該票據號碼剪下貼於支票簿存根上，空白票據遺失時，應立即向銀行掛失。 8.公司財務資金調度之需辦理轉存手續，其取款條或票據上之抬頭仍應指名：限存入（或限匯入）×××股份有限公司帳戶#***且必須禁止背書轉讓以保全票據，並由財務課開立記帳傳票。 9.各營業店財務出納人員，應經常不定期清點庫存現金、票據、有價證券，核對與「資金日報表」帳載金額是否相符並接受會計課或稽核室的抽點。 10.逾期一年未兌現之應付票據，或逾期一年未來本公司領取已開立之應付票據，得由財務人員先將票據予以作廢，並開立記帳傳票以其他收入由會計課入帳。 11.會計課於每月初將上月底「資金日報表」中，各銀行存款餘額與銀行存款實際餘額核對比較編製出「銀行往來調節表」。 12.財務課應根據會計課已核准之記帳傳票，執行付款開立應付票據，並將銀行別、帳號、票據號碼、到期日登錄在傳票上（電腦資料亦因此會有記錄），應付票據之票期則按買賣雙方之合約或本公司採購課之規定，再依核決權限呈核後，才可由用印人在票據上用印。	

編　號	作業項目	作業程序及控制重點	依據資料
		13.為確保本公司支付票據之品質及對外票據流通性保全措施，財務課開立票據，應遵守下列條件： 　(1)受款人姓名或商號公司抬頭，應予以記載且必須和外來憑證統一發票之公司相同。 　(2)到期日或發票日，應就年、月、日完全記載。 　(3)票據上大小寫金額應相符且與請款單上的核准金額一致。 　(4)開立的票據均需劃線抬頭、禁止背書轉讓，若因客戶融資需要，禁止背書轉讓擬取消，受款客戶必須開立切結書聲明：「若因此發生糾紛概與本公司無涉」。 14.本公司開立之應付票據依下述方式支付受益人： 　(1)到本公司領取：廠商來公司領取票據時必須在付款簽收簿蓋上該公司章，方可領票。 　(2)由本公司郵寄：以廠商所附之掛號回郵信封郵寄給廠商，該廠商在收到本公司之票據予以核對無誤後，在票據簽收單蓋上該公司印章確認已收到票據，再將此張票據簽收單，予以寄回本公司。 　(3)未來領取之票據：應列有清冊備查，逾一年未來公司領取已開立之支票，則出納人員先將票據予以作廢並開立傳票，交予會計入帳。 二、控制重點： 　1.各營業店每日各餐結帳單是否均連續編號，並列印出「營業日報表」與「每日結帳明細表」來核對每筆交易內容均正確記錄。 　2.各營業店每日各結帳單均逐筆開立統一發票給予客人。 　3.各營業店每日收取現金、信用卡款、票據、餐券、沖訂金、沖寄桌、出售餐券、收取訂金、寄桌均可由電腦列印之營業日報表相核對正確。 　4.營業日報表上之各項收入能與每日資金日報表中應收帳款明細、現金明細、票據明細、應收信用卡明細正確核對。 　5.公司各項支出是否依分層負責管理辦法中核決權限主管核准，才可支出。 　6.票據或取款條之開立是否按保全措施之必要條件作業。 　7.各營業店財務出納人員庫存現金、票據、有價證	

編　號	作業項目	作業程序及控制重點	依據資料
		券，是否由會計課、稽核人員依「資金日報表」不定期抽點。 8.公司已開立未來領取之應付票據是否列有清冊管理。	
CR-108	零用金作業	一、作業程序： 　1.本公司採用定額零用金制度，由財會部根據核決主管核可撥款至零用金保管者，供零星支付。撥給設立零用金時，借記：零用金、貸記：銀行存款。零用金撥付設立時，應由保管人具保管收據存放財會部。 　2.零用金之支付申請，必須由請款人填妥「零用金請款單」檢附該請款之外來憑證統一發票或收據或車船機票，若無法取得外來憑證應檢附「無法取得憑證證明單」送交核決權限主管簽准。 　3.零用金之借支：申請者為公務之需求，得填具「零用金借支單」註明用途目的，經核決權限主管簽准，向零用金保管者先行借用，但必須在一週內持單據填寫零用金請款單，並經核決主管簽核報銷，逾期得由申請者之薪資扣還。 　4.零用金每筆請款以20,000元為限，但特殊情形得經總經理簽准得不受兩萬元限制。 　5.零用金保管人員在審核支出零用金時，必須審核發票收據書寫之公司名稱、統一編號、品名、數量、金額是否與實際交易相符，歸類正確之會計科目、子目與成本責任中心。 　6.若零用金支出屬於與「保管品管理辦法」所訂應列入管理的品名物品，該筆零用金請款單應有管理部（或店務組）會簽，以示已列入其保管品卡管制，方可請領零用金。 　7.當庫存零用金降到某一水平，應進行撥補時，由零用金保管員填「零用金撥補單」檢附已支出的「零用金請款單」及其發票、收據，經權限主管簽核後送交財會部會計課。 　8.會計課人員核對各筆已支出的「零用金請款單」之收據，發票是否合乎規定，確定會計科目子目、成本中心是否正確。 　9.會計於審核後轉製記帳傳票，送至財務課作業撥款。 二、控制重點：	1.依據資料： 　(1)零用金管理辦法 　(2)分層負責管理辦法 2.使用表單： 　(1)零用金請款單 　(2)零用金借支單 　(3)零用金撥補單

編　號	作業 項目	作業程序及控制重點	依據資料
		1.零用金之每筆支出是否均有依規定申請。 2.零用金之借支是否有在規定限期內報銷。 3.零用金保管接受會計或稽核之抽點現金是否相符。 4.若有涉及保管品管理辦法列管之物品,該零用金請款單是否有交管理部或店務組簽核。	
CR-109	一般費 用報支 作業	應付費用 一、作業程序: 　1.應付費用為已發生而尚未支付之各項費用。 　2.應付稅捐應依法定期限繳納。 　3.應付費用之列帳、整理、支付應依公司規定辦理,並附核准單據及原始憑證。 　4.付款方法可直接匯給當事人或開具抬頭、劃線,並禁止背書轉讓之支票給付。 　5.已逾期限或已屆法定時效未支付者,須經核准始可轉列其他收入。 　6.應付費用,如有逾法定或規定支付期間未支付者,應查明原因,作適當處理。 　7.每月底及年度終了後,應付費用應予以調整。 二、控制重點: 　1.是否有上年度之應付費用在本年度逾期未支付者。 　2.是否有對於支付上期之應付費用時,未予沖銷,而另以其他之費用科目入帳。 　3.每月底及年度終了應付費用之調整是否確實合理。 預付費用 一、作業程序: 　1.預付費用應經過適當人核准。 　2.預付費用之發生、收回、攤銷、轉帳及整理時,應附有原始憑證,其核准程序,應與會計制度規定相符。 　3.每月應清查預付費用部分,如有錯誤應儘快查明。 　4.每月或會計年度結束時編列預付費用明細表。 二、控制重點: 　1.對於平時已先預付之費用,應注意是否有重覆請款。 　2.有否預付費用逾期仍未轉列為適當之費用。 　3.請款單是否有經核決權限主管簽准。 郵資報支 一、作業程序: 　1.購買郵票應記得取購票證明單。	1.依據資料: (1)會計制度 (2)付款審核作業規定

編　　號	作業項目	作業程序及控制重點	依據資料
		2.領用郵票，其數量、種類應在郵資使用登記簿詳加登記。 二、控制重點： 　　1.公司之發文是否有登記在郵資使用登記簿。 設備維修費用 一、作業程序： 　　1.維修費用依非材料類訂購驗收單入帳。 　　2.支付修繕工程如屬對外發包，則於驗收後依公司或契約規定請款。 二、控制重點： 　　1.請修及驗收是否有經權責主管核准。 動力費 一、作業程序： 　　1.核對電力公司電費通知單無誤後請款。 　　2.製作每月電費比較表。 　　3.請款單依核決權限主管核准。 二、控制重點： 　　1.與上月或同期比較，了解各單位用電是否有浪費之情事。 電話費 一、作業程序： 　　1.核對電信公司電話費通知單無誤後請款。 　　2.製作各單位每月電話費明細表。 　　3.請款單依核決權限主管核准。 二、控制重點： 　　1.與上月或同期比較，了解各單位使用電話是否有浪費之情事。 其他各項費用 一、作業程序： 　　1.核對各項費用之原始憑證。 　　2.可點可數之費用須附驗收單。 　　3.請款單依核決權限主管核准。 二、控制重點： 　　1.各項費用之原始憑證是否符合。 　　2.各項費用之歸屬會計科目是否正確。 　　3.請款單是否有經核決權限主管簽准。 　　4.須有合約約定之支出是否訂定合約書。 　　5.須代為扣繳之支出是否有代為扣繳。	

編　號	作業項目	作業程序及控制重點	依據資料
CR-110	營業外收支作業	**財務收入作業** 一、作業程序： 　　1.利息收入應核對銀行存款額及其利率，其存款積數，乘以約定利率，計算利息收入之數與銀行轉入利息收入之數，若相符，則將前列資料列入摘要，編製傳票入帳。 　　2.兌換損益之計算，應按當時外幣與本國幣換算發生之差額，算出利益，摘要中說明前述資料並編製傳票入帳。 　　3.會計年度結束時，尚有應收利息，兌換收益或其他收益等未列帳者，應調整之。 二、控制重點： 　　1.利息收入是否正確入帳及是否收到利息之扣繳憑單。 　　2.年度終了是否將屬於本年度之收益調整入。 　　3.年度終了所調整之應收收益等是否確實。 **財務支出作業** 一、作業程序： 　　1.利息支出應核對銀行借款額起訖日數及其利率，計算利息支出之數與銀行轉入利息支出之數，若相符，則將前列資料列入摘要，編製傳票入帳。 　　2.兌換損益之計算，應按當時外幣與本國幣換算發生之差額，算出損失，摘要中說明前述資料編製票入帳。 　　3.會計年度結束時，尚有應付利息，兌換損失或其他營業外費用及損失等未列帳者，應調整之。 二、控制重點： 　　1.上期之應付利息，在本年度中支付時是否已沖銷。 　　2.年度終了所調整之應付利息等是否確實。	
CR-111	稅捐及規費作業	**稅捐作業** 一、作業程序： 　　1.依稅目別定期依稅法規定，核算繳納稅款數額，必須事前納入現金收支預估表中，規劃資金來源，按時繳納，以免受罰。 　　2.凡符合稅捐減免之規定項目者，依照規定辦妥手續。 　　3.繳納後之稅單妥予保存，若需出借，亦應詳加記錄。 二、控制重點：	

編　號	作業項目	作業程序及控制重點	依據資料
		1.對於各項稅捐須注意是否有遲延或遺漏繳納。 2.對於營業稅之進項稅額扣抵注意是否有遺漏或重複扣抵。 3.對於營業稅之進項稅額依法規定不得扣抵者，注意不得置入扣抵。 規費作業 一、作業程序： 　　1.依規定核算繳納規費數額，按時繳納並取得收據，妥予保存。	
CR-112	印鑑管理	一、作業程序： 　　1.編製印信及專用章之（換）發、保管、用印之核決權限表。 　　2.管理部應編「印信圖樣登記表」，凡有新刻印均應列入登記。 　　3.印鑑與支票應由不同人員保管。 　　4.各單位需蓋用支票以外之印鑑時，應先填具「用印申請書」，連同用印之文件正本，依核決權限主管核准後始得蓋印。 　　5.公司登記之印鑑章、金融機構公司印鑑章及負責人章不可攜出公司，若有特別事由者，應由總經理指定專人辦理，印信之保管人應負追繳之責任。 　　6.凡人員借出印章時，均應在「用印申請書」上註明借出日期、用途、預定歸還日期，歸還後始可註銷。 　　7.迄歸還日期尚未歸還者，應追蹤處理。 二、控制重點： 　　1.公司印章應詳予登記，並不定時盤點。 　　2.印章如有申請借出，應詳加審查。 　　3.用印時皆經核准。	1.依據資料： 　(1)印鑑管理辦法 2.使用表單： 　(1)印信圖樣登記表 　(2)用印申請書
CR-113	背書保證	一、作業程序： 　　1.申請背書保證之公司，有下列情況不予接受辦理： 　　　(1)已簽背書保證金額超過本公司淨值之 50%，其中對單一企業之背書保證限額超過本公司淨值之 20%。 　　　(2)有借款不良或債務糾紛紀錄者。 　　　(3)不在董事會核准之保證範圍內者。 　　2.本公司之分公司，不得對外辦理背書保證事項。 　　3.申請背書保證時，應敘明被背書保證公司、對象、種類、理由及金額，向本公司財務部門提出申請，	1.依據資料： 　(1)背書保證辦法 　(2)分層負責管理規定 2.使用表單： 　(1)對外背書保證金額變動明細表

編　號	作業項目	作業程序及控制重點	依據資料
		並依分層負責管理規定，呈請董事長決行或經董事會決議後為之。 4.財務部門應就每月所發生及註銷之背書保證列入登記管制，並於次月初編製本月份「對外背書保證金額變動明細表」，呈報總經理。 5.公司之背書保證餘額，依規定格式內容並依有關法令規定辦理申報公告事宜。 6.財務部門於保證到期時，辦理權利義務結清，並辦妥註銷或解除事項。 7.本公司以向經濟部申請登記之公司印鑑為背書保證專用印鑑。公司印信及票據等分別由專人保管，並按規定程序鑑印或簽發票據，其有關人員應由董事會授權董事長指派。 二、控制重點： 　1.以公司名義對他公司背書保證之總額及對單一企業背書保證之限額，是否超過規定。 　2.辦理背書保證時，是否依規定程序辦理。是否依有關法令規定辦理申報公告事宜。	
CR-114	原始憑證、記帳憑證作業	原始憑證 一、作業程序： 　1.外來憑證，如有下列情形，不予接受： 　　(1)書據數字計算錯誤者。 　　(2)收支數字顯與規定及事實經過不符者。 　　(3)有關人員未予簽名或蓋章。 　　(4)其他與法令規定不合者。 　2.內部憑證應有規定格式，並印好以供取用。 二、控制重點： 　1.所取得之進項憑證與事實是否相符。 記帳憑證 一、作業程序： 　1.記帳憑證應小心防範下列情形： 　　(1)根據不合法之原始憑證造具者。 　　(2)未依規定程序造具者。 　　(3)記載內容與原始憑證不符者。 　　(4)應予記載之內容未予記載，記載簡略不能表達會計事項之真實情形者。 　　(5)計算、繕寫錯誤應照規定更正者。 　　(6)與法令不符。 　2.收支傳票經出納人員執行收付款後，應在傳票及原始憑證加蓋收訖或付訖章。	1.依據資料： 　(1)會計制度 2.使用表單： 　(1)傳票 　(2)原始憑證

編　號	作業項目	作業程序及控制重點	依據資料
		二、控制重點： 　　1.收支傳票經出納人員執行收付款後，有否在傳票及原始憑證加蓋收訖或付訖章。	
CR-115	會計帳務處理作業	一、作業程序： 　　1.各項帳務依公司會計制度處理。 　　2.各交易事項應採用最合適之會計科目。 　　3.將傳票或記帳憑證之交易登錄帳冊。 　　4.依科目別分別過至各會計科目分類帳。 　　5.每固定期間應將各分類帳科目餘額相加。 　　6.結帳前須將各種應調整科目，作適當之調整。 　　7.會計年度終了應將各會計科目結帳，虛帳戶轉入本期損益，實帳戶結轉下期。 　　8.編製各種財務報表，以表達企業在此一會計年度之營業狀況，年度結束時之經營成果，股東權益變動狀況，作為債權人、股東及管理當局之參考。 二、控制重點： 　　1.會計科目之運用是否適當，與會計制度及有關規定是否符合。 　　2.每一會計事項的發生是否依會計制度辦理。 　　3.查核會計憑證、簿籍、報告之設置是否符合會計制度及有關規定。 　　4.會計事務之處理是否符合會計制度之規定。 　　5.過渡性科目或懸記帳項是否按期清理。 　　6.折舊及利息之計算、各項遞延費用之攤銷，是否依照規定辦理。	1.依據資料： 　(1)會計制度 2.使用表單： 　(1)傳票 　(2)原始憑證
CR-116	財務報表查核	應收帳款 一、作業程序： 　　1.適當表達應收關係企業及個人之款項及票據。 　　2.分別列示非因營業而發生之其他應收款項及票據。 　　3.催收款項轉列至其他資產並提列適當之備抵壞帳。 固定資產 一、作業程序： 　　1.固定資產為供營業上長期使用之資產，其非為目前營業上使用者，按其性質列為長期投資或其他資產。 　　2.已無使用價值之固定資產，按其淨變現價值或帳面價值之較低者轉列其他資產；無淨變現價值者，將成本及累積折舊沖銷，差額轉列損失。 　　3.未完工之設備，已多年未再進行建造者，轉列其他資產。	1.依據資料： 　(1)財務報告編製準則 　(2)一般公認會計原則 2.使用表單： 　(1)財務報表

編　號	作業 項目	作業程序及控制重點	依據資料
		長期投資會計處理 一、作業程序： 　　1.因持有價證券而取得股票股利或資本公積轉增資所 　　　配發之股票者，依有價證券之種類，分別註記所增 　　　加之股數，並按加權平均法計算每股平均單位成 　　　本。 　　2.長期股權投資採權益法評價者，(1)若被投資事業之 　　　實收資本額達新台幣一千萬元以上；(2)或營業收入 　　　達新台幣四千萬元以上；(3)或達投資公司營業收入 　　　占百分之十以上，被投資事業之財務報表應經會計 　　　師查核簽證。 存貨評價 一、作業程序： 　　1.存貨中之材料、飲品、半成品及商品，如係瑕疵 　　　品，過時品、廢品或已不適用部分，應依淨變現價 　　　值評價，並承認跌價損失，於存貨項下減除；至於 　　　完好可供使用之存貨，期末應按成本與市價孰低法 　　　予以評價，列計備抵存貨跌價損失。 　　2.說明期末存貨計價方式。 折舊、攤銷 一、作業程序： 　　1.折舊性固定資產會因物質性因素以及功能性因素， 　　　導致資產價值逐年遞減。閒置設備雖未供營業使 　　　用，仍應繼續提列折舊，不得中斷。 　　2.攤銷或折舊年限，在會計上俱屬於估計事項。估計 　　　事項因新資料之取得、經驗之累積，而有不得僅憑 　　　企業主觀之臆斷，而任意增減攤銷或折舊年限。 　　3.應說明各項資產提列折舊方式。 資本支出與收益支出劃分 一、作業程序： 　　1.凡支出之效益及於以後各期，且金額在 60,000 元以 　　　上，或單一品名其支出在 15,000 元以 15,000 元以上 　　　且耐用年限在 3 年以上時，列為資產，其餘列為當 　　　期費用或損失。 　　2.辦公設備、電腦設備及單價 5,000 元以上之電腦週 　　　邊設備列為資產。 　　3.促銷之廣告支出，其未來經濟效益具有極大之不確 　　　定性，應以當期費用處理。僅專案銷售之廣告支 　　　出，確含預付性質，且其效益尚未實現者，方可遞 　　　延。	

編　　號	作業項目	作業程序及控制重點	依據資料
		利息之資本化 一、作業程序： 　　1.須同時有下列三種情況時，方應開始將利息資本化： 　　(1)購建資產之支出已經發生。 　　(2)正在進行使該資產達到可用狀態及地點之必要工作。 　　(3)利息已經發生。 　　當企業非因不可抗力事項而停止資產之購建工作，或資產完工可供使用或出售時，則應停止利息資本化。 　　2.若企業特別舉債以購建一項應將利息資本化之資產，則此借款利率為資本化利息；惟若無專案借款或購建該項資產累積支出之平均數大於該專案借款之金額時，則超出之金額必須以其他應負擔利息債務之加權平均利率為資本化利率計算之。 　　3.利息資本化金額不得超過實際利息費用。 　　4.利息支出總額及利息資本化金額應予以充分揭露。 備抵壞帳提列 一、作業程序： 　　1.應收帳款之評價，應扣除估計之備抵壞帳以為適當衡量應收款項之可收現金額，企業應分析應收款項之帳齡、擔保品之價值等有關資料，以決定應提列備抵壞帳提列之百分比或金額。 或有負債 一、作業程序： 　　1.或有負債及承諾，如已預見其發生之可能性相當大，且其金額可以合理估計者，應依估計金額予以列帳；如發生之可能性不大或雖發生之於財務報表附註中揭露其性質及金額，或說明無法合理估計金額之事實。 處分固定資產之收益 一、作業程序： 　　1.處分固定資產之收益應依其性質列為當期之營業外收入或非常利益。 預估所得稅 一、作業程序： 　　1.補繳或退回稅款，除估計錯誤或故意為不當估計外，係一種會計估計變動項目，宜列入當期損益中。	

編　號	作業項目	作業程序及控制重點	依據資料
		2.營業成本及各項費用，應與所獲得之營業收入同期認列。	
CR-117	績效評估	一、作業程序： 　1.依各項財務報表分析下列績效指標： 　　(1)流動比率。 　　(2)速動比率。 　　(3)存貨週轉率、存貨週轉天數。 　　(4)應收帳款週轉率、應收帳款收回天數。 　　(5)固定資產占總資產比率。 　　(6)負債資產比。 　　(7)負債權益比。 　　(8)資產報酬率。 　　(9)償債比率。 　　(10)財務槓桿。 　　(11)本益比。 　　(12)每股盈利率。 　2.將各項指標與歷年之記錄比較，分析差異並找出差異之原因。 　3.將各項指標與其他公司比較、分析差異。 　4.再以百分比報表作同業與不同年度之比較。 二、控制重點： 　1.流動比率。 　2.負債權益比。 　3.資本報酬率。 　4.每股盈利率。	1.依據資料： 　(1)損益表 　(2)資產負債表 　(3)現金流量表 　(4)股東權益變動表
CR-118	會計資料保管	一、作業程序： 　1.各類原始憑證、記帳憑證、帳冊、表單、報表等，平日應妥善保管、裝訂。 　2.上述資料，依法定年限及會計資料保管歸檔辦法保管及保存。 　3.逾超年限欲銷燬者，應報請總經理核准後，會同稽核人員執行。 　4.電腦資料應儲存二份，分置於不同地點，由不同人員保管。 　5.會計人員交接時，負責保存之資料列為交接項目。 二、控制重點： 　1.會計資料應連號或加蓋騎縫章。 　2.不定期抽查保存之資料是否完整。 　3.各項資料保存時，應注意打包及儲存方式，是否易於找尋及保持資料之完整性。	

6-6 固定資產管理循環 CF-100

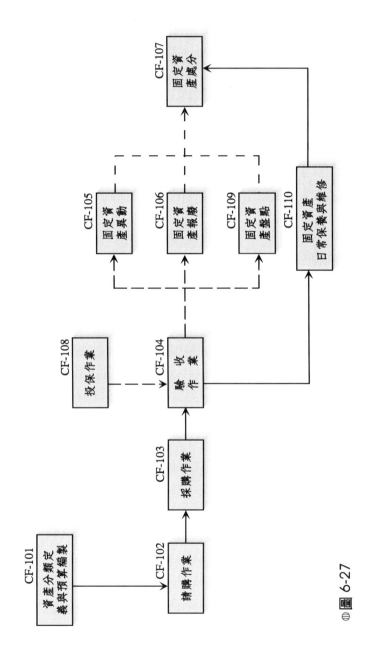

◎圖 6-27

編　號	作業 項目	作業程序及控制重點	依據資料
CF-101	資產分類定義與預算編製	一、作業程序： 　1.固定資產之分類及定義：（所有權或使用權歸屬本公司者） 　第一類　土地： 　凡所有權屬本公司，且供營業上使用之土地取得成本屬之。 　第二類　土地改良物： 　凡在自有土地上或承租土地上從事改良，增進使用效益，耐用年數在兩年以上，其工程之成本皆屬之。 　第三類　房屋及建築： 　供營業上使用之房屋建築及其附屬設備皆屬之如辦公室、廚房、餐廳等之建築、設計、裝潢、內裝建材、隔間、擴建之施工建材等支出。 　第四類　空調設備： 　指附著於建築物內之中央系統冷暖氣設施或單一購置的冷暖氣機之支出。 　第五類　水電消防設備： 　指附著於建築物內之照明、動力、微電腦、飲用水、污水、排水、衛浴用品及消防器具設施之支出。 　第六類　廚房設備： 　供廚房上使用之設備其體積較大或不易移動，且其購入符合資本支出定義者，屬之。 　第七類　電腦通訊設備： 　凡供營業上使用之電腦設備含周邊設備（印表機、數據機、數位板等）其硬體會和購入時隨機所附的軟體一併列入電腦設備。另電話機等通訊設施亦屬之。 　第八類　餐廳設備： 　供營業場所使用之設備其體積較大或不易移動，且其購入符合資本支出定義者，屬之。 　第九類　辦公設備： 　在公司之辦公場所、會議場所使用之設施品名均屬之。（例如：辦公桌椅、會議桌椅、辦公櫥櫃、影印機、點鈔機、除濕機、傳真機等其他生財器具） 　第十類　運輸設備： 　供營業上所使用之車輛皆屬之。 　第十一類　租賃改良：	1.依據資料： 　(1)預算管理規定 　(2)固定資產管理規定 　(3)分層負責管理規定 2.使用表單： 　(1)「資本支出申請明細表」 　(2)「資本支出效益分析表」

編　　號	作業項目	作業程序及控制重點	依據資料
		租賃之房屋建築及所有改良工程，其支出所發生的效益達兩年以上的資本支出。 第十二類　其他設備： 凡不屬於上列各項設備皆屬之。 第十三類　預付設備款： 凡預付購買各種供營業用之設備等款項均屬之。 第十四類　未完工程： 凡正在建造或裝置而尚未完竣之供營業使用之工程成本均屬之。 第十五類　陳飾品： 凡陳列公司之古董、字畫均屬之。 2.部門職掌： (1)各類固定資產之管理單位及督導單位：	

類　　別	管理單位	督導單位
土地	管理部	管理部
土地良改物	管理部	管理部
房屋及建築	管理部	管理部
空調設備	各使用單位	管理部
水電消防設備	各使用單位	管理部
廚房設備	各使用單位	管理部
電腦通訊設備	各使用單位	管理部
餐廳設備	各使用單位	管理部
辦公設備	各使用單位	管理部
運輸設備	各使用單位	管理部
租賃改良	各使用單位	管理部
其他設備	各使用單位	管理部

(2)管理單位之職掌：
　　a.管理單位 ── 土地、土地改良物、房屋及建築為管理部，其他之固定資產設備為各使用單位。
　　b.提出年度資產設備之支出預算，並就各預算提出效益分析，以供評估。
　　c.就資產設備支出有核准之預算提出請購。
　　d.負責正常使用，保管資產設備，實施一級保養的執行及二級以上保養之申請。

編　號	作業項目	作業程序及控制重點	依據資料
		e.主動評估資產設備使用之效用，提出不當資產之處理建議。 f.做好固定資產新購置之點驗收作業，維修後之點驗收作業，移轉報廢異動之書面作業。 g.配合相關單位，做好盤點固定資產之作業。 (3)督導單位之職掌： 　a.督導單位如 2(1)所述。 　b.督導管理單位編製年度資產設備支出預算及審核各管理單位之資產設備支出預算。 　c.統一調度各項資產設備，並於職務移交時，監督資產設備之移交及其他必要情況時之抽點。 　d.掌握閒置之資產設備，並主動提出處置之對策。 　e.督導管理單位，做好固定資產盤點作業。 　f.督導管理單位正常使用各項資產及定期維修。 　g.有關電腦設備與資訊軟體設備之相關事宜，督導單位須會辦資訊組共同辦理。 3.資本支出預算： (1)資本支出（資產設備）增設以預算為原則，依『預算管理規定』辦理。 (2)申請單位必須詳填『資本支出申請明細表』及『資本支出效益分析表』。 (3)由各申請單位將『資本支出申請明細表』及『資本支出效益分析表』送管理部會審，會審後送核決權限主管簽核。 (4)經核決權限主管簽核後之資本支出項目，送財會部彙總編號，預算編號之原則如下：（採7碼） 　□□　□□□　□□□ 　預算代號　年度　流水編號 　　××　　××　　××× (5)經核可之資本支出項目在營運期間內，請購時以「非材料類請購單」提出，且應將已核准之預算編號填入「非材料類請購單」上，依分層負責管理規定，核決權限主管簽核之。 二、控制重點： 1.資本支出交易事項的發生，是否有做好正確之歸類。 2.申請資本支出之需求單位，是否有逐項填寫資本支出申請明細表與資本支出效益分析表，敘述購置之	

編　號	作業項目	作業程序及控制重點	依據資料
		用途、必要性、經濟性。 3.固定資產之管理單位是否有定期實施一級及提出二級以上保養之申請。 4.固定資產之督導單位，有沒有定期對管理單位的閒置資產，提出處置對策。	
CF-102	固定資產請購	一、作業程序： 1.固定資產之增設以預算為原則。各項固定資產之預算由申請單位詳填「資本支出申請明細表」及「資本支出效益分析表」，經管理部會審後送核決權限主管簽核始生效。經核准之資本支出各品項預算由財會部彙總編預算號碼。 2.由需求單位先會同管理部總務課，就目前公司內可調撥同類標的物予以先行使用，若確實無法由內部調撥使用，得由需求單位填寫「非材料類請購單」，提交核決權限主管簽審。 3.資本支出之請購，申請單位必須在非材料類請購單上註明已有核可之資本支出預算編號。（藉以表示，本項請購係在預算內作業） 4.若因業務需求，必須申請資本支出，但未編列有該項資本支出預算時，需求單位應填寫「非材料類請購單」敘明目的、用途、品名、規格、數量。針對預計需求之品名填出「資本支出申請明細表」及「資本支出效益分析表」一併經由管理部總務課會審，送呈核決權限主管，通過後才可提出訂購。 二、控制重點： 1.請購量是否符合預算或實際需求。 2.沒有資本支出預算之請購，是否有另行送呈核可。 3.申請物品是否有先從公司內部查詢調撥，確實無同類物品可撥用，才提出請購。 4.所申請之資產品名歸類是否合乎公司固定資產之分類定義。	1.依據資料： (1)固定資產管理規定 (2)分層負責管理規定 (3)預算管理規定 2.使用表單： (1)「資本支出申請明細表」 (2)「資本支出效益分析表」 (3)「非材料類請購單」
CF-103	固定資產之採購		1.依據資料： (1)固定資產管理規定 (2)分層負責管理規定
	詢價、比價、議價	一、作業程序： 1.由詢價中，選出若干合理供應商再加以比價，由其中選擇理想之供應來源；或選出廠商由本公司再予以協議價格，來決定供應來源。 2.重大工程或金額較大的資產購置，得以公開對外招	2.使用表單： (1)「非材料類訂購、驗收單」

編　號	作業項目	作業程序及控制重點	依據資料
		標方式，來進行比價、議價，決定承包購置來源。 3.資產之請購、訂購均應依照公司分層負責管理辦法之規定，經核決權限主管簽核才可進行。 二、控制重點： 　1.供應廠商記錄是否有隨時保持最新資料。 　2.價格是否經過詢、比、議價之作業。 　3.請訂購作業是否經核決權限主管簽核。	
	採購	一、作業程序： 　1.採購人員將最適當之採購對象及訂購內容、交易條件等資料填入「非材料類訂購、驗收單」之訂購欄位內，經核決權限主管核准後，據此以傳真方式向供應廠商訂購，重大工程或大金額項目之購置，買賣雙方必須簽訂「合約」，此合約必須經有核決主管核准。 　2.負責採購發包之單位，必須根據購買合同、發包合約、訂購條件、交期等，適時跟催進度，掌握交期、品質。 二、控制重點： 　1.是否有核決權限主管簽核的「非材料類訂購、驗收單」或「發包購買合約」。 　2.採購發包單位在發出訂購單後，是否有跟催廠商之進度、品質等事宜。	
CF-104	固定資產驗收	一、作業程序： 　1.當所訂購之固定資產送達本公司時，應由管理部總務課會同申請單位驗收其品名、廠牌規格、數量及功能品質，並確認是否與訂購單相符。 　2.若屬土木工程或建築工程、建築改良物等資產之驗收，應由公司管理部總務課會同本公司之建築師或本公司聘用專業人員，根據所簽訂合約驗收。 　3.驗收合格後由管理部總務課開立「非材料類訂購、驗收單」（屬於工程類的資產為「非材料類工程驗收單」），經申請單位會簽。 　4.如點驗內容與訂購內容不符或品質異常，得拒收退回供應廠商，由採購單位作退貨處理或要求廠商更換改善，到合乎訂購內容為止。 　5.當固定資產的取得屬土地或建物時，應由承辦人員向所屬主管機關辦理土地或建物之登記作業。 　6.當固定資產驗收後交予使用單位時，總務課根據會計課之財產目錄編號，另行列出該資產之管理編號	1.依據資料： 　(1)固定資產管理規定 2.使用表單： 　(1)「非材料類訂購、驗收單」 　(2)非材料類工程驗收單

編　　號	作業項目	作業程序及控制重點	依據資料
		列入「財產編號牌」內，同時將該財產編號牌粘貼在該資產明顯處。 二、控制重點： 　1.驗收時以管理部總務課與使用單位和指定專人會同判定為原則，如有爭議應會同主管商議處理方式。 　2.核對物品、數量、規格與訂購單或購買合約是否相符。 　3.固定資產之取得是否依據固定資產管理規定及由分層負責核決權限主管簽核。 　4.非材料類驗收單之開立，各驗收單位人員是否有簽章在該表單的驗收欄位。 　5.在資產項目驗收後，會計課是否已登錄入財產目錄中，並每月提列折舊。 　6.管理部總務課針對已驗收之資產是否已輸入電腦，並取得管理編號，並將該財產編號牌黏貼在該資產設備的明顯處。	
CF-105	固定資產移轉異動	一、作業程序： 　1.固定資產經管人員異動、調職、離職時，原保管人須詳填「固定資產移交單」，由新保管人簽收並經雙方部門主管確認簽核。 　2.固定資產之保管人與保管部門不變，僅存放地點變更時，由保管人填寫「財產異動申請單」並勾選「存放地點變更」，經其單位主管簽核後，第二聯轉管理部據以修改相關之列管資料，使管理部隨時掌握各項資產之保管者與存放地點。 　3.當資產由原有保管者單位調撥到其他單位時，調出單位應填「財產異動申請單」，經主管簽認後，送轉入單位、管理部及財會部會簽後，呈核決權限主管簽核。 　4.會計單位接到經核准之「財產異動申請單」後，應將該單按月編號，再將資產設備由轉出單位轉入接收單位帳上，始完成調撥（移轉）。而使日後折舊之提列，能正確計算到各成本責任中心。 　5.管理部總務單位待會計單位轉帳後，將相關之列管資料修正，以利掌握各部門保管資料（各項資產之保管者、存放地點）之正確性。 二、控制重點： 　1.固定資產異動是否按照規定填製「財產異動申請單」，經核決權限主管核簽後才可異動。	1.依據資料： 　(1)固定資產管理規定 2.使用表單： 　(1)「財產異動申請單」 　(2)財產目錄

編　號	作業項目	作業程序及控制重點	依據資料
		2.會計課是否有針對『財產異動申請單』之資料，將相關之資料做必要的修正。 3.管理部總務課是否有就「財產異動申請單」之資料去修改相關之列管資料。	
CF-106	固定資產報廢	一、作業程序： 　1.資產設備因逾耐用年限或天災、人禍等外力之損害而無法修護時，准予報廢。 　2.各使用單位應填妥「財產異動申請單」，經管理部及財會部會簽後，呈核決權限主管簽核後始生效。 　3.會計單位應將核准報廢後之資產設備依法函請稅捐稽徵機關勘驗。 　4.俟稅捐稽徵機關勘驗同意後，由管理部辦理拆除。 　5.會計單位應於管理部拆除設備後，依「財產異動申請單」除帳及由管理部修改必要的相關資料，以便掌握各項資產的現狀。 　6.管理部應追查報廢之原因，並於必要時督導索賠事宜。若因處置報廢資產而有下腳廢料收入，應由總務課會同會計課處理下腳廢料的銷售，開立統一發票入帳，現款繳予財務課。 二、控制重點： 　1.資產報廢時，發生單位是否依規定填妥「財產異動申請單」，送交核決權限主管簽核。 　2.會計課和管理部是否依核可之「財產異動申請單」，進行必要之資料修正與除帳作業。 　3.報廢之資產是否依規定知會稅捐機關勘驗處理。 　4.報廢之資產若有出售收入，總務課和會計課是否有開立統一發票除帳，款項收入是否繳交財務課入帳。	1.依據資料： 　固定資產管理規定 2.使用表單： 　(1)「財產異動申請單」
CF-107	固定資產處分	一、作業程序： 　1.各使用單位每年應就待處分之閒置資產提報「財產異動申請單」。 　2.管理部應彙總各使用單位欲處分之「財產異動申請單」，並提出擬採取之對策－於申請單中處分說明欄位敘述屬於閒置資產，申請贈與或出售之，呈核決權限主管核准。 　3.資產之處分方式如下： 　　(1)出售：由管理部辦理出售事宜，且由會計單位開立統一發票並除帳，再由管理部修正相關必要資料。	1.依據資料： 　(1)固定資產管理規定 2.使用表單： 　(1)「財產異動申請單」

編　號	作業項目	作業程序及控制重點	依據資料
		(2)贈與：由管理部辦理贈與事宜，且由會計單位開立統一發票並除帳，再由管理部修正相關必要資料。 (3)列管：暫不處分先行列管，待日後處分。列管之閒置資產，管理部與財會部僅作備忘不做任何修改相關資料的動作。	
	遺　失	一、作業程序： 　1.資產設備因人為疏失或管理不當而遺失，各使用單位應填妥「財產異動申請單」，經管理部及財會部會簽後，呈核決權限主管核准。 　2.管理部應向警察機關申領遺失證明文件，會計單位應依核決後之財產異動申請單及相關證明文件，並知會稅務機關配合處理辦理除帳，管理部修正必要之相關資料。 　3.管理部應追查遺失原因，並於必要時督導索賠、懲處事宜。 二、控制重點： 　1.資產遺失必須填「財產異動申請單」，經核決權限主管核簽，財會部與管理部是否有辦理除帳及修正相關之資料。 　2.金額重大者是否有向警察機關報案、稅務機關核備，並對保管者進行懲處、索賠作業。	
	承　租	一、作業程序： 　1.因事實需要而需承租固定資產者，應依規定簽准後辦理。 　2.依承租協議條件訂定租賃契約書。 　4.依承租條件支付租金並依法扣繳。 　5.會計課依財務會計準則公報第二號「租賃會計處理原則」規定，將租賃區分為營業租賃及資本租賃，並依內容辦理。 　6.在承租期滿，不予續租時，應取回押金或保證金。 二、控制重點： 　1.查核租賃合約是否依規定核准。 　2.本期內承租資產之應付租金是否與合約所訂相符，在支付租金時，是否依規定扣繳稅款。 　3.未繼續承租資產時，若有押金、保證金是否有取回。	
CF-108	固定資產投保	一、作業程序： 　1.固定資產應保險標的及種類：	

編　號	作業項目	作業程序及控制重點	依據資料
		(1)房屋建築設備（含裝潢隔間、水電空調）投保火險。 (2)運輸設備投保綜合險。 2.其他各種資產設備（如廚房設備、餐廳設備、電腦設備、辦公設備等）均依實際狀況決定投保種類及金額。 3.投保金額依標的物之現值或重置成本投保。 4.保單由專人管理，並設置保險登記簿載明各項投保記錄。 5.每年第4季，由財會部與管理部，檢討公司各單位已投保之固定資產及新年度之投保政策－保險標的物、保險金額、保險種類。 二、控制重點： 1.投保金額是否太多或太少，投保項目是否適合。 2.保單到期是否已辦妥續保手續。 3.期中增加之資產，是否有加保。 4.投保費用有無異常。	1.依據資料： 　(1)固定資產管理規定 2.資料來源： 　(1)投保契約 　(2)投保單
CF-109	固定資產盤點	一、作業程序： 1.資產設備之記錄採永續盤存制。 2.資產設備之盤點每年至少二次。 3.會計單位應擬定盤點計畫及提供各部門之財產目錄，由各使用單位派員盤點，管理部應會同會計單位監督盤點之進行，並在實地盤點前召集參加人員進行盤點說明會。 4.由各使用單位依所提供之財產目錄進行初盤，管理部彙整各單位所完成之初盤資料，並核對與財產目錄是否相符。盤點進行時，應由會計單位指定複點人員進行複點作業。 5.財產盤點如有盤虧（盈）之情形，管理部應追究原因，就盤損方面提出懲處意見。 二、控制重點： 1.是否有擬訂盤點計畫，並事前召開盤點說明會。 2.盤點結果，是否有進行檢討，盤損原因有否追究。	1.依據資料： 　(1)固定資產管理規定
CF-110	固定資產日常保養與維修	一、作業程序： 1.管理部總務課將財產編號牌粘貼於該資產明顯處，賦予每一資產均有一管理者（即使用單位為資產管理單位）負責日常之保養、管理及維修之提出。 2.由資產之管理單位指定專人，對各項標的物列出日常保養要項及保養週期，交予固定資產之督導單位－管理部總務課會審。	1.依據資料： 　(1)固定資產管理規定

編　號	作業項目	作業程序及控制重點	依據資料
		3.每年十二月份應由督導單位－管理部，釐訂新年度公司各類資產之定期保養計畫，送呈總經理核准後，督導各使用單位按期執行。 4.各使用單位定期保養作業，應設表單登錄並由管理部查核實際保養情形亦列表登載備查。 5.因例行大檢或資產設備故障必須委外保養維修，應由使用單位以「非材料類請購單」述明理由經單位主管與管理部總務課會簽，送核決權限主管核可。 6.金額重大之維修保養，應依資本支出與費用支出作業規定來決定應列帳之科目，若有列為資本支出時，應由財會部會計課在財產目錄上增列必要之帳務記錄，供後續折舊之提列，再由管理部總務課就該項資產進行必要之檔案資料修正。 7.由管理部總務課定期於每月會議中提報各單位資產日常保養稽核報告，送呈總經理並對異常之使用單位進行改善措施防止再發。 二、控制重點： 　　1.每年年底，管理部總務課是否有提報新年度之公司各類資產定期保養計畫。 　　2.委外保養或故障維修之作業是否依核決權限主管簽核執行之。 　　3.重大故障維修，有沒有進行檢討改進。 　　4.管理部總務課（督導單位）是否有確實查檢各使用單位日常保養作業，並在每月會議中提報檢討。	

6-7 投資循環 CI-100

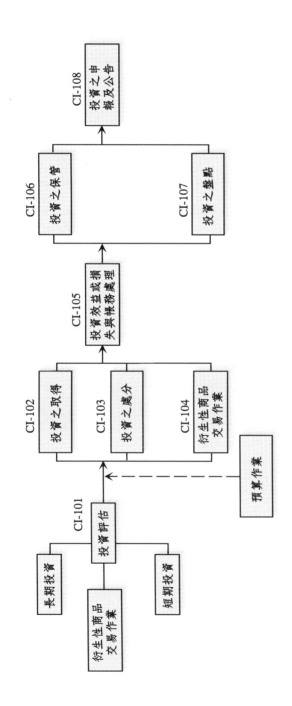

編　號	作業項目	作業程序及控制重點	依據資料
CI-101	投資評估	一、作業程序： 1.參考貨幣市場與證券市場投資標的之各項條件或洽詢經紀商、短期票據商來做短期投資之評估。 2.短期投資尚須針對其安全性、流動性、獲利性作考量。 3.財務課就資金需求，被投資公司之財務狀況及獲利能力或可能取得之技術及投資報酬、未來發展潛力、市場利率等各項因素做詳細長期投資之評估，並做成評估報告。 4.對於長期投資宜事前取得投資標的之過去三年經營實績資料，該行業別之產業狀況、發展願景與該公司技術性、生產性、環保評估等相關資料及未來之營運計畫，由財務課配合相關單位分析以淨現值計算內生報酬率，及其可能對本公司之貢獻度或影響度。 5.將長期投資分析之結果，提報董事會決議。	
CI-102	投資之取得	一、作業程序： 1.確定投資之目的及其效益。 2.財務課經詢問各有價證券之各項條件後，應填具「買（賣）有價證券申請單」，依核決權限簽核後，再依有價證券各項標的物之購買程序辦理。 3.有價證券之購買，單筆交易金額在×××萬元以下時，得授權財會部最高主管核決，但必須向總經理核備。單筆金額在×××萬元以上時，必須經總經理核准方可作業。但金額超過『取得或處分資產處理程序』中之規定時，則依該規定處理。 4.購買有價證券應取得成交單正本及有價證券正本或集保條正本。由財務課列冊妥當保管並不定期接受會計課或稽核室抽點。 5.長期股權投資之取得應提報董事會決議核可後執行。 6.經辦人員取得憑證時應證明實際支付金額，若以現金以外之資產為投資者，應註明其計算情形，連同有關股權資料送交保管者簽收再送會計入帳。 7.取得時，應即以公司名義辦理登記。若是不動產的投資，除分析投資標的物之未來潛力並應查明產權、使用權情形、設定抵押及欠稅與否，以保障權益。 8.長期股權投資後，財務課人員必須定期取得被投資	1.依據資料 　(1)取得或處分資產處理程序 2.使用表單： 　(1)有價證券明細月報表 　(2)長期投資明細表 　(3)買賣有價證券申請單

編　號	作業項目	作業程序及控制重點	依據資料
		公司之財務報表、營運實績等資料加以檢討分析，追蹤投資效益是否與投資前的評估相符。 9.長期投資倘有異常事項發生時，應該立即由財務課蒐集資料向公司之經營決策層提報，召開經營決策會議，討論因應措施。 二、控制重點： 　1.有價證券之取得是否經過適當授權及核准。 　2.長期投資或不動產之取得是否作成適當之效益分析，並提報董事會決定後予以執行。 　3.股權或不動產取得之法定程序是否完備。 　4.有價證券及成交單是否有妥當保存並不定期盤點。 　5.對長期投資，是否有定期追蹤被投資公司經營績效。	
CI-103	投資之處分	一、作業程序： 　1.財務人員於有資金調度需求而須賣出有價證券時，應填具「買賣有價證券申請單」依核決權限簽核後，再依有價證券各項標的物之賣出程序辦理。 　2.於資金調度有需求而須將長、短期投資質押時，需經權限主管核准，並填寫「質押設質價值及貸款評估報告」。 　3.欲擬處分長期投資時，應擬訂長期投資處分計畫，並依權限呈核後，據以執行處分計畫。 　4.財務人員於處分短期投資後，應將處分結果填入「有價證券明細月報表」中，附上外來憑證－成交單，並通知會計人員入帳。 　5.於執行長期投資處分計畫後，應將處分結果填入「長期投資明細表」中，且通知會計人員入帳，並作成報告向董事會報告執行結果。 　6.短期或長期投資於出售處分，其所得之本金與收益，一律匯入或存入本公司名義之存款帳戶內。 二、控制重點： 　1.處分投資之決策是否經權責人員核准。 　2.處分投資後是否立即記入相關投資明細表並入帳。 　3.處分長期投資是否擬定處分計畫並確實執行。	1.使用表單： 　(1)有價證券明細月報表 　(2)長期投資明細表 　(3)買賣有價證券申請單
CI-104	衍生性商品交易作業	一、作業程序： 　1.衍生性商品係指其價值由資產、利率、匯率、指數或其他等商品所衍生之交易契約。 　2.財務單位應依據上述避險之需求，填寫「衍生性商品交易申請書」，依相關授權額度呈核後，執行交	1.依據資料 　(1)從事衍生性商品交易處理辦法

編　號	作業項目	作業程序及控制重點	依據資料
		易作業。 3.財務單位應定期列示「衍生性商品持有部位明細表」進行評估與檢討。 4.取得與處分衍生性商品之款項應依現金收付相關規定處理。 5.會計單位應依據「衍生性商品交易申請書」及「買賣成交單」進行相關帳務處理。 6.稽核單位與會計單位應不定期整點衍生性商品部位，稽核單位應不定期對部位操作狀況進行勾稽。 7.應依「公開發行公司從事衍生性商品交易處理要點」即時辦理公告及申報事項。 二、控制重點： 1.衍生性商品之交易是否適當考量風險性、流動性。 2.取得與處分是否按授權額度進行，並經權責主管核准。 3.是否依「公開發行公司從事衍生性商品交易處理要點」辦理公告及申報事項。 4.執行單位是否對部位進行績後評估。	(2)公開發行公司從事衍生性商品交易處理要點 2.使用表單： (1)衍生性商品交易申請書 (2)買賣成交單 (3)衍生性商品持有部位明細表
CI-105	投資收益或損失與帳務處理	一、作業程序： 1.各項有價證券短期投資收入、股利等應按期領取及記錄，買賣有價證券之差額，產生利益列為短期投資收益，反之則列為短期投資損失。 2.所有有價證券均應設置「有價證券明細月報表」，內容包括取得日期、面值、取得成本、兌付日期等。 3.長期投資之帳務處理及其評價應依財務會計準則公報規定辦理。 4.投資之不動產出租時，應與對方簽訂明確之租賃合約，其租金收益並應作適度之記錄。且依法於收取租金時給予扣繳所得稅。 5.屬折舊性之不動產，其折舊應依規定按時提列核算。 6.長期投資應於被投資公司會計年度終了四個月內，取得其經會計師簽證之財務報表，以了解其財務狀況，並評估跌價損失或採權益法入帳之依據。 二、控制重點： 1.對於有價證券到期領取之本金、利息或股息、紅利是否依規定辦理領取並入會計帳。 2.不動產投資之帳務處理與財務會計準則公報相關規定是否相符。	1.依據資料 (1)被投資公司之財務報表 (2)財務會計準則公報 2.使用表單： (1)有價證券明細月報表

編　號	作業項目	作業程序及控制重點	依據資料
		3.取得被投資公司現金股利及盈餘轉增資股票股利時，是否依據稅法減免或緩課所得，或是辦理放棄緩課，其可扣抵稅額是否有入本公司備忘帳。 4.衡量不動產投資之效益及是否危及公司之權益或考核各項長期投資是否有達投資效益。	
CI-106	投資之保管	一、作業程序： 1.財務課經辦人員取得憑證時，應註明實際買賣價格，連同有價證券及產權證書送交保管者簽收，憑證再送會計入帳。 2.財務單位應每月編製「有價證券明細月報表」載明有價證券種類、購買日期、面額、號碼及總金額等，經財會部主管核准後留存。 3.有價證券之保管應由經辦人員委由證券集中保管事業保管，或存放保險箱保存，並記錄於「有價證券明細月報表」中之保管方式欄位，經兩人以上權責主管核准。 4.有價證券有質權設定情形時，應取具質押機構出具之「質押設定書」或「質押品保管條」存放於保險箱中，並應隨時注意設定動態，於借款償還後，隨即辦理塗銷設定登記或收回質押。 5.財務課應定期接受稽核室或總經理指定人員清點銀行保管箱之有價證券保管收據或投資標的物。 6.證券交易應保留出售證券成交單，交易稅完稅憑證及所得稅申報資料等，並歸檔以利備查。投資有價證券股票必須在該標的股除權日或除息日前辦妥過戶手續，以保障本公司應享之權益。 7.結帳日有價證券之市價資料應妥為保管。 8.保管者應設「長期投資明細表」。 9.不動產投資之所有權狀應以公司名義登記，並指定專人保管。不定期接受會計課、稽核室之盤點。 二、控制重點： 1.有價證券之買入與賣出之單據是否齊全，並是否時予以記錄。 2.有價證券於設質解除後，是否即時辦理塗銷設定登記或收回質押。 3.有價證券之保管及入帳是否分由不同人員擔任。 4.購入有價證券必須在該標的股除權日、除息日前辦妥過戶。 5.各項長期投資是否以公司名義登記，並作適當管理。	1.使用表單： 　(1)有價證券明細月報表 　(2)長期投資明細表

編　號	作業項目	作業程序及控制重點	依據資料
		6.不動產是否以公司名義登記。 7.不動產之證照是否有專人管理。	
CI-107	投資之盤點	一、作業程序： 　1.帳列證券如供抵押、債務保證、或寄託保管等，應在「有價證券明細月報表」或「長期投資明細表」評列提供數額及債務項目。 　2.被投資公司屬上市公司者，股票質押後，須通知被投資公司。 　3.財務課應每月定期盤點，並與帳列數核對。稽核室則不定期盤點。 　4.有價證券期末評價應依財務會計準則公報規定辦理。 二、控制重點： 　1.期末成本是否按成本與市價孰低法評價。 　2.有價證券盤點數與帳載記錄能否調整相符。 　3.盤點投資項目時，是否確定均屬公司所有並有效存在，若有不符是否有追查原因，並做成報告，呈核做善後處理。	1.依據資料 (1)有價證券明細月報表 (2)長期投資明細表 (3)盤點計畫 (4)財務會計準則公報
CI-108	投資之申報及公告	一、作業程序： 　若取得或處分已達「取得或處分資產處理程序」標準，應依規定提出公告及函報主管機關知悉。 二、控制重點： 　1.是否依照「取得或處分資產處理程序」辦理公告及申報等事項。	

7

內部控制常見缺失及改進對策

項次	常 見 缺 失	改 進 對 策
一	**營業及收款循環** 1.應收帳款常被折尾數,而無法取得「折讓證明單」,留至多筆細額之未收款項於帳上致無法沖銷。	被折尾數之金額沖轉「備抵呆帳」,即借:備抵呆帳 貸:.應收帳款
	2.外場服務之工讀生職前訓練不足即派上場服務,容易對客人服務品質欠佳。	需加強工讀生之職前訓練,若未完成訓練勿派上場,或是分派不用應對客人之工作。
	3.客人結完帳未取走統一發票。	若客人忘記取走統一發票,則櫃檯結帳人員須將該發票另置保管(因為客人可能會再來取回),勿將該發票作廢,減少申報營業額。
	4.結帳單有跳號之情事	結帳單必須連續編號,結帳單之取用時應注意有否連號,以收結帳控制之效。結帳單書寫作廢時不得丟棄,必須交回銷號。
二	**採購及付款循環** 1.「請購單彙總表」未連續編號且未經廚務主管簽核。	先將個別請購材料彙總成連續編號之「請購單彙總表」後,再經廚務主管簽核,如此才不會於彙整中有遺漏或筆誤之情形發生,而請購未經核准之材料。
	2.當請購單彙總表傳至採購單位後,若需變更修改原請購項目,常因時間緊迫或找不到廚務主管而未經核准就送至採購單位。	變更修改請購單應先經過廚務主管簽核後,才可送至採購單位。
	3.「訂購單」上未標示「請購單彙總表」之編號,而無法勾稽。	「訂購單」上應標示「請購單彙總表」之編號,以確認訂購單與請購單之品名、規格、數量是否相符。
	4.訂購單未經過主管核准,就傳真給各廠商。	訂購單應先經過主管核准後才可進行訂購作業。
	5.「驗收單」未連續編號,且無標示來自那張訂單。	「驗收單」應連續編號,以便公司作截止時點之控制,且驗收單應填上訂購單編號,以確認此筆材料係經過核准之訂購程序。
	6.驗收數量超過或不足公司所規定之比率時,未經主管簽核。	驗收數量不符應有主管之書面簽核。
三	**廚務生產與研發循環** 1.資材部門未依公司內控制度,嚴謹建立新食材試用清單及試用報告書。 2.「餐飲製作標準書」未經廚務部及總經理簽核。 3.領料單單據及退庫表單未經完整簽名。 4.原始領料單據若有塗改領料數量品名,且未經領料製表人簽名蓋章。	確實執行既有內控作業辦法,並完整建立及保存料理研發資產。 公司應確實依內控「料理研發」作業程序執行。 單據未經完整簽名,無法明確歸屬責任,應落實執行領退料人、領退料部門主管及倉管人員簽名以示負責。 為確保領料單據的有效性,若原始單據經修改,應由經辦人簽名蓋章。

項次	常 見 缺 失	改 進 對 策
	5. 各部門領料單據領用未經嚴謹控管序號使用，造成已使用領料單據無法完整蒐集及歸檔，無法確認領料完整性。	各部門領取領料單應以區段號碼數控制，或自行建立個別部門領料單續號控制。領料單應依序領用填寫，作廢領料單亦應按續號歸檔。
	6. 各項領料、退料等原始表單並未按時輸入電腦存貨作業系統。	為保持存貨進耗存紀錄的即時性及有效控制存貨，各項進耗存紀錄應按時登入材料進耗存系統，以收內部控制之效。
	7. 倉庫庫位未清楚標示料號，存貨亦未依標示牌排放、部分存貨未列標示牌。	完整建立存貨標示牌，避免領料及進料造成作業及登帳錯誤。
	8. 倉庫存貨料、帳部分不相符，且過期存貨亦未適當處理。	嚴謹控管存貨進出倉庫，且即時將領料出庫及驗收入庫單於當日登入材料存貨帳。過期存貨亦應儘速處理，避免影響料理品質及衛生安全。
	9. 存貨管理未完整訂定安全存量標準。	訂定存貨安全存量標準，以利存貨管理控制，避免缺料。
四	薪工人事管理循環 1. 新進人員試用期滿未依規定發佈人事命令。 2. 員工參加外部訓練未於課後填寫「派外訓練心得報告」。 3. 員工之調遷未填寫「人員異動申請單」並經原單位主管及核決權限主管核准。 4. 員工借支金額超過規定。 5. 公司未依勞、健保費級距表對員工代扣勞、健保費。 6. 部分員工離職並未確實辦妥移交。 7. 部分員工出差前未填寫「出差申請單」並經核決權限主管核准。	應確實依內控執行。 員工參加外部訓練前要讓其清楚於課後須填寫「派外訓練心得報告」。 應確實依內控執行。 應依規定確實執行。 應儘量將員工之代扣款代扣至較合理水準。 員工離職應確實辦妥移交。 員工出差前應填寫「出差申請單」並經核決權限主管核准，以利掌控員工之動向。
五	融資循環 1. 短期借款於營運有資金需求時，未填具「借款申請書」即予撥用。 2. 「銀行存借月報表」之表格有關額度、利率及到期日等，填寫不詳細。	短期借款於營運有資金需求時，應填具「借款申請書」，經總經理核可，方得撥用。 「銀行存借月報表」應確實填寫，以方便公司營運資金之運作。
六	固定資產循環 1. 固定資產請購核准未依「取得或處分資產處理程序」之核決權限處理。 2. 固定資產取得未經比、議價之程序與內控不符。 3. 固定資產維修未依內控填具「非材料類請購（修）單」。	固定資產請、訂購單之核准應依照「取得或處分資產處理程序」之核決權限處理。 建立一定金額以上需經比、議價程序，而一定金額以下則直接訂購之處理程序。 應依照內控制度填具「非材料類請購（修）單」。

項次	常　見　缺　失	改　進　對　策
	4. 未填製各類資產定期保養計畫。	制定固定資產定期保養計畫，並依計畫內容執行。劃內容執行。
七	投資循環 1. 買賣有價證券未依內控規定，填具「買賣有價證券申請書」並經核決權限主管核准。 2. 短期投資交易未將取得有價證券情形填入「投資有價證券明細月報表」中。 3. 長期投資交易未將取得有價證券情形填入「長期投資明細表」中。	應依內控執行，以有效達到內部控制。 短期投資交易應將取得有價證券情形填入「投資有價證券明細月報表」中，以得知該短期投資是否有提供抵押、保證及其保管情形。 長期投資交易應將取得有價證券情形填入「長期投資明細表」中，以得知該長期投資是否有提供抵押、保證及其保管情形。

綜合總結

在前幾章已有介紹會計處理之困難點及如何因應、會計制度、內部控制之作業等，最後在「進貨」及「餐飲收入」內部控制再做重點補充歸納整理：

 ## 8-1 進貨方面

1. **材料之請購**

   廚務單位根據餐飲部門之「訂席表」與單點來客預估數，決定材料之請購量，經廚務主管核准，轉由資材部採購單位開立「材料類訂購單」。

2. 驗收品名、規格、數量、單位須與訂購單所載明細相符。

3. 驗收作業須由驗收單位會同使用單位共同辦理，於品質、數量、單價合格後，會簽於「材料驗收單」上。

4. 倉管人員按時根據驗收單輸入電腦入帳。

5. 料品經點收入庫且驗收單登帳後，發現品質不符或其他因素決定退貨時，倉管人員應填「退貨單」輸入電腦，連同退貨品交採購單位處理。

6. 供應商須隨貨附上統一發票、收據或於隔月初將當月所送料品之統一發票或合法收據，送交至公司採購單位整理審核帳款作業，及轉送財會部會審複核。

7. **請款整理審核之承辦人員應審查請款相關憑證**

   (1) 廠商驗收單請款聯須檢附且為正本。

   (2) 發票、收據之品名、規格、單位、數量、單價、稅項、金額等明細，須與驗收單之加總量、值相符。

   (3) 發票、收據之公司抬頭、統一編號、地址、金額大小寫須正確。

   (4) 供應商開立之發票或收據，須為其本身自有且是與本公司直接交易之對象，不得提供他公司名義之發票或收據。

   (5) 供應商提出之驗收單請款聯，必須由公司整理審核帳款人員進入電腦查詢，其單據編號確實是公司應付帳款之單據編號，避免重複請款。

8. 請款整理審核承辦人員審查無誤後，填寫「請款單」，檢附驗收單請款聯、發票或收據，送採購主管及相關單位依核決權限審核後，送財務單位開立抬頭劃線禁止背書轉讓之票據給廠商。

 ## 8-2 餐飲收入方面

1. 消費者來店餐飲消費買單時，櫃檯結帳人員必須核對桌號、點菜單、加（退）菜單及酒水數量等後，才正式計算總金額，並列計於「結帳單」，且全部之餐飲收入均須依連續編號之「結帳單」予以控管。
2. 櫃檯結帳人員須依付款別（現金、信用卡、沖寄桌、沖餐券、應收帳款）不同，而依其必要程序處理，執行電腦輸入作業。
3. 每筆交易在付款結帳時，須立即開立統一發票給客人。
4. 櫃檯人員須每日結帳後，將相關報表經主管複核，再交至財會單位執行帳務作業。
5. 結帳單單號必須連號控管，並據此輸入電腦之營業日報表中，供財務與會計人員核對每筆餐飲收入之收入明細，和統一發票金額。

　　也許有人會問餐飲業會計有那麼重要嗎？而且需要那麼重視嗎？餐飲業之營業額也不會太大，不若高科技之產業或其他製造業，營業額動輒數十億、數百億。但是主管機關單位要關心的、扶植的，不應只是製造業或高科技之大型產業，而亦應照顧弱勢團體之餐飲業，餐飲業是有生產力、對國家社會亦是有貢獻的，依據經濟部商業統計資料最近這幾年來，餐飲業營業額在新台幣 2,200 億元至 2,500 億元之間，其整體佔全國之比例也非常高，應不容忽視。又根據我國民間消費支出分析資料顯示，近幾年來台灣地區人民消費在飲食方面之費用，佔全體消費總額 24 ％左右，顯示飲食在日常生活中占很重要的一環。

　　現今一般業者會認為由於餐飲業之營業額不高，進項憑證收取不易，會計帳務處理麻煩及其他因素，其「營業成本」任由稅捐稽徵單位「逕行裁決」了結。其實營利事業所得稅查核準則及財政部，並無餐飲業之成本定要逕行裁決之規定，而是徵納雙方彼此大都不了解會計要如何處理，才能達到營業成本之認定是以查帳方式，而不須逕行裁決之合理性。餐飲業者若能將此本書之內容了解加以運用，加強對內、外各項事務之管理及訂定明確之作業規範，以作為實際執行之依據，使得會計帳務處理明確，充分表達財務報表之真實性。相信業者在營利事業所得稅申報查核時，其營業成本不致於被稅捐稽徵單位予於逕行裁決，而能節省所得稅。此書之內容亦可作為業者股票公開發行、建立制度、走入資本市場之參考藍本。

1. 公開發行公司一般行業之通用會計科目及代碼。

2. 財政部證券管理委員會編印之「內部控制實施細則標準規範」。

國家圖書館出版品預行編目資料

餐飲會計與內控／洪締程著.
一初版.一臺北市：五南，2005 [民 94]
參考書目：面
　面；　公分.
I S B N: 978-957-11-3960-9（平裝）
1.飲食業 - 會計
495.59　　　　　　　　94005864

1G75

餐飲會計與內控

作　　者 — 洪締程(165.3)

發 行 人 — 楊榮川

總 經 理 — 楊士清

總 編 輯 — 楊秀麗

副總編輯 — 張毓芬

責任編輯 — 朱春玫

出 版 者 — 五南圖書出版股份有限公司

地　　址：106 台北市大安區和平東路二段 339 號 4 樓

電　　話：(02)2705-5066　傳　真：(02)2706-6100

網　　址：https://www.wunan.com.tw

電子郵件：wunan@wunan.com.tw

劃撥帳號：01068953

戶　　名：五南圖書出版股份有限公司

法律顧問　林勝安律師

出版日期　2005 年 5 月初版一刷
　　　　　2024 年 3 月初版九刷

定　　價　新臺幣 550 元